我们为什么爱音乐

This Is Your Brain on Music

The Science of a Human Obsession

[美] 丹尼尔·莱维廷 著　马思遥 译

生而聆听的脑科学原理

浙江科学技术出版社

译　序

　　一本关于音乐的书光有文字岂不是失去了灵魂？！于是我一边翻译一边在自己常用的听歌 App 上创建歌单，把书里提到的音乐都塞了进去。有的音乐版本太多，于是我直接选了搜索结果跳出来的第一个版本；有的音乐因为版权或者其他原因搜不到，如果以后找到新版本我也会放进去。我自己在翻译的过程中已经听了这个歌单不下一百遍，但直到最后完稿也还是觉得常听常新。为了让大家也能体会到这种视觉和听觉相互融合的快感，我把歌单在 App 上设成了公开，大家在网易云音乐或 QQ 音乐上直接搜索"我们为什么爱音乐"就能看见这个歌单，这样一边听歌一边读书肯定会有不一样的体验。

　　书里的很多歌名、乐队名和歌手的名字等信息还没有规范的中文译名，所以我把英文原文都标在了后面，如果你遇到喜欢的音乐，不妨自己搜搜看，说不定你的大脑会替你找到能真正读懂你的那首歌。

马思遥

2022 年 4 月 15 日

目　录

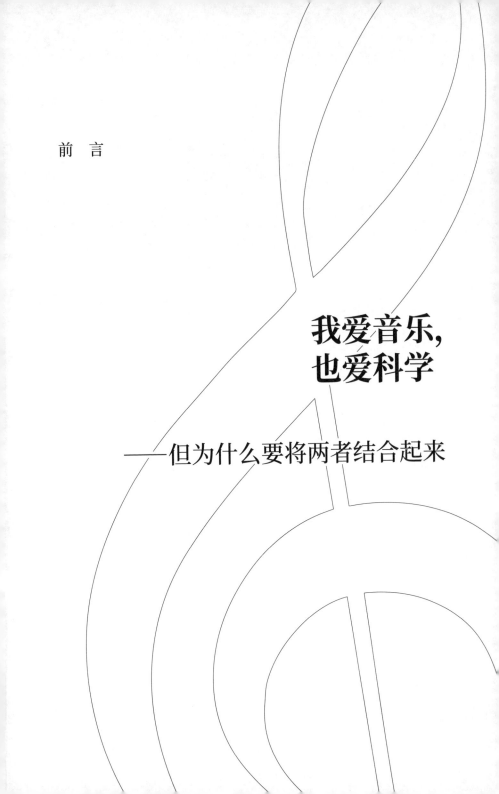

前　言

我爱音乐，
也爱科学

——但为什么要将两者结合起来

我热爱科学，但想到还有那么多人害怕科学，或者觉得选择了科学就意味着失去同情心、放弃艺术或者失去对大自然的敬畏，我就觉得很痛苦。科学的意义并不是要为我们消除神秘，而是要让神秘重现光彩，让神秘焕发生机。

——《斑马为什么不得胃溃疡》，罗伯特·萨波斯著

1969 年的时候，我 11 岁。那年春天，我帮邻居清理花园里的杂草，一个小时赚 75 美分，一共赚了约 100 美元。到了夏天，我把这些钱全都拿出来，在本地的音像店买了一套立体声音响。之后，我就在自己的房间里度过了一个又一个漫长的午后，听了一张又一张唱片：奶油乐队（Cream）、滚石乐队（the Rolling Stones）、芝加哥乐队（Chicago）、西蒙和加芬克尔（Simon and Garfunkel），作曲家比才（Bizet）、柴可夫斯基（Tchaikovsky），还有钢琴家乔治·谢林（George Shearing）和萨克斯演奏家布兹·伦道夫（Boots Randolph），等等。我后来上大学的时候喜欢把音乐声开得很大，甚至把扬声器都烧着过。我小时候不会开那么大声，但是我的父母还是觉得太吵了。我的母亲是个小说家，每天都会待在走廊尽头的书房里写作，晚饭前会弹一个小时的钢琴；而我的父亲是个生意人，每周要工作八十个小时，其中有一半的时间都是晚上和周末在家办公。于是他从生意人的角度跟我做了笔交易：他送我一副耳机，但我得保证他在家的时候我都用耳机听音乐。那副耳机从此彻底改变了我听音乐的方式。

当时我听的新音乐人都刚开始探索立体声混音。我之前买的百元音响扬声器不是很好，所以我以前从来没有听到过音乐里的空间层次，有了耳机之后，我才能听出来左右声场和前后声场（混响）。而我在听唱片的时候，听的也不再只是一首首乐曲，而是开始注意到了声音本身。耳机帮我打开了一个充满声音色彩的世界，就像一个调色盘上布满了颜色，有各种各样微妙的差异和细节，不再只有和弦、旋律、歌词或者歌声。克里登斯清水复兴合唱团（Creedence）的《绿河》（*Green River*）带有美国南方的黏腻唱腔，披头士乐队（the Beatles）的《大自然的儿子》（*Mother Nature's Son*）充满田园气息和开阔之美，卡拉扬（Karajan）指挥的《贝多芬第六交响曲》中双簧管的声音在木石结构的教堂中低声回荡——这些声音都让我沉醉。耳机也让音乐变得更加私密，让音乐突然变成脑海里的声音，而不再是外界传来的声音。正是这种私密的联结，最终使我成为一名录音师和制作人。

许多年后，保罗·西蒙（Paul Simon）跟我说，声音也是他一贯的追求。"我听自己的唱片是为了听唱片的声音，而不是听和弦或者歌词，我听东西的时候最先听的就是整体的声音效果。"

宿舍的扬声器着火之后，我就从大学退学，加入了一支摇滚乐队。我们的水平还不错，拿到了和录音师马克·尼达姆（Mark Needham）合作的机会，前往加利福尼亚州（简称"加州"）一家24轨录音棚录音。马克是一位非常有才华的录音师，后来他还参与了一些热门唱片的录制，合作的歌手有克里斯·艾塞克（Chris Isaak）、蛋糕乐队（Cake）、佛利伍麦克乐队（Fleetwood Mac）等。马克很喜欢我，可能是因为我们乐队的几个人里只有我有兴趣走进控制室回听录音。那时候我还不知道制作人是干什么的，但他却把我当制作人看待，问我想让乐队呈现什么样的声音效果，还教我麦克风的使用方法，告诉我麦克风的摆放位置能对声音产生多大的影响。一开始，我听不出来他描述的一些差别，但他会告诉我在听的时候应该注意些什么。"你看，如果我把麦克风拿到吉他的音箱旁边，出来的声音会更饱满、更圆润、更均衡；如果我把它拉远，就会收到屋子里其他的声音，让整体的声音效果变得更空旷，但这样的话中频就会损失一些。"

我们的乐队在旧金山开始小有名气，当地的摇滚电台也开始播放我们的音乐。但后来我们的乐队解散了。解散以后我开始给其他乐队当制作人，学着去听一些从来没有听过的东西，比如不同麦克风的差异，还有不同品牌录音带的差异等。比如Ampex 456的录音带的低频有种独特的温润感，Scotch 250的高频有种特殊的清脆感，而Agfa 467则会在中频表现出光泽感。一旦明确了自己需要听什么，区分这三种录音带就像区分苹果、梨和橘子一样简单了。后来我也和其他出色的录音师合作过，比如莱斯利·安·琼斯 [Leslie Ann Jones，曾与弗兰克·辛纳特拉（Frank Sinatra）和鲍比·麦克菲林（Bobby McFerrin）合作]、弗雷德·卡特罗 [Fred Catero，曾与芝加哥乐队（Chicago）和贾尼斯·乔普林（Janis Joplin）合作]，还有杰弗里·诺曼 [Jeffrey Norman，曾与约翰·佛格堤（John Fogerty）和感恩而死乐队（the Grateful Dead）合作] 等。虽然我是制作人，我才是掌控整个录音环节的人，但我还是会被他们强大的气场所震慑。一些录音师会让我旁听他们和一些音乐人的合作，比如红心乐队（Heart）、旅程乐队（Journey）、惠特妮·休斯顿（Whitney Houston）和艾瑞莎·富兰克林（Aretha Franklin）等。我在一旁看着他们跟这些音乐人互动，讨论吉他演奏的细微差异以及声乐部分的表现，学到的东西能让我受用一生。他们会讨论某一句歌词里的音节，从十来段不同的演绎中进行取舍。他们的耳朵太灵了，他们是怎么训练耳朵才能听到各种常人无法听到的东西的？！

我也和一些冷门的小乐队合作过，结识了很多录音棚经理和录音师。在他们的指引下，我的事业蒸蒸日上。有一次，有位录音师没来，我就帮卡洛斯·桑塔纳（Carlos Santana）做了一些录音剪辑工作。还有一次，杰出制作人桑迪·珀尔曼（Sandy Pearlman）在和蓝牡蛎乐团（Blue Öyster Cult）录音的时候出去吃午餐，留下我继续完成声乐部分。然后，一发不可收，我在加州做唱片一连做了十多年，也非常荣幸能和众多的知名音乐人合作。我也和许多非知名音乐人合作过，他们都很有才华，但没有火起来。我开始好奇为什么有些音乐人能家喻户晓，而有些音乐人却只能默默无闻。我也好奇为什么音乐对有些人来说能信手拈来，对另一些人来说就难如登天。创意到底从何而来？为什么有些歌曲能打动人心，有些歌曲却不能？为什么出色的音乐人和录音师听觉都异常灵敏，能听出常人听不出的细微差异？人的感知能力在其中又扮演着怎样的角色？

为了解开这些疑惑，我决定回到学校寻找答案。我还做唱片制作人的时候，每周都会和桑迪·珀尔曼开车去斯坦福大学旁听卡尔·普利布拉姆（Karl Pribram）的神经心理学讲座，一周去两次。我发现心理学正好可以解答我的这些疑问，比如和记忆力、感知力、创造力相关的问题，以及这些能力的载体——人的大脑。但我并没有从中找到答案，反倒是有了更多的问题，这也是科学里很常见的现象。每一个新的问题都帮我打开了一个新的思路，让我更能认识音乐、世界和人类体验的复杂性。正如哲学家保罗·丘奇兰德（Paul Churchland）所言，在历史的长河中，人类有多半时间都在努力地理解世界。过去的两百年里，由于人类的好奇心，我们已经揭开了大自然蕴含的许多奥秘，比如时空结构、物质构成、能量的多种形式、宇宙起源、DNA（脱氧核糖核酸）的发现以及生命的本质，还有 2001 年完成的人类基因组图谱，等等。但有一个谜团至今尚未解开，那就是人脑，以及人脑如何产生思想与感情、希望与欲望、爱与美的感受，当然还有人脑如何创造出舞蹈、视觉艺术和音乐等。

音乐是什么？音乐从哪里来？为什么有些声音组合在一起会让我们极为感动？又为什么尖锐的狗叫声或者刹车声等会让我们非常不安？有些科学家毕生都在研究这些课题。但对其他人来说，像这样解构音乐差不多就相当于研究戈雅画作的化学结构，舍弃了对画作本身艺术性的欣赏。牛津大学历史学家马丁·肯普（Martin Kemp）指出，艺术家与科学家有着相似之处。大多数艺术家会将自己的作品描述为"实验"，因为他们都是通过一系列的尝试来探索大众普遍关注的问题，或者探索某种观点。我的好友兼同事威廉姆·福德·汤普森（William Forde Thompson）是多伦多大学的音乐认知科学家和作曲家，他对此补充道，科学家与艺术家的工作都需要相似的"头脑风暴"阶段，经过创造与探索之后，再来到测试与完善阶段。这一阶段一般都有固定程序，但经常也会用到创新的方法来解决问题。艺术家的工作室和科学家的实验室也有相似之处，比如里面都会同时存在大量正在进行的项目，每个项目的进展各不相同，而且工作室和实验室都需要配备专业设备。但实验的最后并不会得到像吊桥建造方案或者银行资金结算一样的结论性内容，而是会给出开放性的结果供大家自行解读，所以也就需要艺术家和科学家具备一种共同的能力——接受自己实验的结果供大家诠释与再诠释。这两种实验归根结底都是对真理的追求，但艺术家和科学家都明白真理的本质是相对的、不断变化的，而且真理取决于每个人的观察角度。今天的真理在明天可能就会变成谬误或者被人遗忘。皮亚杰、弗洛伊德和斯金纳的例子都能够说明，曾经风靡一时的理论也会让后人推翻（或者至少可以说，理论的正确性大打折扣）。在音乐方面，有些乐队早早地就得到了足以流芳百世的赞誉，后来却销声匿迹：廉价把戏乐队（Cheap Trick）曾被誉为新一代的披头士，滚石出版的《摇滚百科全书》（*Rolling Stone Encyclopedia of Rock&Roll*）曾经给亚当与蚂蚁乐队（Adam and the Ants）留足了笔墨，在版面上甚至与当年的 U2 不相上下。曾经有段时间，人们根本无法想象以后会有一天世界上大多数人都没听说过保罗·史图基（Paul Stookey），也不知道克里斯多夫·克罗斯（Christopher Cross）或者玛丽·福特（Mary Ford）。对于艺术家来说，绘画或音乐作品并不是为了反映不折不扣的事实，而是为了表达普遍的真理，即使环境、社会和文化都发生改变，成功的作品依然能够继续触动人心。科学家们研究理论则是为了"当下的真理"，是为了推翻旧真理，而当下的新真理有一天也会被更新的"真理"取代，而这就是科学进步的方式。

音乐历史悠久，而且无处不在，在所有的人类活动中都有着非同寻常的地位。有史以来，任何一种人类文化都有音乐的存在。在原始人类文明的发掘地点，最古老的一批文物里有些就是乐器，比如骨笛和用树枝撑起的动物皮鼓等。无论什么时候，无论什么原因，只要是有人类聚集的地方，就有音乐。无论是婚礼还是葬礼，无论是毕业还是从军，抑或体育赛事、小镇之夜、祈祷求福、浪漫晚餐、母亲哄宝宝入睡、大学生一起学习等，都会有音乐的陪伴。与现代西方社会相比，非工业文化中的音乐甚至更加丰富。从过去到现在，音乐都是人们日常生活中不可或缺的一部分。直到最近五百年左右，我们的社会中才出现了音乐表演者和音乐聆听者两种不同的角色分工。纵观世界各地和人类历史，音乐创作就像呼吸和走路一样自然，每个人都可以参与进来。而像音乐厅这样专门用于音乐表演的场所，直到近几百年才刚刚出现。

吉姆·弗格森（Jim Ferguson）是我从高中时候就认识的朋友，他现在是一名人类学教授，也是我认识的最幽默、最聪明的人。但他性格腼腆，我都想象不出这么腼腆的他是怎么讲课的。他在哈佛大学读博士的时候，去被南非包围的"国中国"莱索托进行了实地考察。吉姆在当地做研究，和村民交流，逐渐赢得了他们的信任。后来有一天，村民们邀请他来一起唱歌。听到当地索托人的邀请，吉姆像往常一样柔声答道："我不会唱歌。"这么说确实没错，高中时候我们一起组乐队，他双簧管吹得很好，唱歌却有点走调。村民们听到他这么说十分惊讶，觉得难以理解，因为在他们眼里，唱歌就是一种普通的日常活动，无论男女老少，每个人都会唱歌，唱歌并不是某些人专属的活动。

在我们的文化，甚至我们的语言中，我们会单独把亚瑟·鲁宾斯坦（Arthur Rubinstein）、艾拉·费兹杰拉（Ella Fitzgerald）、保罗·麦卡特尼（Paul McCartney）这样的人归为专业的音乐表演者，其他人则单纯就是听众。听众会付钱去欣赏专业音乐家的表演。吉姆觉得自己唱歌跳舞不是很在行，对他来说，在别人面前唱歌跳舞就像在告诉大家自己是这方面的专家一样。但村民们盯着吉姆，问他："你说你不会唱歌是什么意思？！可是你会说话啊！"后来吉姆跟我说："他们觉得很奇怪，就像我明明两条腿都很健全，却告诉他们我不会走路或者不会跳舞一样。"唱歌和跳舞是索托人生活里非常自然的行为，每个人都可以参与，大家也可以天衣无缝地合作。在塞索托语里，表示"唱歌"的动词（ho bina）同样表示"跳舞"，这种表达方法在其他很多语言里也都有体现，因为唱歌本身就包含身体的律动。

在几代人以前，电视机还没有出现的时候，很多家庭都会坐在一起玩音乐，自娱自乐。而现在人们则非常重视技术与技巧，会判断某位音乐家是否达到了为他人演奏的"标准"。在我们的文化中，玩音乐已经成了一件较为专业的活动，其他非专业人士只负责听。音乐产业是美国最大的产业之一，从业人员高达数十万人。以 2005 年为例，美国的专辑销售额可达三百亿美元，这一数字还不包括演唱会门票、每周五北美各地乐队在酒吧的演出，以及三百亿首通过点对点文件共享免费下载的歌曲。美国人花在音乐上的钱比花在性和处方药上的钱还多。既然消费额如此巨大，那我可以说大多数美国人都有资格成为专业的音乐听众，能听出错音、找到喜欢的音乐、记住数百段旋律，也能随着音乐用脚打拍子。单是打拍子就涉及非常复杂的节奏判断过程，这种复杂程度大多数计算机都无法完成。所以，我们为什么听音乐？我们为什么愿意花这么多钱听音乐？两张音乐会门票的价格完全抵得上一个四口之家一个星期的伙食费，一张 CD 的价格大概相当于一件衣服、八个面包或者一个月的电话费。所以，我们为什么喜欢音乐？是什么吸引着我们去喜欢音乐？了解这两个问题，就相当于开启了我们了解人性本质的一扇窗。

问及人类普遍而基本的能力，就相当于间接问及进化（演化）方面的问题。动物为了适应自己所处的环境，会进化出相应的身体结构，其中在求偶方面有优势的特征会通过基因遗传给下一代。

达尔文的理论中有一点非常高明：无论是植物、病毒还是动物，活的有机体都与外部世界协同进化。换言之，在所有的生物随着外部世界进化的同时，外部世界也会随着生物的进化而进化。如果某个物种发展出了某种防御机制来躲避捕食者，那么为了应对生存压力，捕食者也会进化出破解这种防御机制的结构或方法，或者另寻其他的食物来源。自然选择可以说是一场生理形态上的你追我赶的军备竞赛。

当前出现了一个相对较新的科学领域，叫"进化心理学（演化心理学）"，这门学科将进化理论从自然科学扩展到了心理学范畴。我在斯坦福大学读书的时候，我的导师——认知心理学家罗杰·谢泼德（Roger Shepard）指出，我们的身体和思维都是进化了数百万年的产物。我们的思维模式、解决问题时习惯选用的方法和感知系统都是由进化产生的，比如我们能够看到颜色（并且能够识别特定的颜色）等。谢泼德进一步强调：我们的思维与自然世界的进化是同步的，是随着环境的不断变化而变化的。谢泼德有三名学生都是这一领域的前沿人物：加州大学圣巴巴拉分校的勒达·科斯米德斯（Leda Cosmides）和约翰·图比（John Tooby），以及新墨西哥大学的杰弗里·米勒（Geoffrey Miller）。该领域的研究人员认为，通过研究思维的进化，我们可以了解更多人类行为方面的知识。那么在人类进化和发展的过程中，音乐起到了什么作用呢？当然，五万或十万年前的音乐和后来的古典乐、摇滚乐、说唱音乐肯定大不相同。随着大脑的进化，我们创造出来的音乐和我们想要听到的音乐也在随之进化。那么，我们的大脑中会有特定的区域和路径专门为了做音乐或者听音乐发生变化吗？

过去人们简单地认为，大脑右半球负责处理音乐与艺术，大脑左半球负责处理语言和数学。但现在，我和同事的研究结果显示，处理音乐的区域遍布大脑的各个部位。通过研究脑损伤患者，我们发现，有些患者虽然丧失了阅读报纸的能力，但他们仍然能够读懂乐谱；有些人无法协调地系上扣子，但他们仍然能够演奏钢琴。聆听音乐、音乐表演和创作乐曲几乎涉及我们迄今为止所知的每个大脑区域，也几乎涉及每一个神经子系统。那么根据这一事实，我们可以说听音乐能够锻炼我们的其他思维吗？每天听二十分钟莫扎特的音乐会让我们变得更聪明吗？

音乐能够调动人的情绪，广告商、电影工作者、军队指挥官和母亲都能够熟练运用这一点。广告商用音乐让自己的饮料、啤酒、跑鞋或者汽车看起来强于自己的竞争对手。电影工作者用音乐让观众明确感受到画面想要表达的情绪，或者在特别戏剧化的情节中加强观众的感受。可以试想一个动作片中经典的追逐场景，或者女主角孤身一人在漆黑的老宅子里爬楼梯的场景。这些场景都会用音乐来影响我们的情绪，虽然这些音乐不一定会带给我们快乐，但我们会接受音乐的力量，也乐于让音乐带给我们不同的体验。早在我们无法想象的远古时代，全世界的母亲就都已开始用轻柔的歌声哄孩子入睡，或者在孩子哭的时候用歌声帮他们转移注意力。

很多音乐爱好者都说自己对音乐一无所知。我有很多同事研究非常复杂的课题，比如神经化学或者精神药理学等，可是我发现他们对音乐神经科学的研究却束手无策。但怎么能怪他们呢，因为音乐理论家有自己的一套神秘莫测的术语和规则，就像数学里最深奥的领域一样晦涩难懂。在外行人看来，纸上那些墨水的印记跟数学集合论的符号差不多，但内行人却管它叫"乐谱"。谈到音调、节拍、转调和移调，则更容易让人一头雾水。

虽然我的每一位同事都会被这些术语吓倒，但是他们都能跟我说出自己喜欢的音乐。我的朋友诺曼·怀特（Norman White）是一位世界级的权威人物，他主要研究鼠类的海马体以及鼠类如何记住自己去过的不同地点。他还是个爵士迷，对自己喜欢的爵士乐手如数家珍，能凭声音区分出艾灵顿公爵（Duke Ellington）和贝西伯爵（Count Basie）两位爵士乐手，甚至能听出路易斯·阿姆斯特朗（Louis Armstrong）早晚期的区别。可是诺曼在技术层面却对音乐一无所知，他能说出自己喜欢哪首歌，却说不出和弦的名字，不过他非常清楚自己到底喜欢什么。诺曼当然不是个例，我们很多人都通过日常实践对自己喜爱的事物有所了解，我们不需要真正的专业理论知识就能表达自己的喜好。比如说，如果要买巧克力蛋糕的话，我会选择去自己经常光顾的那个餐馆，我不是很喜欢我家附近的咖啡馆卖的蛋糕。只有厨师才能对蛋糕进行专业的分析，将味觉上的体验拆分成各个元素，描述出口味、起酥油或者巧克力的区别。

很多人都被音乐家、音乐理论家或认知科学家的术语吓倒了，真的很可惜。其实每个研究领域都有专门的术语（试试自己能不能完全理解医生给出的血液分析报告），但就音乐而言，音乐领域的专家和科学家可以再努力一点，让大家更了解他们的工作，这也是我写这本书的目的。现在不仅是音乐表演与音乐欣赏之间本不该有的鸿沟在不断扩大，那些热爱音乐（也喜欢聊音乐）的人和研究音乐原理的人之间的鸿沟也已经迎头赶上了。

我的学生经常跟我倾诉，说自己热爱生活，也热爱生活中的种种奥秘，但他们担心懂的东西太多会剥夺生活中很多简单的乐趣。罗伯特·萨波斯基（Robert Sapolsky）的学生可能跟他表达过同样的意思，我自己在 1979 年搬到波士顿读伯克利音乐学院（Berklee College of Music）的时候也有过同样的焦虑。如果我用学术的方法来研究音乐，在分析音乐的过程中揭开了音乐的神秘面纱，会出现什么样的结果？一旦我对音乐了如指掌，我从音乐中无法获得乐趣了，又该怎么办？

然而我仍然非常享受音乐，跟曾经戴着耳机听廉价高保真录音带的我别无二致。我对音乐和科学了解得越多，就越觉得它们迷人，也越欣赏真正擅长这两个领域的人。多年实践经验证明，音乐和科学一样是一种探险，每次都会有不同的体验，这种探险会源源不断地带给我惊喜和满足。最终结果就是，我发现科学和音乐的融合其实还不错呢。

这本书打算从认知神经科学（一门结合了心理学和神经学的学科）的角度谈谈音乐的科学。我会在书中提到我和其他研究人员的一些最新研究，内容包括音乐、音乐的意义和音乐带给人的乐趣等。这些研究为一些深刻的问题提供了新的见解。比如，如果我们听到的音乐都不一样，那我们应该如何解释有些作品能够打动那么多人，比如韩德尔（Handel）的《弥赛亚》（*Messiah*）或者唐·麦克莱恩（Don McLean）的《文森特》[*Vincent*（*Starry Starry Night*）]？而反过来，如果我们听到的音乐是一样的，那又该如何解释每个人对音乐的偏好大不相同？为什么有的人喜欢莫扎特，有的人喜欢麦当娜？

最近几年，神经科学突飞猛进，心理学也探索出了新方法，包括新的大脑成像技术、能够影响多巴胺（dopamine）和血清素（serotonin）等神经递质分泌的药物，再加上朴素的科学追求，人们的思维也随之开启。但有一项进展并不太为人所知，那就是我们在神经元网络建模方面取得了非凡的进步。由于计算机技术的持续发展，我们正在以前所未有的方式理解我们头脑中的计算系统。语言现在看起来其实像是大脑中的硬件连接起来的，甚至意识本身也不再是团团迷雾，而是在大脑实体中呈现出来的东西。但到目前为止，还没有人把所有这些新的研究结合起来，并用结合起来的成果解释人类最痴迷也是最美丽的事物——音乐。了解大脑对音乐的反应是通往人类本质最深层奥秘的一条道路，这就是我写这本书的原因。因为这本书是面向普通读者的，而非面向内行人士，所以我会尽量简化主题，但不会让内容过于简单。书中提到的所有研究都已经过同行评议，并已在业界认可的期刊中刊登。详细资料请见本书末尾的参考文献。

一旦进一步理解了音乐是什么以及音乐从哪里来，我们也许就能够进一步理解自己的动机、恐惧、欲望、记忆，甚至广义上的交流。听音乐给人的感觉跟其他哪种感觉更相似？是像饿的时候吃饭一样满足需求？还是像看到美丽的夕阳或者做背部按摩一样触发大脑中的感官愉悦系统？为什么随着年龄的增长，人们听音乐的品味似乎固定了，不愿再去尝试新的音乐？这就牵涉到了大脑和音乐如何协同进化的问题——音乐可以教我们如何认识大脑，大脑可以教我们如何理解音乐，而音乐和大脑的结合又会教我们如何更加了解自己。

第一章

什么是音乐

从音高到音色

什么是音乐？很多人认为，只有贝多芬、德彪西和莫扎特等伟大的音乐家创作的乐曲才叫"音乐"。还有很多人认为，像说唱歌手布斯塔·莱姆斯（Busta Rhymes）、德瑞博士（Dr. Dre）和电子音乐歌手莫比（Moby）等的歌曲才叫音乐。我在伯克利音乐学院的萨克斯老师，还有众多的"传统爵士乐"拥趸则认为，1940年以前和1960年以后的东西根本称不上音乐。二十世纪六十年代的时候我还小，当时有些朋友经常来我家听门基乐队（the Monkees），因为他们的家长很反感摇滚乐里的那种"危险节奏"，所以他们在家的时候只能听古典乐，或者听圣歌、唱圣歌。1965年，鲍勃·迪伦（Bob Dylan）在新港民谣音乐节上勇敢地弹起了电吉他，引得台下的听众纷纷离场，很多留下来的听众也只是在喝倒彩。天主教会曾经禁止复调（同时演奏不同旋律）音乐存在，担心这种音乐会让人怀疑上帝的合一性。教会还禁止使用增四度音程，例如从C到升F的音程，又叫三全音音程［伦纳德·伯恩斯坦（Leonard Bernstein）的《西区故事》（*West Side Story*）中，托尼唱出"玛利亚"的名字就采用了这一音程］。教会认为增四度听起来非常不和谐，一定是魔鬼路西法创造出来的，所以也给它命名为"音乐中的魔鬼"（Diabolus in musica）。由此，是音高让中世纪教会陷入骚动；是音色让鲍勃·迪伦饱受嘘声；是摇滚乐中隐含的危险节奏让白人父母感到恐慌，他们担心这种节奏让自己无辜的孩子陷入恍惚状态，无法自拔。那么，什么是节奏、音高和音色？这三个概念只能用来描述音乐中一些机械呆板的元素吗？它们是否含有更深层次的神经学基础？这三者都是音乐的必备要素吗？

弗朗西斯·多蒙特（Francis Dhomont）、罗伯特·诺曼多（Robert Normandeau）和皮埃尔·舍费尔（Pierre Schaeffer）等先锋派作曲家拓宽了我们对音乐的认识。这些作曲家不只是运用旋律与和声写音乐，他们在音乐中甚至还会使用除乐器之外的其他声音，包括世界上各种物体发出的声音，比如手提钻、火车和瀑布等。他们把这些录音进行编辑，改变它们的音高，最终将它们有序地拼贴在一起，像传统形式的音乐一样为它们赋予同样的情绪（同样的张弛节奏）。先锋派作曲家就像跳脱了具象和现实主义艺术的画家，就像立体主义和达达主义，还有毕加索、康定斯基、蒙德里安等现代画家一样。

古典音乐家巴赫、电子乐队流行尖端（Depeche Mode）和先锋音乐家约翰·凯奇（John Cage）创作的音乐在本质上有什么共同点？从最基本的层面来看，布斯塔·莱姆斯的《你想怎么样？！》（*What's It Gonna Be?!*）或者贝多芬的《悲怆奏鸣曲》这样的音乐跟你站在纽约时报广场和热带雨林深处听到的声音有什么不同？作曲家埃德加·瓦雷泽（Edgard Varèse）曾对此有一句非常著名的回应："音乐是有组织的声音。"

本书想从神经心理学的角度阐述音乐会如何影响我们的大脑、思维、思想和精神。但首先，我们要了解音乐的构成。音乐的基本构成要素都有哪些？这些要素又要如何组织才能产生音乐？任何声音的基本要素都包括响度、音调、轮廓、音长（或节奏）、速度、音色、空间位置和混响。我们的大脑将这些基本的感知要素进行整理，组成更高层次的概念，就像画家把线条组成形状一样，整理之后，我们就会得到节拍、和声和旋律。我们在听音乐的时候，其实是大脑在结合多重属性和维度以形成完整的感知体验。

在讨论背后的脑科学基础之前，我想先用这一章来讲讲各项音乐术语的定义，快速回顾音乐理论中的一些基本概念，并用乐曲实例加以说明。（音乐人可以跳过或略读本章。）首先，我简单介绍一些比较主要的音乐术语。

▶音高（pitch）是一种纯粹的心理构建，与特定音调的实际频率（frequency）及其在音阶（musical scale）中的相对位置有关。"这是什么音？"这种问题就可以用音高来回答（比如可以回答"这是升C"）。后面我会给出频率和音阶的定义。听到小号吹出一个音的时候，大部分人都会说小号手吹了一个"音符"（note），而科学家则称之为"音"（tone）。两个概念在抽象中指的是同一个实体，"音"用来表示你用耳朵听到的，"音符"用来表示你在乐谱上看到的。儿歌《玛丽有只小羊羔》（*Mary Had a Little Lamb*）和《两只老虎》（*Are You Sleeping?*）的前七个音有着完全相同的节奏，只有音高不同，表明音高是描述旋律或歌曲的根本元素。

▶节奏（rhythm）指的是一系列音符的持续时间，以及这些音符的组合方式。例如，在《英文字母歌》[*Alphabet Song*，与《一闪一闪亮晶晶》（*Twinkle, Twinkle Little Star*）旋律相同]中，唱字母 A、B、C、D、E、F 的时长相等，后面的字母 G 时长要长一倍。然后回到初始时长唱 H、I、J、K，接下来的四个字母 L、M、N、O 要唱快一倍，然后结束在 P 上［所以一代又一代的小朋友刚开始都以为有个英文字母读作"ellemmenno"（读音和连读 L、M、N、O 相同）］。在海滩男孩乐队（the Beach Boys）的歌曲《芭芭拉·安》（*Barbara Ann*）中，前七个音音高相同，只是节奏不同；在之后的主旋律里，七个音也都是同样的音高。之后迪恩·托伦斯（Dean Torrence，简和迪恩乐队的主唱）加入进来，唱了不同的音高（作为和声）。披头士乐队有几首歌也用了同样的方法，都是在音高保持不变的情况下改变音符的节奏，比如《一起来吧》（*Come Together*）的前四个音、《一夜狂欢》（*A Hard Day's Night*）的歌词首句"这真是（It's been a）"后面的六个音，以及《某件事》（*Something*）的前六个音。

▶速度（tempo）指的是乐曲整体的快慢。如果你跟着音乐用脚打拍子、跳舞或者走路，这些有规律的动作体现出的快慢，就是音乐的速度。

▶轮廓（contour）指的是旋律的整体趋势，只包含"向上"和"向下"两种趋势（只考虑音符向上走或者向下走的趋势，不考虑向上或向下的幅度）。

▶音色（timbre）可以用作区分不同乐器的标准。比如，小号和钢琴即使演奏同一个音符，你也能听到不同的音色。音色一部分来源于乐器振动产生的泛音（overtone，下文会解释）。音色也可以描述乐器在不同音域的声音变化，比如小号在较低音域产生的音色较为温暖，而在最高音域产生的音色则尖锐刺耳。

▶响度（loudness）是一种纯粹的心理构建的主观反映，与乐器产生的能量大小有关（非线性且缺乏研究），即推动的空气量，也是声学家概念里声音的"振幅"。

▶混响（reverberation）指的是我们对声源距离以及声源所处的空间大小的感知，非音乐专业的人一般会称之为"回声"。人们可以借助混响区分出歌声是从音乐厅还是浴室传出来的。混响还有两个一直被人低估的重要作用：传达情感与提升悦耳程度。

经心理物理学家（研究大脑与物质世界如何相互作用的科学家）证实，以上这些要素均可以相互独立。每个要素都可以在不影响其他要素的前提下单独改变，因此，科学家们能够逐一对这些要素进行单独研究。比如我们可以在不改变节奏的情况下改变乐曲的音高，也可以在不改变时值（duration）和音高的条件下用不同的乐器演奏同样的乐曲（改变音色）。音乐和无序的声音之间的区别就在于这些基本要素的组合方式以及它们之间形成的关系。当这些基本要素以有意义的方式组合并形成关系时，就出现了更高层级的概念——节拍、调、旋律以及和声。

▶节拍（meter）是由大脑分析节奏和响度信息产生的概念，也指时间上先后出现的音符的分组方式。比如华尔兹把每三个音分为一组，进行曲则把每两个音或四个音分为一组。

▶调（key）指的是一首乐曲里的音符按照重要程度划分出的层级关系，这种层级在物质世界中并不存在，只存在于我们的意识中。这个概念可以用来描述我们对音乐风格和音乐特点的感受，还可以作为一种大家为了理解音乐而发展出的心理基模。

▶旋律（melody）指的是一首乐曲的主题，是可以随之演唱的部分，是脑海中印象最突出的一串音符。旋律的概念在不同的音乐类型中也各不相同。在摇滚乐中，通常主歌和副歌各有一段旋律，主副歌有时要靠歌词或者乐器编排的变化进行区分。古典音乐的作曲家会围绕旋律创作主题的变奏，在整首乐曲中，旋律以不同的形式贯穿始终。

▶和声（harmony）与不同音调之间的关系有关，也与这些音调形成的声音环境有关。和声为听者塑造的环境会让听者对乐曲接下来的走向产生预期，高明的作曲家可以出于艺术与表达的目的满足或者违背听者的预期。和声可以简单地指平行于主旋律的旋律（比如由两位歌手演唱不同的旋律构成和声），也可以指和弦进行，即构成旋律上下文和背景的一组音符。

后面我会就这些进行详细说明。

创作视觉艺术和舞蹈同样需要结合各种基本要素，也需要了解基本要素相互关联的重要性。视觉感知的基本要素包括颜色（颜色本身可以分解为色相、饱和度和明度三个维度）、亮度、位置、纹理和形状。但一幅画只有这些是不够的，画作不仅仅是这里画一条线、那里画一条线，或者这里涂一块红、那里涂一片蓝。一系列的线条和颜色之所以能成为艺术，是因为线与线之间的关系和画布上不同部位的颜色相互呼应。这些较低层次的视觉要素创造出了形态与流动（画布上各个要素吸引目光移动的方式），使得这些颜色和线条成为艺术。当这些要素和谐地结合在一起的时候，就产生了透视、前景和背景，最终也引出了情感及其他审美属性。同样，舞蹈不是简单地把大量毫无关联的身体动作堆砌起来，而是通过动作之间的关系创造出整体性与完整性，构成我们大脑可以处理的更高层次的连贯性和统一性。与视觉艺术一样，音乐也不仅仅需要考虑该演奏哪些音符，还要考虑不该演奏哪些音符。爵士乐演奏家迈尔斯·戴维斯（Miles Davis）有段著名的论述，他将自己的即兴创作技巧与毕加索的画布使用技巧进行类比。两位艺术家都曾经说过，艺术作品最重要的并不是物体本身，而是物体之间的留白。迈尔斯说自己独奏的时候最重要的部分就是音符间的留白，是他在一个音和下一个音当中留下的"空间"。如果能够精准把握下一个音什么时候出现，就能给观众留出时间产生期待。这一点是戴维斯天才之处的重要标志，在专辑《泛蓝调调》（*Kind of Blue*）中表现得尤为突出。

全音阶（diatonic）、终止式（cadence），甚至是调和音高等概念都会给非音乐专业人士带来不必要的障碍。音乐家和评论家有时候就喜欢用这种矫揉造作的术语给自己罩上朦胧的面纱。你在读报纸上的音乐会乐评时，是不是有很多时候都读不懂评论人在说什么？比如"她持续的倚音由于华彩经过句完成欠佳而显得美中不足"，或者"他们竟然转到升 C 小调，真是难以置信！太可笑了！"。我们真正想知道的是音乐表演能不能打动观众，还有歌手能不能沉浸在自己演唱的故事里。读者在读乐评的时候，其实可能想知道的是今夜的演出和前夜或者另一个乐队的演出有何异同。因为我们感兴趣的通常都是音乐本身，而不太关注表演当中运用的各种技巧。如果一位美食评论家开始推测荷兰酱里的柠檬汁究竟是在什么温度加的，或者一位影评人大谈特谈摄影师使用的是多大的光圈，那我们肯定会受不了。所以，我们也不应该对音乐界同样的行为忍气吞声。

而且，音乐学家和科学家等研究音乐的人对其中一些术语的定义莫衷一是。比如我们用"音色"来指代一种乐器的整体声音或色彩调性。当听到小号和单簧管演奏同一个音符的时候，我们就会用"音色"这种难以言说的特征来帮我们区分这两种乐器。如果你和布拉德·皮特说同样的话，也可以靠音色把你们两个人的声音区分开。但是由于对"音色"的定义无法达成一致，科学界干脆放弃了对音色直接下定义，转而另辟蹊径，通过排除什么不是音色来定义音色。（美国声学协会给出的官方定义：音色指声音除响度和音高以外各个方面的特征。科学的精准性也不过如此！）

音高是什么？音高从哪里来？为了解答这个简单的问题，科学家们已经发表了数百篇科学文章，做了数千项实验。几乎所有人，哪怕没有受过专业的音乐训练，也能判断出一个歌手有没有走调。我们可能判断不出她唱的音是高了还是低了，或者高多少、低多少，但在五岁之后，大部分人都能微妙地感受到一个人有没有走调，就像能分清一句话是疑问还是谴责一样（在英语中，音调上升表示疑问，音调持平或者略微下降表示谴责）。这种判断来自我们对音乐的接触和声音的物理现象之间的相互作用。"音高"的概念和琴弦、空气柱或其他声源的振动频率或速度有关。如果琴弦每秒振动六十个来回，我们就称其频率为每秒六十次。计量单位为赫兹（Hertz，缩写为Hz）。这一计量单位以德国理论物理学家海因里希·赫兹（Heinrich Hertz）的名字命名，以此纪念他是第一个发射无线电波的人。

（赫兹是一位彻头彻尾的理论家。有人问他无线电波可能会有什么实际性的用途，据说他只耸耸肩说"没有"。）如果你试着模仿消防车警报的声音，你的声音就会扫过不同的音高频率（随着声带的紧绷程度变化），有些音"低"，有些音"高"。

钢琴左侧的琴键敲击的琴弦较长、较粗，振动频率相对较低。而右侧琴键敲击的琴弦较短、较细，振动频率较高。琴弦的振动会推动空气中的分子，让这些分子以与琴弦相同的频率振动。这些空气中振动的分子会到达我们的鼓膜，让鼓膜也以相同的频率振动。我们的大脑接收到关于音高的唯一信息就来源于鼓膜的里外摆动。我们的内耳和大脑需要对鼓膜的运动加以分析，找出鼓膜的运动来自外界的哪种振动。我刚才说空气中的分子会振动，其他分子也会振动，我们隔着水或者其他液体也能听见音乐，就是因为液体里的分子能够振动。但在真空当中，由于没有能够产生振动的分子，也就没有声音。（下次看《星际迷航》的时候，你要是发现引擎在太空里还有轰鸣声，就可以跟大家分享一些好玩的"迷航迷思"了。）

按照惯例，弹奏钢琴左侧的键盘时，我们说弹的是"低"音，弹奏右侧的键盘时，我们说弹的是"高"音。也就是说，我们认为"低"的音就是振动比较慢的音，（振动频率）更接近大型犬的叫声；而我们认为"高"的音则是振动比较快的音，更接近小型犬的叫声。但是像"高"和"低"这样的表述在不同的文化中也不尽相同。比如希腊人对"高"和"低"的定义刚好相反，因为他们制造的弦乐器是垂直于地面的：由于较短的琴弦和管风琴的短音管更靠近地面，所以这些音被称为"低"音（"低"指的是能低至地面），而较长的琴弦和较长的音管演奏的音则称为"高"音（"高"指的是能高至天神宙斯和阿波罗）。这里的"低"和"高"就像"左"和"右"一样，都是随意命名的概念，能记住就可以了。一些专业作曲家认为"高"和"低"是直觉的产物，我们称之为"高音"的声音通常来自鸟类（因为它们在高高的树上或者高空），而我们称之为"低音"的声音通常来自低至地面的大型哺乳动物，比如熊，或者来自地震的低沉声音。但这个解释没有什么说服力，因为低音也可以来自高空（比如雷声），高音也可以来自低处（比如蟋蟀、松鼠，还有踩碎落叶的声音）。

音高定义的第一点，我们可以说，音高是能够对一架钢琴的不同琴键演奏出的声音做出区分的基本属性。

按下钢琴上的琴键会带动琴槌敲击钢琴内部的一根或多根琴弦。敲击琴弦会让琴弦的位置发生变化，长度略微拉伸。琴弦本身的弹性又会试图将琴弦拉回初始位置，但惯性会拉着琴弦向相反的方向继续前进，然后弹性会再次将琴弦拉回来，再次反向超过初始位置，琴弦就这样来回振动，而且振动幅度会逐渐缩小，随着时间的推移，最后完全停止。所以按下琴键之后，你听到的声音会逐渐变小，直至消失。我们的大脑会将琴弦每次来回振动的幅度转换为响度，把振动的频率转换为音高。琴弦的振动幅度越大，我们听到的声音就越大；琴弦基本不再振动的时候，我们也就几乎听不到声音。琴弦振动的幅度和频率是相互独立的，这一点可能看似有违直觉，但无论振动幅度大小，振动速度都可以保持一致。琴弦振动的幅度与我们的敲击力度有关，这一点就很符合我们的直觉了，即击弦越用力，发出的声音就越大。琴弦振动的速度主要和琴弦本身的粗细长短以及松紧程度有关，与力度无关。

看起来好像我们可以简单地将音高理解为频率，也就是空气中分子的振动频率。这么说基本上没问题，只是物质世界很少会直接简单地映射到我们的精神世界，这一点我们后面再继续讨论。但是对大多数音乐来说，音高和频率确实是密切相关的。

"音高"指的是生物对声音基础频率呈现出的心理表征。也就是说，音高是一种纯粹的心理现象，与空气中分子的振动频率有关。这里的"心理"指的是这一概念完全存在于我们的大脑中，在外界并不存在。因为音高是一系列思维运作的最终产物，是一种完全主观的、内在的心理表征或特质。声波（空气中以不同频率振动的分子）本身没有音调，但它们的移动与振动是可以测量的，这就需要人（或动物）的大脑将这种振动本身的特性处理为我们概念里的"音高"。

我们对颜色的感知也遵循相似的原理，首先意识到这一点的是艾萨克·牛顿。（我们都知道，牛顿发现了万有引力定律，还与莱布尼茨共同发明了微积分。牛顿和爱因斯坦一样小时候是个后进生，老师经常抱怨他注意力不集中。）

牛顿率先指出，光是无色的，因此颜色是我们大脑生成的概念。他写道："光波本身没有颜色。"从那个时代开始，人们了解到光波具有不同的振动频率，光波到达视网膜后，会引发一系列神经化学作用，最终生成我们称之为"颜色"的心理图像。这里的重点就在于：我们所感知的颜色并不是颜色的本质。比如，苹果看起来是红的，但苹果的原子本身并不是红的。哲学家丹尼尔·丹尼特（Daniel Dennett）也曾表示，"热"也并不是由许多微小的"热物质"组成的。

　　一碗布丁，放在冰箱里没有味道，但是有带来味道的潜质。布丁只有在放到嘴里，接触到舌头的时候才会出现味道。同样，我离开厨房之后，厨房的墙就不是"白色"了。当然墙上的涂料还在，但只有当我的目光接触到厨房的墙面，颜色才会出现。

　　声波传到鼓膜和耳廓（耳朵露在外面的部分），会引起一系列机械与神经化学活动，最终在大脑中产生我们称之为"音高"的心理图像。爱尔兰哲学家乔治·贝克莱（George Berkeley）率先提出一个问题：如果森林里有棵树倒下了，但没有人听见，那么它有没有发出声音？答案很简单：没有。因为声音是大脑对振动的分子做出反应而产生的心理图像，如果没有人或动物在场，声音也就不存在。树倒下的时候，我们可以用合适的设备进行测量，记录当时的声波频率，但如果现场没有人听到的话，这种频率也无法成为音高。

　　我们能够看到的颜色只是电磁波谱上的一小部分，而音高和颜色类似，也没有哪种动物能听到世界上的所有音高。从理论上来讲，从每秒零次到每秒十万次甚至更高的频率我们都应该能听得到，但实际上，每种动物都只能听见部分频率范围内的声音。听力健全的人通常可以听到 20 赫兹到 20 000 赫兹的声音。最低频的声音听起来像是一种模糊的隆隆声或者震动声，比如卡车驶过窗外时我们听到的声音（卡车发动机产生的声音约为 20 赫兹），或者改装车把特殊配备的低音炮开得非常响的时候我们听到的声音。低于 20 赫兹的声音人类是听不到的，因为我们耳朵的生理特性对这些声音不敏感。我们在说唱歌手 50 美分（50 Cent）的歌曲《在俱乐部》（*In da Club*）和说唱团体 N.W.A. 的歌曲《表达自我》（*Express Yourself*）里听到的低音就接近我们听力范围的最低频。在披头士的专辑《佩珀中士的孤独之心俱乐部乐队》（*Sgt. Pepper's Lonely Hearts Club Band*）里，《生命中的一天》（*A Day in the Life*）这首歌结尾部分有几秒钟的声音振动频率高达 15 千赫（兹），大多数四十岁以上的人都听不见这几秒！（如果"不要相信任何一个超过四十岁的人"这句话真的是出自披头士，那么这几秒钟可能就是他们用来测试那些人到底会不会说谎的。但据说列侬只是想吓吓大家的狗而已。）

虽然人类的听觉范围通常为 20 赫兹到 20 000 赫兹，但听觉范围并不等同于人类对音高的感知范围。虽然我们能听到这个范围内的所有声音，但这并不代表范围内的所有声音听起来都像乐音。也就是说，我们不能给整个范围里的每个声音都明确指定音高。颜色也与之类似，与光谱中间段相比，两端红外线与紫外线区域的颜色就缺乏明确的定义。下一页的图表展示了一系列乐器以及这些乐器的音高频率范围。男性说话声音的平均音高约为 110 赫兹，女性约为 220 赫兹。荧光灯或者线路故障发出的嗡嗡声为 60 赫兹（指北美地区数值；欧洲和其他电压 / 电流标准不同的国家可能为 50 赫兹）。能够震碎玻璃的歌声约为 1000 赫兹。声音之所以能够震碎玻璃，是因为玻璃和其他所有物体一样都有自己本身固有的振动频率。你可以用手指弹一下玻璃的边缘，如果是个水晶玻璃杯，还可以用手指蘸水沿着杯口画圈，这样就能感受到玻璃自身的频率。如果歌声刚好达到了玻璃本身的振动频率，玻璃的分子就会以自己的固有频率产生共振，最终破裂开来。

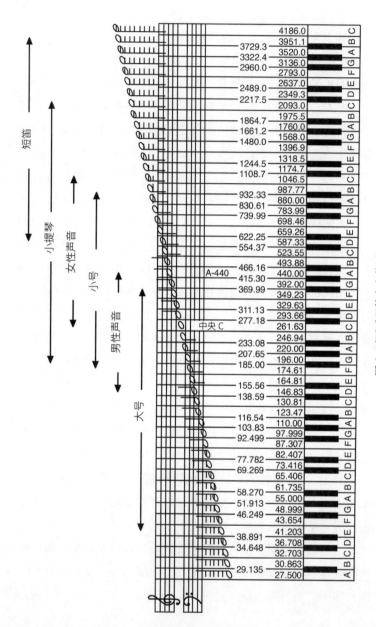

图 1 不同乐器的音高范围

标准钢琴有 88 个琴键，极少数钢琴会在低音区多出几个琴键。电子钢琴、管风琴和合成器只有 12 个或 24 个键，但这些都是特例。标准钢琴上的最低音频率为 27.5 赫兹（图 1）。有趣的是，这与构成视觉感知动态影像的最低频率大致相同。以这个频率或大约这个频率播放的一系列静止图像会让人产生图像正在运动的错觉。"电影"（motion pictures，意为"动态影像"）就是一系列静止图像以超过人类视觉系统时间响应性的速度（每秒 24 帧）进行播放。在 35 毫米电影胶片放映时，每张图像的显示时间约为 1/48 秒，中间会穿插时间相近的黑场遮挡镜头以衔接两张静止画面。虽然胶片的呈现是一帧接着一帧的，但我们却能够看到平滑、连续的运动。（老电影的画面可能会闪烁，因为它们的帧速率太低，只有每秒 16 到 18 帧，所以我们的视觉系统会认为画面是不连续的。）当分子的振动频率接近这个数值时，我们就会觉得听到的声音是连续的。如果你小时候试过把扑克牌插进自行车的辐条中间，那你就相当于给自己演示了这个原理：车轮低速旋转的时候，你只能听到扑克牌撞在辐条上"咔、咔、咔"的声音；但达到一定速度以后，"咔、咔、咔"的声音就会越来越密集，变成了一种"嗡嗡"声，这个声音你甚至可以跟着哼出来。弹奏钢琴上 27.5 赫兹的最低音时，大部分人都觉得这个音不像键盘中间那些音一样有个明确的音高，其实钢琴键盘的最低音和最高音部分的音高很多人都听得不太真切。作曲家们非常了解这一点，所以他们在作曲的时候会根据创作和情感的需要来选择是否使用这些音符。钢琴的最高音约为 6000 赫兹，很多人都觉得超过这一频率的声音听起来像尖锐的口哨声。而 20 000 赫兹以上的声音大多数人就听不见了。到六十岁之后，由于内耳毛细胞硬化，很多人开始听不到 15 000 赫兹以上的声音。所以我们在讨论音高范围的时候，或者说以钢琴键盘来讨论表现最明确的音高的时候，其实指的就是键盘中间约四分之三的范围，大概介于 55 到 2000 赫兹之间。

音高是传达音乐情感的主要手段之一。兴奋、平静、浪漫和危险等情绪和氛围的表现有很多影响因素，而最具决定性的因素就是音高。单独一个高音就能表现兴奋，一个低音就能表现悲伤。把这些音都串在一起，我们就会得到更有力、更细腻的音乐情感。旋律是由时间上连续的一连串音高的模式或者关系来定义的。大部分人都能轻松听出一段旋律比自己之前听过的更高还是更低。实际上，很多旋律的起始音高都没有正确与否的说法，旋律可以在各个音高自由移动，任意一个音都可以做起始音高，比如《生日快乐歌》。所以，"旋律"一词可以理解为一种抽象原型，由调、速度和配器等元素组合而成。认知心理学家会说，旋律作为一种听觉对象，在发生变化之后还能保留原有的辨识度，就像你把椅子移到房间的另一边，把它翻过来，或者把它涂成红色，无论怎么变化大家都能看出来这是把椅子。那么，举个例子，如果你听到一首歌，哪怕这首歌的音量比你之前听到的都要大，你也能听出来是同一首歌。歌曲的绝对音高发生变化也是一样，只要每个音之间的相对音高差不变，你就能听出来这是同一首歌。

还有一个相对音高值的概念，结合我们说话的方式就能很容易理解这个概念。你在问别人问题的时候，句尾的语调会自然升高，表示疑问。但你不会刻意把句尾提高到某个特定的音高，只要它的音高比句首高一点就可以了。这是英语中的一种表达习惯（其他语言未必如此，我们需要学习才能了解），在语言学中叫作"韵律线索"（prosodic cue）。西方传统音乐中也有类似的规律。特定的音高序列可以传达出平静或兴奋等情绪。比如格里格（Grieg）的《培尔金特第一组曲》中的《晨景》（*Peer Gynt Suite No. 1, Morning Mood*），旋律缓慢，逐渐下行，传达出平静的感觉；而组曲中的《安妮特拉之舞》（*Anitra's Dance*）则运用了上升的半音阶（上升的过程中也会偶尔穿插俏皮的下行乐段），表现出更多的活力与动感。大脑之所以能够理解音乐情绪，依赖的基础机制是学习，就像我们通过学习得知上升的语调代表疑问一样。所有人天生都具备学习能力，能够通过学习了解本土文化里的语言和音乐的特点。而对本土音乐的体验则塑造了我们的神经通路，最终我们的大脑内化出了一套与本土音乐共通的规则。

不同的乐器有不同的音高范围。从前面的图表中可以看出，钢琴是所有乐器中音高范围最广的。其他乐器的音高范围都是钢琴音高的子集，这也就影响了乐器传达情感的方式。比如短笛的声音高亢、尖厉，如鸟鸣一般，所以无论演奏什么音符，都带有轻快、欢乐的情绪。因此，作曲家们喜欢用短笛来演奏欢快或亢奋的音乐，比如美国作曲家约翰·菲利浦·苏萨（John Philip Sousa）的进行曲。而在《彼得与狼》（*Peter and the Wolf*）中，苏联作曲家普罗科菲耶夫（Sergei Sergeyevich Prokofiev）用长笛代表鸟，用圆号代表狼。《彼得与狼》中不同角色的个性都由不同的乐器来表现，每个乐器都有一个主旋律，在某个概念、人物或情景重复出现的时候，相关的乐段便会出现（这个技巧在瓦格纳的歌剧中经常出现）。如果短笛出现在一段悲伤的音乐中，一般都是作曲家想要表示反讽。而悲伤的音乐一般会用声音低沉的大号或者低音提琴来表现庄重、肃穆或者沉重的感觉。

音高共有多少种？因为音高是连续的，取决于分子的振动频率，所以理论上来讲，音高有无限多种。你任意说出两个频率，我都能找到介于两者之间的频率以及理论上相对应的音高。但并不是任何频率的改变都会引起音高上的显著差异，就像往你的背包里加入一颗沙粒不会让背包变重一样。所以，并非所有的频率变化在音乐上都能用得到。每个人对频率的微弱变化有着不同的感知能力，这种能力通过训练可以得到提升。但一般来说，大多数文化都不会把比半音小很多的频率差异作为音乐的基础，而且大部分人也听不出半音的十分之一会带来什么差异。

对音高差异的辨识能力建立在生理机能的基础之上，每种动物的辨识能力各不相同。那么，人类是如何区分音高的呢？内耳的基底膜上遍布着许多毛细胞，不同的毛细胞仅对特定的频率范围做出反应。低频的声音会刺激耳蜗基底膜顶部的毛细胞，中频的声音会刺激中部的毛细胞，而高频声音则会刺激耳蜗底部的毛细胞。我们可以把基底膜想象成一张地图，上面标注了各种不同的音高，就像把钢琴键盘叠加在上面一样。由于不同的音高覆盖在基底膜上的方式就像地图一样，因此也被称为"音高分布地图"（tonotopic map）。

声音进入耳朵之后会经过基底膜，根据不同的声音频率，刺激不同部位的毛细胞。基底膜就像花园里带运动传感器的灯，一旦受到特定的刺激，对应的部位就会产生运动，向听觉皮层发送电信号。听觉皮层也有一张"音高分布地图"，表面上的不同部位对应不同的音高。因此我们可以说，大脑也有一张这样的地图，因为大脑的不同区域会对不同的音高做出反应。大脑能够直接对音高做出反应，便足以证明音高的重要性。音高还有一个与其他音乐属性不同的特征：我们在大脑中放入电极，通过观察大脑的活动就可以确定听到的音高。虽然音乐的基础是音高关系，而不是绝对音高，但大脑在处理声音信息的不同阶段，关注的却都是绝对音高。

音高在脑中直接反映出的地图非常重要，也值得反复研究。如果把电极放在你的视觉皮层（大脑后部与视觉有关的部分），然后给你看一个红色的西红柿，没有哪一组神经元能让电极变红。但如果把电极放在你的听觉皮层，然后在你的耳边播放440赫兹的纯音，听觉皮层里的神经元就会精准地以同样的频率做出反应，使电极也发出440赫兹的电活动，产生音高。也就是说，进入耳朵的音高竟然会从大脑再传出来！

音阶就是理论上无限种音高的子集。每种文化都会根据历史传统或者干脆随意地选择自己的音阶，然后这些选出来的特定音高就成了这个音乐体系的一部分，也就是你在前面图表中看到的字母。"A""B""C"等名字都是我们给这些特定音高贴上的标签。在西方音乐，即欧洲传统音乐中，这些音高是唯一"标准"的音高，大多数的乐器都是为了便于演奏这些音高而设计的（长号和提琴等乐器除外，因为它们可以在不同音高间自由滑动；长号手、大提琴手、小提琴手等都要花很长时间学习如何听辨和奏出精准的频率，这样才能保证演奏的每一个音高都能达到标准）。介于两个标准音高之间的音被视为错音（走音），但是如果音乐表现需要的话，为了增加情绪张力可以短暂地走音，或者在标准音高间过渡的时候也可以出现短暂的走音现象。

调音指的是演奏出来的音和标准音高之间的精确关系，也可以指同时演奏两个或多个音之间的精确关系。管弦乐队的乐手们在演出前会先"调音"，将他们的乐器校准至标准音高（乐器的木材、金属、琴弦等材料会随着温湿度的变化膨胀或收缩，使音高自然发生偏移）。少数情况下也会不以标准音高为基准，而是各乐器音高互相校准。专业乐手在演奏时经常会因为乐曲的表达需要而改变音高频率（当然，键盘类和木琴等固定音高乐器除外），演奏稍低于或稍高于标准音高的音，巧妙使用这一方法可以让情绪处理更加饱满。如果在合奏的过程中，一位或多位专业乐手偏离了标准音高，那么其他乐手也会随之改变自己的音高，使整体演奏更为和谐。

在西方音乐中，音符的名字（音名）用字母 A 到 G 来表示，而在另一种唱名系统中，音符则表示为 Do-re-mi-fa-sol-la-ti-do。在电影《音乐之声》的歌曲《哆来咪》（*Do-Re-Mi*）中，罗杰斯（Rodgers）和汉默斯坦（Hammerstein）就引用了音符的唱名作为歌词："Do 是小鹿多灵巧，Re 是金色阳光照……"随着音高频率的增加，音名的字母依次向后排列：B 的频率高于 A（因此音调更高），C 的频率则高于 A 和 B，以此类推，一直到 G。在 G 之后，音名从 A 重新开始。同音名的音高频率呈双倍（或半数）关系。例如，其中一个音名为 A 的频率为110 赫兹，那么频率是其半数，也就是 55 赫兹的音高也叫 A；

　　　　　　我们为什么爱音乐

频率为双倍，即 220 赫兹的音高也叫 A。如果我们继续把频率加倍，比如 440 赫兹、880 赫兹、1760 赫兹等，这些频率的音高也都被称作 A。

这里要提到音乐的一个基本性质。音名的重复是因为人类能够感知频率的加倍或减半。当把某个频率加倍或者减半的时候，我们就会听到一个和原频率非常相似的音。这种频率比为 2：1 或 1：2 的关系被称为"八度"（octave）。这个音高关系非常重要，虽然印度、巴厘岛、欧洲、中东、中国等国家和地区的音乐文化存在巨大差异，鲜有共同点，但每一种文化中的音乐都以八度为基础。这种现象引出了音高感知中的循环概念，和色相环类似。就像红色和紫色，虽然它们分别处在可见光谱的两端，但我们认为这两种颜色是相似的。音乐也是如此。我们一般会说音乐有两个维度，其中的一个维度，音高随着频率上升（而且听起来越来越高）；而另一个维度，频率翻倍的时候我们会觉得音高好像回到了原点。

男性与女性同时说话时，即使他们努力想说出完全相同的音高，他们的声音也通常相差一个八度。小孩子的声音通常比成年人高一到两个八度。哈罗德·阿伦（Harold Arlen）的作品《彩虹之上》（*Over the Rainbow*，来自电影《绿野仙踪》），前两个音符构成了一个八度。斯莱和斯通一家乐队（Sly and the Family Stone）有首歌叫《夏日情趣》（*Hot Fun in the Summertime*），歌词第一句"春天进入尾声，她回到这里"（End of the spring and here she comes back），斯莱与和声的音高也形成了一个八度。如果我们在乐器上弹奏频率连续增加的音符，就会发现弹到频率加倍的音时，听起来就会感觉像回到了"原点"。八度音阶是一个非常基本的概念，甚至诸如猴子和猫一类的动物也和人类一样对八度音阶有同样的感受。

音程（interval）指的是两个音之间的距离。西方音乐将八度音阶细分为十二个等距的音（通过对数）。A 和 B（或 do 和 re）之间的音程称为一个"全音"，或一个"音"（"音"这个名称容易造成混淆，因为我们会将所有的乐音都称为"音"。为了避免歧义，我将统一使用"全音"来表示）。在西方的音阶系统中，最小的单位是将全音切成两半，叫作"半音"（half step 或 semitone，英文中更常用 semitone，因为这个单词的意思不容易产生歧义），即一个八度的十二分之一。

音程是旋律的基础，比音符的实际音高重要得多；大脑在处理旋律的时候关注的是相对音高，而非绝对音高。这就意味着我们创造旋律需要的不是音符，而是音程。比如四个半音无论起始于 A 还是 G♯（升 G），抑或其他任何一个音，构成的都是大三度的音程。详见西方音乐体系音程表（表 1）。

这个表格可以继续往下写：十三个半音是小九度，十四个半音是大九度，等等。但这些名字通常只会在更深入的讨论中使用。完全四度音程和完全五度音程之所以会有这样的名称，是因为许多人都觉得这两种音程听起来非常和谐悦耳。自从古希腊时代以来，音阶里这个不同寻常的特点就成了所有音乐的核心。（不存在"不完全五度"的说法，"完全"一说只是我们赋予音程的名称。）有的乐曲可能完全没有用到这两个音程，有的乐曲可能每一句都会用这两个音程，但无论如何，都无法动摇它们五千多年来对音乐起到的支柱性作用。

表1 西方音乐体系音程表

相隔的半音数	音程名称
0	纯一度（unison）
1	小二度（minor second）
2	大二度（major second）
3	小三度（minor third）
4	大三度（major third）
5	完全四度（perfect fourth）
6	增四度（augmented fourth）、减五度（diminished fifth）、三全音（tritone）
7	完全五度（perfect fifth）
8	小六度（minor sixth）
9	大六度（major sixth）
10	小七度（minor seventh）
11	大七度（major seventh）
12	八度（octave）

虽然我们已经标记出了大脑对单个音高做出反应的区域，但我们还是无法找到音高关系编码的神经学基础。举个例子，我们已经知道大脑皮层的哪一部分负责听C和E、F和A，但我们不知道大脑将这两个音程都视为大三度的原因或者原理，也不了解产生这种感知的神经回路。我们只知道提取这些音程关系的运算一定来自我们知之甚少的大脑部位。

如果一个八度内有十二个音，那为什么音符名字只用七个字母（或者do-re-mi等七个唱名）来表示？数百年来，音乐家们都只能在仆人的房间里吃饭，也只能走后门进出城堡，所以这种命名方式可能只是音乐家们发明出来刁难外行人的。七个字母以外的五个音符采用复合式名称，如E♭（E-flat，降E）

和 F♯（F-sharp，升 F）。其实命名系统没必要弄得这么复杂，但我们现在只能继续沿用下去了。

从钢琴键盘上看这个命名系统会更清晰一些。钢琴的白键和黑键并非均匀穿插分布，有的白键直接相邻，有的白键中间隔一个黑键。但无论黑键还是白键，两个相邻的琴键之间的音高差始终为半音，相隔一个键的音高差始终为全音。很多西方乐器的设计都是这样：吉他上相邻两个品位的音高也相差半音，木管乐器（如单簧管与双簧管）按下或抬起相邻的按键也同样相差半音。

钢琴上的白键对应着 A、B、C、D、E、F 和 G，白键之间的黑键则采用复合式名称。A 和 B 之间的黑键被称为升 A 或者降 B，除专业乐理讨论之外，这两个名称是可以互换的。（其实这个音还可以叫重降 C，同理，A 也可以叫重升 G，但这个是更偏理论的用法了。）升指的是高，降指的是低。降 B 比 B 低半个音，升 A 比 A 高半个音。在唱名系统中，会用特殊的名字来描述这些音。比如 do 和 re 之间的音可以用 di 或 ra 来表示。

这些音符虽然名称里带升降记号，但不代表这些音符在音乐中就低人一等，其实它们同样很重要。有些歌曲和音阶甚至会单独使用这些音。比如史提夫·汪达（Stevie Wonder）的《迷信》（Superstition），主要的伴奏都是在黑键上完成的。十二个音，加上各种高八度和低八度的音程，形成了旋律的基本组成部分，成为各种文化中乐曲的基础。从圣诞歌曲《装饰厅堂》（Deck the Halls）到摇滚乐《加州旅馆》（Hotel California），从儿歌《黑绵羊咩咩叫》（Ba Ba Black Sheep）到电视剧《欲望都市》（Sex *and the City*）的主题曲，你听过的所有歌曲，都是由这十二个音和它们的八度变化组合而成的。

更令人困惑的是，英语里的"sharp"和"flat"除了表示升降半音，还可以形容演唱或者演奏是否走音。如果演奏的音略高于标准音（但还没高到音阶中的下一个音），我们就用"sharp"形容演奏的音偏高；如果演奏的音略低于标准音，我们就用"flat"形容这个音偏低。当然，如果演奏只是稍微出现偏差，就没有人会注意到。但偏差过大的时候，比如已经偏到和标准音差了四分之一到二分之一，大部分人就都能发现了，觉得这个音已经走音了。在合奏中，乐手如果走音，在和其他演奏准确的音对比之下会听起来尤为明显。

每一个音高的名称都与特定的频率值相对应。我们现在的系统叫作 A440 调音系统，因为在钢琴键盘中间，音名为 A 的音频率为 440 赫兹。这个标准就是随便定的。我们可以把 A 这个音定为任何频率，比如 439、444、424、314.159 等。莫扎特时代的系统就和今天的不一样。有些人会说，精准的频率会影响乐曲和乐器的声音表现。齐柏林飞艇乐队（Led Zeppelin）经常把乐器调离现代的 A440 标准，好让他们的音乐听起来与众不同，这可能是因为他们有很多歌曲都是从欧洲童谣中获得灵感，所以想让自己的音乐和这些童谣产生联系。很多纯粹主义者坚持认为，巴洛克音乐就应该用当时的古典乐器来演奏，不仅是因为这些乐器的声音很特别，还因为只有它们的设计才能完全符合当时乐曲的调音标准。纯粹主义者非常看重这一点。

我们可以在任何频率固定标准音高，因为音乐的关键并不在于频率，而在于音高关系的组合方式。我们可以随意决定某个音符的音高，但在我们的音乐体系中，从一个音符到下一个音符的频率差并不是随意决定的。在人的耳朵听来（其他生物未必如此），每两个相邻的音之间，音高差都是相同的。虽然我们听起来觉得音高差相同，但两个相邻音符之间的频率差却并不相等。这是为什么？音乐体系中相邻的两个音里，较高的音比较低的音频率高出约 6%。我们的听觉系统对声音的相对变化和频率的比例变化都很敏感，所以音阶中每个音符都比上一个频率增加 6%，这个比例会让我们觉得增加的音高差是相同的。

　　类比你对重量的感受，这种比例的变化就非常直观了。比如你在健身房锻炼，想把杠铃的重量从 5 磅逐渐加到 50 磅。第一周举了 5 磅以后，第二周加到 10 磅，也就是第一周重量的 2 倍，第三周加到 15 磅，也就是上一周的 1.5 倍，但每周增加 5 磅给你的感觉是不一样的。如果想让肌肉每个星期对杠铃增加的重量感受相同，那么每周增加的重量应该是按照固定的比例进行。比如你可能决定每周增加 50%，那就从 5 磅增加到 7.5 磅，再增加到 11.25 磅，再增加到 16.875 磅，以此类推。听觉系统的工作原理是一样的，所以我们说音阶上每一个音高的增加都是以比例为基础的，每个音都比前一个音高 6%，当我们把增加 6% 的过程重复 12 次之后，新出现的音频率就是初始音的两倍（实际上每两个半音频率之比的精确数值为 2 的 12 次方根 = 1.059463……）。

　　在西方音乐体系中，十二个音符构成的音阶称为半音音阶。任何音阶都只是从中选择一组音高不同的音进行排列，作为构建旋律的基础。

在西方音乐中，我们很少在作曲的时候用到半音音阶的所有音符，一般常用的是选择十二个音当中的七个（也可能只选择五个）。每七个音形成的子集都会构成一个音阶，而每个音阶对整体的旋律和表达的情感都会产生不同的影响。西方音乐中最常见的七音音阶被称为"大调音阶"或"爱奥尼亚音阶"（体现出古希腊起源）。和其他音阶一样，大调音阶也可以从十二个音中的任何一个音开始，而判断一个音阶是否为大调音阶则要看相邻两个音之间的音高差是否符合这一音程模式：全音，全音，半音，全音，全音，全音，半音。

比如从C开始的话，构成大调音阶的各个音就应该是C、D、E、F、G、A、B、C，包含了钢琴上所有的白键。其他所有的大调音阶都会涉及一个或多个黑键，这样才能够维持上述的音程关系。起始的音高叫作音阶的主音（tonic）。

大调音阶中两个半音出现的位置非常重要，这两个位置不仅能对大调音阶进行定义，而且可以作为与其他音阶区分的标志。除此之外，还能给听众带来对音乐的预期。实验表明，幼儿和成年人一样，都能较为轻松地学习与记忆这种音阶里含有半音的旋律。对于经常听音乐或者有音乐基础的听众来说，听到这两个半音的存在以及它们的特殊位置，就能判断出自己听到的是什么音阶。人类的学习理解能力非常强，比如，虽然大部分人说不出音符的名字，可能甚至不知道什么叫主音或音级（scale degree），但听到 C 大调中的 B 时，或者说在以 C 为起点的大调音阶中听到 B 的时候，大家都能听出来这是音阶中的第七个音（也叫"七级音"），也能判断出这个音比主音低了半个音。我们一生的时间都在主动找音乐听，或者被动（而非通过乐理学习）处于有音乐的环境之中，所以形成了这种对音阶结构的了解。这种能力并不是与生俱来，而是后天凭经验获得的。就像我们不需要对宇宙学有什么了解，也能知道太阳每天朝升夕落，因为我们会被动地在环境中通过大量信息了解到这种现象。

改变全音和半音的组合模式会产生不同的音阶，在西方音乐中最常见的是小调音阶。有一个小调音阶和C大调音阶一样，只使用钢琴上的白键，那就是A小调音阶。A小调音阶的音高排列为A、B、C、D、E、F、G、A（因为使用的音高集合与C大调相同，但顺序不同，因此A小调就叫作"C大调的关系小调"）。小调音阶的全音与半音的组合方式与大调不同，小调是全音、半音、全音、全音、半音、全音、全音。请注意，这里小调音阶的半音位置与大调音阶的位置非常不同。大调音阶里的一个半音位于主音之前，"引导"到主音上，另一个半音则出现在第四音级之前。而在小调音阶中，两个半音分别出现在第三和第六音级之前。小调里也会存在一种"引导"音阶回到主音的感觉，但这种感觉和大调在声音与情感表现上都大不相同。

那么你可能会问：如果这两个音阶使用的音高组合完全相同，那我怎么能够判断自己听到的是哪一种呢？如果音乐家弹奏的都是白键，我怎么才能知道演奏的是A小调音阶还是C大调音阶？答案是这样的：我们的大脑会记录某些特定的音符出现了多少次，是在强拍还是弱拍上出现，以及出现多长时间。而且这一过程根本无须我们的主观意识参与，大脑会通过这些记录推断出我们听的是大调还是小调。这个例子再次说明，即使没有受过音乐训练，也没有心理学家所说的陈述性知识（即能够进行探讨的知识），大部分人还是能做出正确的判断。我们虽然没有受过正规的音乐教育，但知道作曲家打算以哪个音作为乐曲调性中心的主音，或者使用哪种调。我们能够判断出什么时候乐曲会带我们回到主音上，也能判断出什么时候不回到主音上。想要使用某个调最简单的方法就是在乐曲中多使用主音，让主音声音大、时间长。如果作曲家认为自己写的作品是 C 大调，乐曲中却一次又一次出现 A，而且声音大、时间长，或者整首乐曲的开头和结尾都是 A，再或者乐曲中干脆没有用到 C，那么听众、音乐家和音乐理论家很可能都会觉得这首曲子是 A 小调的，虽然这并不是作曲家的本意。判断音乐的调性就像判断是否给车子开超速罚单一样，重要的是观察实际行为，光凭意图是无法判断的。

受文化影响，我们更喜欢把大调与快乐或胜利的喜悦联系在一起，而把小调与伤心或战败的沮丧联系在一起。一些研究表明，人类可能天生就会建立这种联系。但这种联系并非放之四海皆准，因为人类天生的本能会受到文化的影响，可能因为后期接触特定的文化而发生改变。西方音乐理论中存在三种小调，每种小调的风格都略有不同。布鲁斯音乐通常使用五个音构成五声音阶（pentatonic scale），是小调的子集，而中国音乐使用的五声音阶则完全不同。柴可夫斯基在创作芭蕾舞剧《胡桃夹子》的时候采用了阿拉伯和中国文化中的典型音阶，寥寥数音就能让观众仿佛置身于东方文化当中。比莉·哈乐黛（Billie Holiday）在演唱的时候，如果想让普通的曲调听起来有布鲁斯的味道，就会选用布鲁斯音阶，或者从古典音乐中选择我们不常听到的音阶。

作曲家们非常了解调性和情绪表达之间的关联，所以会在创作的过程中按需选用。我们的大脑也很了解这种关联，因为我们毕生的时间都生活在音乐之中，听各种音乐风格、形式、音阶、歌词，体会各种不同的音乐带来的情绪。每当我们听到一种新的音乐，我们的大脑就会试着把音乐与音乐带来的视觉、听觉或其他感官线索进行联系。我们会为新的声音赋予情境，最后把一系列特定的音符和特定的地点、时间或事件联系起来。任何一个看过希区柯克的电影《惊魂记》（Psycho）的人，只要听到电影中伯纳德·赫尔曼（Bernard Herrmann）刺耳的小提琴声，就会想到浴室里那场戏；任何一个看过华纳兄弟的动画片《欢乐旋律》（Merrie Melody）的人，只要听到小提琴拨奏逐渐升高的大调音阶，就会想到动画片里的角色鬼鬼祟祟爬楼梯的场景。音乐与情绪的联系十分紧密，若是音阶本身辨识度就足够高，那么只需要简单的几个音就能让人产生联想。比如大卫·鲍伊（David Bowie）的《中国女孩》（China Girl）和作曲家穆索尔斯基（Mussorgsky）的《基辅大门》[Great Gate of Kiev，出自《展览会上的图画》（Pictures at an Exhibition)]，仅前三个音就能向听众展现出带有丰富文化特色的画面。

几乎所有这些音乐场景与音乐本身的变化都来自八度音阶的不同分割方式，我们听过的每一首乐曲都是以八度中的十二个音为基础的。虽然有人认为印度和波斯阿拉伯音乐的音阶间隔比半音小得多，但仔细研究就会发现，他们的音阶也以十二个音或不到十二个音为基础，其他音只是乐曲由于情感表现的需要而产生的音高偏移（expressive variations）、滑奏（glissandos，从一个音连续滑到另一个音），以及短暂的经过音（passing tones），这与美国传统的布鲁斯音乐类似。

　　无论哪一种音阶，音阶里的各个音都会形成一种层级结构，并按重要性划分。有的音听起来更稳定，在结构上更重要；而有的音则听起来更像乐曲的结尾，让我们能感受到不同程度的张力与解决（resolution）*。在大调里，最稳定的音是第一级音，也叫作主音。换句话说，音阶里的其他音听起来都是围绕着这个主音的，但关联度有所不同。和主音关联度最高的音是七级音，即 C 大调里的 B。与主音关联度最低的音是五级音，即 C 大调里的 G。之所以关联度低，是因为五级音听起来相对稳定，也就是说，如果一首乐曲以五级音结束，也不会给听众造成悬而未决的感觉。音乐理论称之为音的层级（tonal hierarchy）。卡罗尔·克鲁姆汉斯（Carol Krumhansl）和同事进行了一系列研究，证实了普通听众通过被动接触音乐与文化规范，已经将音的层级关系深深地印在脑海里。卡罗尔请实验的参与者听一段音乐，并根据音乐中每个音和音阶的关联程度进行评分，然后，根据参与者的评分结果对音的层级关系进行了完善。

　　和弦就是同时演奏三个或更多音符形成的组合，通常是从常用的音阶中提取出来的。选择的几个音符应当是音阶中有代表性的音，典型的和弦组合通常是由音阶的一、三和五级音同时弹奏构成。由于小调和大调全音和半音的组成顺序不同，因

---

* 名词，音乐术语，不稳定的和声或音程出现时，后面必须接较为稳定的和弦或音程对前面的音有所交代，这样的转接过程称为"解决"。——译者注

此以这种方式从两种不同的音阶中选出的和弦音程搭配也不同。比如，如果我们从 C 开始用 C 大调构建一个和弦，可以用 C、E 和 G 三个音。如果我们从 C 开始构建的和弦改为 C 小调，那么一、三和五级音对应的音就变成了 C、降 E 和 G。E 和降 E 这种三级音的差异把大调和弦转为了小调和弦。我们所有人，哪怕没有受过音乐训练，也能听出两者的区别。虽然可能不知道这两个和弦是如何命名的，但我们都能听出来大调和弦更明快，小调和弦更哀伤，或者更能引人沉思，更有异域风情。最基本的摇滚和乡村音乐都只会用到大调和弦，比如《强尼·B. 古德》（*Johnny B. Goode*）、《随风而逝》（*Blowin' in the Wind*）、《酒馆女人》（*Honky Tonk Women*）、《妈妈，别让你的孩子长大成为牛仔》（*Mammas Don't Let Your Babies Grow Up to Be Cowboys*），等等。

小调和弦可以使乐曲更加复杂多变。在大门乐队（the Doors）的歌曲《点燃我的火焰》（*Light My Fire*）里，主歌部分（"You know that it would be untrue…"）采用了小调和弦，副歌部分（"Come on baby, light my fire…"）采用了大调和弦。在歌曲《乔琳》（*Jolene*）中，多莉·帕顿（Dolly Parton）将大调和小调和弦组合使用，让乐曲蒙上了一层忧伤的色彩。斯迪利·丹乐队（Steely Dan）的专辑《喜出望外》（*Can't Buy a Thrill*）中有首歌叫《重新来过》（*Do It Again*），这首歌只用了小调和弦。

和音阶里的单个音符一样，和弦也会根据乐曲的上下文在稳定性上体现出层级差异。每种音乐传统都有特定的和弦进行。大多数小孩长到五岁，就已经能够判断出和弦的使用是否恰当，以及这个和弦是否属于自己的本土音乐。小孩能够很轻松地感受到和弦有没有偏离标准的声音序列，就像成年人能够轻松地发现句子里的错误一样。想要做出这样的判断，大脑中的神经元网络就必须形成针对音乐结构和规则的抽象表征，这一过程不需要我们的意识参与，大脑可以自行完成。大脑在年轻时会像海绵一样如饥似渴地吸收听见的每一种声音，并将这些声音融入我们的神经网络结构。随着年龄的增长，这些神经回路的弹性会逐渐下降，因此在深层次的神经层面上整合新的音乐体系，甚至语言系统，会开始逐渐变得困难起来。

从这一段开始，关于音高的探讨就要开始变得有点复杂了，这都要怪物理学。但正因为这种复杂性的存在，才能让不同乐器发出的声音产生如此丰富的广度。世界上所有的物体都有多种振动模式。其实，钢琴的琴弦可以同时以多种不同的频率振动。我们用槌敲钟、用手打鼓，或者吹长笛的时候，都会出现同样的现象：空气中的分子以多种频率同时振动，不会只产生一种频率。

我们可以用地球运动类比。我们知道地球每 24 小时会绕自转轴自转一周，每 365.25 天绕太阳公转一周，而整个太阳系又在绕着银河系公转，也就是说地球同时进行着多种类型的运动。我们再用坐火车类比。想象火车停在外面的火车站，你坐在火车里，发动机还没启动，但是外面的风很大，你能感觉到车厢有点摇晃，而且摇晃得很有规律，甚至可以用秒表记录下来，每秒大概晃动两次。然后火车准备启动，你可以通过座椅感受到另一种振动（活塞和曲轴以一定的速度转动也会带来振动）。火车开始前进了，你开始感受到第三种振动，也就是车轮每次经过轨道接缝时产生的碰撞。总之，你在坐火车的时候经常会感受到多种不同的振动，它们以不同的速度或者频率出现。但问题在于，要怎样判断一共有多少种振动呢？振动的频率又分别是多少？要是有合适的测量仪器，可能就会得出结论。

钢琴、长笛或者其他任何乐器（包括鼓和牛铃等打击乐器）发出声音时，会同时产生多种振动模式。当你听到某种乐器单独演奏某个音符的时候，其实你会同时听到很多很多种音高，而不仅仅是一个音，我们很多人都没有意识到这一点，但有些人可以通过训练听出这些不同的音高。其中振动频率最低的一个音被称为基础频率（简称基频），其他则统称为泛音。

总而言之，这是世界上所有物体共有的一种特性，即每种物体都能够同时进行多种不同频率的振动。令人惊讶的是，这些振动频率之间存在非常简单的数学关系——互为彼此的整数倍。所以，如果你拨动一根琴弦的话，假设最低的振动频率为每秒钟 100 次，那么其他的振动频率就分别为 $2 \times 100 = 200$ 赫兹，$3 \times 100 = 300$ 赫兹，等等。如果你吹奏长笛或者竖笛的话，比如吹奏的音振动频率最低为 310 赫兹，那么其他的振动频率就是 $2 \times 310 = 620$ 赫兹，$3 \times 310 = 930$ 赫兹，$4 \times 310 = 1240$ 赫兹，等等。乐器产生的整数倍频率的和谐振动，我们称之为"泛音"；而不同的振动频率构成的序列，我们称之为"泛音列"。有研究证据表明，大脑对这种和谐的泛音会做出反应，神经元会与听到的声音同步放电，听觉皮层的神经元会对声音的每个组成部分做出反应，使每个神经元的放电节奏互相同步，为听觉能够感受到声音的和谐创造了神经学基础。

大脑对泛音列的协调度十分敏感。如果传入我们耳朵的某个声音缺乏基频，只有泛音，那么大脑就会自动补全缺失的基频，这种现象可以称为"基频重建"（restoration of the missing fundamental）。举例来说，如果我们听到的声音由 100 赫兹、200 赫兹、300 赫兹、400 赫兹和 500 赫兹组成，那么我们的大脑就会自动提取 100 赫兹作为基频。但是如果我们人为地创造出一系列由 200 赫兹、300 赫兹、400 赫兹和 500 赫兹组成的声音（去除基频），那么人脑还是会认为这个音的音高为 100 赫兹，而不是 200 赫兹。因为我们的大脑能够清楚地"知道"一个正常的、音高为 200 赫兹的声音应该产生 200 赫兹、400 赫兹、600 赫兹、800 赫兹等频率组成的泛音列。我们也可以拿一组偏离泛音列的音来糊弄大脑，比如 100 赫兹、210 赫兹、302 赫兹、405 赫兹，等等。在这种情况下，大脑对基频的感知就会偏离 100 赫兹，并在呈现的基频和泛音列应有的基频之间形成一个折中的判断。

我读研究生的时候，我的导师迈克尔·波斯纳（Mike Posner）给我讲了一个生物学研究生彼得·贾纳塔（Petr Janata）的研究。彼得有一头浓密的长发，梳着马尾，弹爵士和摇滚钢琴，喜欢穿扎染，与我有几分相像。彼得在仓鸮的大脑里负责听觉的下丘部分植入电极，然后给仓鸮播放小约翰·施特劳斯的《蓝色多瑙河》（*The Blue Danube*），并把乐曲的基频删掉。彼得提出猜想：如果基频的重建发生在听觉处理的初级阶段，那么仓鸮下丘神经元的放电频率就应当与缺失的基频相同。实验结果完全证实了他的猜想。由于每次神经元放电的时候，电极都会发出一个小小的电信号，所以神经元与电极的放电频率相等。彼得将这些电极的输出导入一个小型放大器，然后通过扬声器播放仓鸮大脑下丘神经元传递的声音。传出的结果令他大吃一惊:《蓝色多瑙河》的旋律从扬声器清晰地传了出来,"吧哒哒哒哒,滴滴,滴滴"。我们从扬声器里听到的就是神经元释放的电信号,频率与缺失的基频完全一致。因此这项实验不仅能够证明泛音列出现在听觉处理的初级阶段,而且还能证明除人类以外的物种对泛音列也有同样的感知能力。

我们可以想象得到某个外星物种没有耳朵,或者没有和我们一样的听觉感受。我们却很难想象地球上的某个高级物种完全没有感知物体振动的能力。只要有大气层存在,分子就会随着运动产生振动。即使振动发生在我们看不见的地方(可能因为光线太暗,或者在视线范围之外,或者振动发生在我们睡觉的时候),我们也能判断出是什么东西在发出声音,并且通过声音判断这个东西离我们越来越近还是越来越远。这种判断能力对我们的生存有非常大的帮助。

因为所有的物体都会让分子同时以多种不同的频率振动,而且很多物体不同的振动频率之间存在着简单的整数倍关系,所以泛音列是一个普遍存在的现象,存在于任何你能想象得到的地方,诸如北美、斐济、火星,甚至围绕心宿二运行的行星,等等。只要环境中存在能够振动的物体,任何生物在进化足够长的时间之后,都会在大脑中形成一个处理单元,用来响应环境中的这些振动规律。因为音高是一个物体的基本特征,所以我们认为其他生物也具有类似人类听觉皮层里的"音高分布地图",以及能够跟八度与其他和谐音程关系同步反应的神经元。这样可以帮助(无论是外星还是地球生物的)大脑判断出这些不同的音的来源可能是同一个物体。

泛音通常用序数词来表示。第一泛音表示高于基频的第一个振动频率，第二泛音是高于基频的第二个振动频率，以此类推。物理学家喜欢刁难我们，他们单独创立了一套术语，称为"谐波"。我觉得发明这套术语出来就是为了折磨学生。在谐波术语中，一次谐波指的是基频，二次谐波指的是第一泛音，以此类推。但并非所有乐器的振动方式都如此清晰规律。比如有的时候，钢琴的泛音与基频的整数倍只是接近（因为钢琴属于打击乐器），而非相等。这样的特征也就赋予了每种乐器声音独特性。打击乐器和钟等靠敲击发声的物体，其产生的声音是由构造和形状决定的。这些物体的泛音经常与整数倍差很多，所以被称为"分音"（partials）或"不和谐泛音"（inharmonic overtones）。一般来说，具有不和谐泛音的乐器不像有和谐泛音的乐器一样能给听者清晰的音高感，这可能与大脑无法让神经元同步放电有关。但这些乐器的声音依然存在音高，尤其是在演奏一连串音高的时候，给听者的感受最为清晰。虽然你可能没办法哼出敲木鱼或者敲钟的单音，但如果在一组木鱼或一组编钟上敲击一段旋律，我们的大脑就能够识别出来音高，因为大脑会开始关注到泛音之间的变化。也正因为如此，我们才能听出来有人拍打脸颊演奏的旋律。

长笛、小提琴、小号和钢琴都可以演奏相同的音，也就是说，你在乐谱上随便写一个音符，每种乐器都能把这个音符演奏出来，演奏的音基频都是相同的，（一般）我们也会听到相同的音高，但这些乐器的声音存在非常大的差异。

这种差异就是音色，是听觉中最重要的特征，也是与生态学关联最紧密的特征。音色可以用来区分狮子的吼叫声和猫的呼噜声、雷声和海浪声、朋友的声音和一直想躲开的讨债人的声音。人类对音色的辨别能力非常强，大部分人都能辨别出数百种不同的声音。根据声音的音色，我们甚至能够判断出母亲或者配偶等跟自己亲近的人是快乐还是悲伤，是健康还是有点感冒。

音色是由泛音产生的结果。不同的材料有不同的密度，比如一块金属很容易就能沉到水底，一块相同大小和形状的木头则会浮在水面上。之所以会产生不同的音色，其中一部分原因是密度，另一部分原因是尺寸和形状；而当你用手或者用锤子等不同材质的东西进行敲击，产生的音色也是不同的。想象一下，比如你用一把小锤子敲击吉他（一定要轻一点！），你会听到一种中空的木头撞击声；如果你去敲击金属材质，比如萨克斯，就会听到很尖细的"叮"的一声。当你敲击这些物体的时候，小锤子的能量会使物体中的分子以不同的频率振动，而频率则由物体的材质、大小和形状决定。假设这个物体的振动频率为100赫兹、200赫兹、300赫兹、400赫兹等，这些谐波的振动强度可能存在差异，事实也确实如此。

当你听到萨克斯演奏基频为220赫兹的音时，实际上你会同时听到多个不同的音高，而并不只是一个单独的音高。你听到的其他音高频率是基频的整数倍，如440、660、880、1100、1320、1540等。这些不同音高的泛音都有不同的强度，所以我们听到的每个泛音的音量各不相同。这些泛音音高会根据不同的音量产生不同的组合模式，这也就是萨克斯的特点所在，也正是这种组合模式赋予了萨克斯独特的声音色彩——音色。小提琴在演奏乐谱上同样频率为220赫兹的音符时，在相同的整数倍频率也会产生泛音，但每个频率的泛音音量和其他的乐器都有所不同。其实每种乐器都有自己独特的泛音音量组合模式。某种乐器跟其他乐器相比，第二泛音的音量可能更大，而第五泛音可能音量更小。实际上，像小号独特的小号声，以及钢琴独有的钢琴声等，我们听到的所有不同的音色，都源于泛音的音量有着各自独特的组合方式。

　　每种乐器都有自己的泛音特征，就像人的指纹一样。我们可以靠这种复杂的模式来识别各种乐器。比如，单簧管的声音特点是奇次谐波（基频的三倍、五倍和七倍等奇数倍）的能量相对较高。（这是因为单簧管在设计上一端闭合，另一端开放。）小号的声音特点是在奇次谐波和偶次谐波中能量分布十分平均。（小号的设计和单簧管相似，都是一端闭合而另一端开放，但小号的吹嘴和号口的设计使谐波分布较为均衡。）如果运弓的位置在中间段，小提琴就会产生大量的奇次谐波，听起来声音和单簧管很接近；但如果运弓处于靠近下方三分之一的位置，就会加强三次谐波及其整数倍，如六次谐波、九次谐波、十二次谐波等。

　　所有的小号都有自己的"音色指纹"，通过"音色指纹"很容易区分小号与小提琴、钢琴甚至人的声音等。很多音乐家和其他各种受过训练的听者甚至能听出不同的小号之间存在怎样的音色差异。不仅是小号，不同的钢琴或手风琴音色也都不一样。之所以能够听出不同钢琴的区别，就是因为各个钢琴的泛音特征略有差异，但是当然比不上钢琴与大键琴、风琴和大号的差异。大师级的音乐家可以仅凭一两个音符就能听出斯特拉底瓦里(Stradivarius)小提琴和瓜奈利(Guarneri)

小提琴之间的区别。而我也能很清晰地听辨出自己的 1956 年马丁 000-18 原声吉他、1973 年马丁 D-18 原声吉他和 1996 年柯林斯 D2H 原声吉他。这三把琴虽然都是原声吉他，但在我听来却像不同的乐器，所以我完全不会把它们三个弄混。这就是音色。

天然乐器（由金属和木材等天然材料制成的原声乐器）由于其分子内部结构的振动方式不同，往往会同时产生多种频率的能量。假设我发明了一种不同于现在所有天然乐器的乐器，只能以单个频率产生能量，我们姑且把这个乐器称为"发声器"（因为能够发出特定频率的声音）。如果我们把一组发声器排成一排，让每一个发声器都只能发出一个频率的声音，然后再让整组发声器发出的频率恰好对应某个乐器演奏某个音时的泛音列，比如将一组发声器的频率分别定为 110、220、330、440、550 和 660 赫兹，这样会让听者认为自己听到的是某种乐器正在演奏一个 110 赫兹的音。此外，我还可以控制每个发声器的振幅，给每个频率设置特定的音量，让这些不同频率形成的泛音轮廓与某种天然乐器相对应。这样的话，发声器组就可以模拟单簧管、长笛或者其他任何乐器的声音。

上述的加法合成（additive synthesis）方法，就是将声音的基本声学成分相加，来合成某种乐器的音色。比如教堂里常见的管风琴等，在弹奏的时候利用的就是这个原理。按下某个琴键（或踩动某个踏板）的时候，管风琴会通过对应的金属音管发出一阵气流。管风琴由数百根不同尺寸的音管组成，而不同尺寸的音管在气流通过时会对应地产生不同的音高。你可以把它想象成一种机械式的长笛，音管里的气流由电动机提供，而不是靠人吹奏产生。我们听到的管风琴有种独特的音色，这种音色就是由同时分布在不同频率上的能量构成的。管风琴的每一根音管都会产生泛音列，当你按动键盘上的一个琴键时，气流会通过多根音管，发出的声音就会出现非常丰富的频谱。弹奏时，除了有些主要的音管产生基频振动外，还有些音管负责起到辅助作用，产生的振动频率通常是主要音管的整数倍，或者在数学与声学上和基频有非常密切的关系。

管风琴演奏者通常通过推拉音栓控制气流流动的方向，选择让气流流过哪些特定的辅助音管。因为他们知道单簧管在泛音列的奇次谐波拥有大量的能量，所以他们就可以用巧妙的方法，通过推拉音栓来重现单簧管的泛音列，以此模拟单簧管的声音。这里加点 220 赫兹，那里加点 330 赫兹，这里加点 440 赫兹，那里加点 550 赫兹。喏！这样你就给自己模拟出一种乐器了！

二十世纪五十年代末，科学家们开始研究如何用更小的电子设备来承载这样的合成能力，后来创造出一系列新的乐器，统称为"合成器"。到了六十年代，合成器的运用出现在了许多专辑当中，比如披头士的《太阳出来了》（*Here Comes the Sun*）和《麦克斯韦的银锤》（*Maxwell's Silver Hammer*）、温迪·卡洛斯［Wendy Carlos，原名沃尔特·卡洛斯（Walter Carlos）］的《电音巴赫》等。后来有更多的乐队开始围绕合成器进行创作，比如平克·弗洛伊德乐队（Pink Floyd），艾默生、莱克和帕尔默乐队（Emerson, Lake and Palmer）等。

许多合成器用的都是上面提到的加法合成原理，后来的合成器使用的算法则更加复杂，如斯坦福大学的朱利叶斯·史密斯（Julius Smith）和约翰·乔宁（John Chowning）分别发明的波导合成(wave guide synthesis)和调频合成(FM synthesis)等。单纯地复制泛音轮廓虽然能够让人联想到实际的乐器，但产生的声音效果却相当苍白。音色的构成不仅仅是泛音列这么简单，但到底是哪里不简单，研究人员现在也众说纷纭。不过有一点大家能够达成共识：除了泛音轮廓以外，还有其他两个属性对音色起到了决定性的作用，由此让听者对不同的乐器产生不同的感知判断，这两个属性就是起音（attack）和音流（flux）。

斯坦福大学坐落在旧金山南部、太平洋以东一片富有田园风情的土地上，西部是绵延起伏的山丘，覆盖着牧场。而加利福尼亚土壤肥沃的中央山谷向东仅一个小时左右，就是世界上葡萄干、棉花、橘子和杏仁的主要产地。在南部，靠近吉尔罗伊镇（Gilroy）的地方，是大片的大蒜田，还有卡斯特罗维尔（Castroville），被称为"世界洋蓟之都"（我曾向卡斯特罗维尔商会建议，让他们把"洋蓟之都"改成双关语"洋蓟中心"*，但他们对这个名字不怎么感兴趣）。

斯坦福大学已经成为热爱音乐的计算机科学家和工程师的第二个家。知名先锋派作曲家约翰·乔宁自二十世纪七十年代以来一直担任该校的音乐系教授，当时他们那一批先锋派作曲家都用计算机创作、存储与重制作品中的声音。乔宁后来创立了斯坦福大学音乐与声学计算机研究中心［CCRMA，中心内部开玩笑说第一个 C 不发音，读音应该是"karma"（意为"因果报应"）］，并成为中心主任。乔宁为人热情友善，我在斯坦

福读本科的时候，他会把手搭在我的肩上，问我最近在做什么研究，这让我觉得在他眼里跟学生聊天是学习新东西的好机会。二十世纪七十年代早期，乔宁在研究计算机和正弦波（一种由计算机产生并用作加法合成基本元素的人工声音）。在研究的过程中，他注意到改变这些正弦波的频率会产生类似于乐器的声音，如果控制这些参数，就能够模拟许多乐器的声音。这项技术被命名为"调频合成"，并最先应用于雅马哈 DX9 和 DX7 系列合成器中。自 1983 年推出之日起，这项技术就彻底改变了音乐产业，推动了合成音乐的普及。在调频合成技术问世之前，合成器价格昂贵、体积笨重且操作不便，创造新的声音需要大量的时间、实验和技术。但随着调频合成技术的出现，任何音乐人只要按一下按钮就能得到非常逼真的乐器声音。过去有些词曲创作人和作曲家没有足够的财力聘请管乐队或整个交响乐团，但现在，他们可以用调频合成来产生各种不同的声音纹理和音色。作曲和编曲可以先用调频合成测试一下编排效果，试试这样编排到底行不行，然后再去找管弦乐队合作。汽车乐队（the Cars）和伪装者乐队（the Pretenders）等新浪潮乐队，以及史提夫·汪达、豪与奥兹双人组（Hall and Oates）、菲尔·科林斯（Phil Collins）等主流歌手，都开始在录音中广泛使用调频合成技术。流行音乐中很多我们熟悉的"八十年代的声音"之所以能如此有辨识度，都是调频合成的功劳。

随着调频合成技术的普及，乔宁开始有了源源不断的版税收入，也借此成立了 CCRMA，吸引了很多的研究生和优秀的教职员工加入。第一批加入 CCRMA 的有许多电子音乐和音乐心理学的知名人士，包括约翰·罗宾森·皮尔斯（John R.

Pierce）和麦克斯·马修斯（Max Mathews）等。皮尔斯曾担任新泽西贝尔电话实验室（Bell Telephone Laboratories）的研究副主管，率领工程师团队制造晶体管（transistor）并申请了专利，他将新组件取名为晶体管［名字 transistor 结合了 TRANSfer resISTOR（转移电阻的意思）］。在光辉的职业生涯中，他还发明了改良行波管的新技术，并参与了第一颗通信卫星"电星"（Telstar）的发射。皮尔斯同时还是一位令人起敬的科幻作家，笔名 J. J. 卡普灵（J. J. Coupling，来源于 J coupling，一种电子耦合方式）。皮尔斯非常重视科学家们的创造力，他也能充分调动科学家们的积极性，所以他在整个行业和实验室中创造了一种非常珍贵的研究环境。当时美国电话电报公司（AT&T，前身是贝尔电话实验室）完全垄断了美国的电话服务，获得了丰厚的利润。他们的实验室对全美国最顶尖、最聪明的发明家、工程师和科学家来说简直就是一个游乐场。在贝尔电话实验室的"沙坑"里，皮尔斯让员工们尽情发挥创造力，不用考虑自己的想法在商业上有没有实用价值。因为他深知真正的创新只有一条路，那就是让大家不必瞻前顾后，自由挥洒自己的想法。虽然这些想法里可能只有一小部分有实用价值，而最终能真正形成产品的又只是这其中的一小部分，但正是这一小部分创新和独特的想法最后会带来巨大的收益。在这样的环境中，一系列创新产品脱颖而出，包括激光器、电子数字计算机和 Unix 操作系统，等等。

我第一次见到皮尔斯是在 1990 年，当时他已经 80 岁高龄，在 CCRMA 讲授心理声学。过了几年，我获得了博士学位。回到斯坦福之后，我们就成了朋友，每周三晚上我们都会出去吃饭，讨论研究方面的问题。有一次，他让我给他讲讲摇滚乐，他说他从来没有关注过摇滚乐，也不太理解。他知道我以前在音乐界工作，问我能不能找个时间去他那里吃个晚餐，用六首歌帮他概括摇滚乐的重点。用六首歌来概括摇滚乐？我都不知道我能不能用六首歌来概括披头士乐队，更别说整个摇滚乐了。前一天晚上他打电话跟我说，他已经听过猫王埃尔维斯·普雷斯利（Elvis Presley）了，所以我不用把猫王算在里面。

以下是我为这次晚餐选择的歌单：

1. 《高大的莎莉》（*Long Tall Sally*），小理查德（Little Richard）；

2. 《摇滚贝多芬》（*Roll Over Beethoven*），披头士乐队；

3. 《沿着瞭望塔》（*All Along the Watchtower*），吉米·亨德里克斯（Jimi Hendrix）；

4. 《迷人的夜晚》（*Wonderful Tonight*），埃里克·克莱普顿（Eric Clapton）；

5. 《小红克尔维特》（*Little Red Corvette*），王子（Prince）；

6. 《英国无政府主义》（*Anarchy in the U. K.*），性手枪乐队（the Sex Pistols）。

选择这几首歌是因为歌曲的词曲创作与表演都有与众不同之处。歌单里的每一首歌都非常棒，但即使到了现在，我依然觉得这个歌单还有修改的余地。皮尔斯边听边问我这些人是谁，他听到的都是什么乐器，以及为什么要制造这样的声音效果。一般他给出的评价都是喜欢这首歌曲的音色，他对歌曲本身和节奏却不是很感兴趣，不过他觉得摇滚的音色很值得注意，听起来很新鲜、别致，又激动人心。在《迷人的夜晚》里，克莱普顿的吉他独奏流畅又浪漫，鼓声轻盈又柔和。性手枪乐队的吉他、贝斯和鼓就好像一堵砖墙，彰显出纯粹的力量和强度。失真的电吉他声音对皮尔斯来讲并不算新鲜事物，但贝斯、鼓、电吉他、原声吉他和人的声音组合为一个整体，对他来讲却是头一遭。皮尔斯把音色作为定义摇滚的一项标准，这对我们俩都是一个启发。

自古希腊以来，我们在音乐中使用的由音高构成的音阶基本上保持不变，只在巴赫时期做了改进，产生了平均律。音乐革命长达上千年，摇滚乐可能是这场革命的最后一步，在过去只有八度音阶的历史当中，摇滚乐使完全四度和五度的地位得到凸显。曾几何时，西方音乐中起决定性作用的都是音高，但在过去两百年左右的时间里，音色变得越来越重要。所有类型的音乐都有一个标准的组成部分，那就是使用不同的乐器对旋律进行重新演绎，无论是贝多芬的《第五交响曲》和拉威尔（Ravel）的《波莱罗》（Bolero），还是披头士的《米歇尔》（Michelle）和乔治·斯特雷特（George Strait）的《我所有的前任都住在得克萨斯》（All My Ex's Live in Texas），都能体现出这一点。人们不断发明新的乐器，这样作曲家的调色盘上就能出现更加丰富多彩的音色。如果一位民谣或者流行歌手把歌曲的声乐部分换成某种乐器，而不改变乐曲的旋律，我们就可以从不同的音色中获得聆听旋律的快乐。

先锋派作曲家皮埃尔·舍费尔在二十世纪五十年代进行了一系列重要的实验，通过著名的"切钟"（cut-bell）实验证实了音色的一个重要属性。舍费尔用磁带录了一些管弦乐的演奏，然后用剃须刀片将这些声音的开头部分切掉。这个开头的声音就叫作"起音"，指的是乐器在受到打击、弹拨、拉奏、吹奏等动作时产生的声音。

为了使乐器发出声音，我们的身体会做出相应的动作，这些动作对乐器的声音有着非常重要的影响，但大部分影响只持续几秒钟就会消失。几乎所有可以让乐器发出声音的动作都是带有冲击性的，是一种短暂的、有爆发力的动作。在演奏打击乐器时，乐手通常在完成最初的打击动作后就不会与乐器保持接触了。而在演奏管乐和弦乐时，乐手在最初的冲击性动作之后（即刚开始吹气或者弓刚接触到弦的一瞬间）还会与乐器继续接触，持续的吹奏和拉奏会让声音有一种平滑、连续的感觉，冲击性也较弱。

在把能量赋给乐器的起音阶段，乐器通常会在许多不同的频率产生能量，这些频率之间的关系并不能用简单的整数倍来概括。换句话说，在我们打击、弹拨、吹奏或以其他方式让乐器发出声音的瞬间，会产生一种非常嘈杂的声音，这种声音本身没有什么音乐性，更像是一种锤子敲击木头的声音，而不像敲钟或者敲击琴弦的声音，或者就像风吹过一根管子的声音。在起音之后，声音就进入了一个更加稳定的阶段，乐器所用的金属或木材（或其他材料）开始共振，声音也开始出现有序的泛音频率。乐音中间这一阶段就称为稳定状态，这一阶段声音由乐器传出，泛音轮廓基本保持稳定。

舍费尔在切掉管弦乐起音部分的录音之后，再重新播放录音，发现我们大部分人几乎无法识别正在演奏的是什么乐器。在没有起音的情况下，钢琴和钟声明显听起来不再像原本的声音，而是彼此变得非常相似。如果你将一种乐器的起音拼接到另一种乐器的稳定状态，得到的结果就会各有不同。有的时候你会觉得好像听到的是一种混合乐器，声音更接近提供起音的乐器，而不太像提供稳定状态的乐器。米歇尔·卡斯特伦戈（Michelle Castellengo）等研究者发现，通过这种方式可以创造出全新的乐器。比如，将小提琴弓触弦的起音拼接到长笛的稳定状态上，就会创造出一种非常类似于街头手摇风琴的声音。这些实验都表明了起音的重要性。

音色的第三个维度——音流，指的是开始演奏之后的声音变化幅度。钹或锣的音流很大，说明随着时间推移，它们的声音变化幅度很大；而小号的音流很小，也就说明随着时间推移，它的声音会变得更加稳定。乐器的音色在各个音域内也不尽相同。也就是说，乐器在演奏高音和低音的时候，音色听起来是不一样的。比如，警察乐队（the Police）的斯汀（Sting）在演唱《罗克珊》（*Roxanne*）的高音部分时，音高接近他的音域顶端，所以他的声线就出现了紧张、尖厉的感觉，传达出的情绪和他的低音完全不一样；而在《你的每次呼吸》（*Every Breath You Take*）的开头部分，低音从容又充满渴望。斯汀的高音部分声带会变得紧绷，带有急切的恳求，低音部分则会让人感觉有种持续了很长时间的隐痛，但还没到让人崩溃的程度。

音色不仅仅是乐器发出的不同声音。作曲家使用音色作为一种表达工具，会选择某种乐器或者乐器的组合来表达特定的情感，传达特定的氛围或情绪。柴可夫斯基的《胡桃夹子组曲》中的《中国舞》（*Chinese Dance*）在开篇部分用了巴松的音色表现诙谐的感觉。斯坦·盖茨（Stan Getz）的萨克斯曲《又见雨天》（*Here's That Rainy Day*）表现出了萨克斯的美感。把滚石乐队（the Rolling Stone）的歌曲《满足感》（*Satisfaction*）里面的电吉他替换成钢琴，你会听到全新的一首歌。拉威尔由于脑损伤导致听觉受损，所以在《波莱罗》中选择把音色作为一种作曲手段，用不同的音色一次次重复主旋律。而提到吉米·亨德里克斯的时候，他的电吉他音色和他的嗓音就会生动地回荡在我们的脑海中。

斯克里亚宾（Scriabin）和拉威尔等作曲家都将自己的作品称为有声绘画，在他们的乐曲中，音符和旋律就相当于绘画中的形状和形式，音色则相当于颜色和阴影。史提夫·汪达、保罗·西蒙和林赛·白金汉（Lindsey Buckingham）等流行音乐人也将自己的作品称为有声绘画，在他们的作品中，音色相当于色彩，用于分隔旋律带来的形状。但音乐与绘画不同的一点是，音乐是动态的，会随着时间的推移而变化。推动音乐前进的是节奏和节拍，这两者可以说几乎是所有音乐的引擎。我们的祖先在创造音乐的时候，最早用到的元素很可能就是节奏和节拍。直到今天，我们在原始部落的鼓声和各种前工业文化的仪式中依然能够听到这种音乐传统元素。虽然我们现在在欣赏音乐的时候主要欣赏的是音色，但对于听者来说，节奏占主导的历史则要久远得多。

第二章

用脚打拍子

辨别节奏、响度与和声

1977 年，我在伯克利看过桑尼·罗林斯（Sonny Rollins）的萨克斯表演，他吹奏的韵律在我们那个时代无人能及。近三十年后，虽然我不记得他演奏了什么旋律，但我仍清晰地记得一些节奏。中间有一段，罗林斯即兴演奏了三分半，重复演奏同一个音符，但是使用了不同的节奏和微妙的时间变化。所有的能量竟然都能集中到同一个音符上！罗林斯之所以能让现场观众都起立致敬，并不是因为他的旋律多么有创意，而是因为节奏。几乎所有的文化与文明都认为，律动是创作和聆听音乐的一部分。我们跳舞、晃动身体、用脚打拍子，都要跟着节奏。有太多太多的爵士乐表演都是鼓的独奏最能调动观众的情绪。音乐创作需要让身体协调地、有节奏地律动，这种律动的能量再从身体传递到乐器上。律动和音乐创作的关系并非巧合。从神经层面上看，演奏乐器需要调动多个大脑区域协同合作，包括负责人类基本生命活动的"爬虫脑"（reptilian brain），即小脑和脑干；较为高级的认知系统，比如大脑顶叶区域的运动皮层；以及大脑中最高级的区域——与计划能力相关的额叶区域。

节奏、节拍和速度三个概念相互关联，也容易混淆。简而言之，节奏指的是音符持续的时间长短；速度指的是一段音乐进行的快慢（也就是你用脚打拍子的快慢）；节拍指的是用脚打拍子的时候产生的轻重之分，以及这些轻重拍子的组合方式。

演奏音乐时，我们一般需要知道音符应该演奏多长时间。音符之间的长度关系就是我们所说的节奏，这是让声音成为音乐的关键。在美国文化中，有一段最为著名的节奏：剃须和理发，两角五分（shave-and-a-haircut, two bits）。这段节奏也经常用作敲门的暗号。1899 年，查尔斯·黑尔（Charles Hale）录制了一首歌，名为《一次黑人地区步态竞赛》（*At a Darktown Cakewalk*）。在这首歌中这个节奏第一次出现。1914 年，吉米·摩纳哥（Jimmie Monaco）和乔·麦卡锡（Joe McCarthy）又将这一节奏写入了自己的歌曲《嘣嘀嘟嘚嗯嘣，就这样！》（*Bum-Diddle-De-Um-Bum, That's It*），并填入了歌词。1939 年，丹·夏皮罗（Dan Shapiro）、莱斯特·李（Lester Lee）和米尔顿·伯利（Milton Berle）写的歌曲《剃须和理发，香波》（*Shave and a Haircut-Shampoo*）中也使用了相同的节奏。但"香波"后来是如何变成"两角五分"的，现在仍然是个谜。伦纳德·伯恩斯坦也在音乐剧《西区故事》中的歌曲《噫，克鲁克警官》（*Gee, Officer Krupke*）的最后一句加入了这一节奏的变体。在原本的"剃须和理发"（shave-and-a-haircut）里我们能够听到一系列长短不同的音符，长音符的时长是短音符的两倍：长—短—短—长—长（空）长—长。[伯恩斯坦在《噫，克鲁克警官》这首歌曲中的短音符部分又增加了一个短音符，同时让三个短音符所占的时长与原版的两个短音符相等，变成了长—短—短—短—长—长（空）长—长。换而言之，长短音符的时长比例发生了变化，这里长音符的时长变成了短音符的三倍。在音乐理论中，这样的三个短音连在一起的组合被称为"三连音"。]

在罗西尼（Rossini）的《威廉退尔序曲》[*William Tell Overture*，很多人都听过的电影《独行侠》（*The Lone Ranger*）主题曲就是这一首] 中，我们同样能听到两种长短不同的音符，长音符的时长也是短音符的两倍：哒—哒—嘣，哒—哒—嘣，哒—哒—嘣，嘣，嘣（这里我用"哒"表示短音符，"嘣"表示长音符）。《玛丽有只小羊羔》同样使用了两种不同时长的音符。在这首歌里，六个时长相等的短音符"玛丽有只小羊（Ma-ry had a lit-tle）"后面跟了一个长音符"羔（lamb）"——这个长音符时长大约是短音符的两倍，节奏比为 2∶1，音高里八度的频率比值也为 2∶1。这个比值在音乐里非常普遍。我们在《米老鼠俱乐部》（*The Mickey Mouse Club*）的主题曲（嘣—吧，嘣—吧，嘣—吧，嘣—吧，嘣—吧，嘣—吧，吧啊——）里可以听到三种不同时长的音符，时长由短到长呈双倍递增。警察乐队的歌曲《你的每次呼吸》也体现了相同的特点，音符时长同样分为三种：

你	*的*	*每*	*次*	*呼*	*吸*
Ev	*-ry*	*brea th*	*you*	*-oo*	*taaake*
1	*1*	*2*	*2*		*4*

（用"1"代表任意的一个单位时间，便于用倍数表示其他时长。歌词里的 breath 和 you 时长是 Ev 和 -ry 的两倍，taaake 的时长则是 Ev 和 -ry 的四倍。）

我们听的大多数音乐节奏就没有这么简单了。特定的音高或音高排列可以表现不同的文化、风格与特色，特定的节奏排列也一样。比如拉丁音乐，虽然我们大部分人描述不出复杂的拉丁节奏，但我们听到拉丁音乐的时候马上就能辨认出来，肯定不会错认成中国、阿拉伯、印度或者俄罗斯等地的音乐。当我们把一系列节奏与音符结合起来的时候，加上不同的时长与重音，就有了节拍和速度。

速度指的是一段音乐的快慢。如果你跟着一段音乐用脚打拍子或者打响指，音乐的速度就直接关系到你打拍子的速度。如果一首歌是一个有生命、可以呼吸的实体，你可以把它的速度当作它走路的速度，或者它的脉搏，脉搏跳动的速度就是乐曲的速度。一段音乐中最基本的测量单位叫"拍"（beat 或 tactus），常见的"拍"就是你很自然地跟着音乐落脚、拍手或打响指的点。有的时候，因为每个人的神经处理机制存在差异，接触的音乐背景、个人经验和对乐曲的理解也各有不同，有的人会每半拍打一次拍子，而有的人会每两拍打一次拍子。即使是专业音乐人也会对同一首乐曲该什么时候打拍子产生分歧，但他们在乐曲的基本速度上可以达成共识，而在此基础上仅仅会对拍子的分割或合并产生一些分歧。

宝拉·阿巴杜（Paula Abdul）的《有话直说》（*Straight Up*）和 AC/DC 乐队的《回到黑暗》（*Back in Black*）速度都是 96，意思就是每分钟有 96 拍。如果你跟着这两首歌用脚打拍子，那么很有可能你每分钟会把脚落下 96 次，或者 48 次，但不太可能是 58 或者 69 次。歌曲《回到黑暗》的开头部分，你可以听到鼓手敲击踩镲的速度平稳且从容，精准地控制在每分钟 96 次。史密斯飞船乐队（Aerosmith）的《这边走》（*Walk This Way*）速度为 112，迈克尔·杰克逊的《比利·金》（*Billie Jean*）速度为 116，老鹰乐队（Eagles）的《加州旅馆》速度则为 75。

两首速度相同的歌曲可以带给人非常不同的感受。在《回到黑暗》这首歌的后面部分，鼓手每拍打两次踩镲（八分音符），贝斯演奏简单的切分音，和吉他同步。《有话直说》的节奏则更加复杂，很难用语言描述。鼓的节奏型复杂且没有规律，速度快的地方用的是十六分音符，但并不连续。这种鼓声之间的"留白"在放克与嘻哈音乐中十分常见。贝斯的切分音旋律线也同样复杂，有的地方与鼓的节奏重合，有的地方则填补了鼓的空白。从右边的扬声器（或右边的耳机），我们能听到唯一的一种跟着节奏每拍一次的乐器，就是拉丁乐器沙槌（afuche 或 cabasa），它演奏的时候像砂纸的声音或者像豆子在葫芦里晃动的声音。用沙槌这种音色轻快的高音乐器来表现最重要的节奏颠覆了节奏固有的传统，是一种创新性的节奏技巧。伴随着沙槌的节奏，合成器、吉他和各种打击音效戏剧性地穿插到歌曲里，时而突出强调某些拍子来增强乐曲的趣味性。由于听众很难预测又很难记住这些让人惊喜的东西都藏在哪里，所以这首歌让人百听不厌。

速度是表达情感的主要因素。速度快的乐曲会给听众带来欢快的感觉，而速度慢的乐曲则会带来悲伤的感觉。虽然这种说法过于简单，但它在许多不同的环境、文化和个人经历的背景下都能适用。人们一般会对乐曲的节奏产生非常深刻的印象。我和佩里·库克（Perry Cook）在 1996 年发表的一项实验中，让人们凭记忆简单唱出自己最喜欢的摇滚和流行歌曲，我们想了解他们唱的速度和歌曲录制版本的实际速度相差多少。作为基准线，我们先研究了普通人能够察觉到多大程度的速度变化，得出的结论是，速度偏差最低达到 4% 时人们就能察觉出来。换句话说，假设一首歌速度为每分钟 100 拍，如果速度在 96 到 100 之间变化，这种微小的区别，大部分人甚至一些专业音乐人都听不出来（但大多数鼓手能听出来，因为鼓手比其他音乐人对速度更敏感，他们需要在没有指挥的情况下稳住速度）。在我们的研究当中，大多数非音乐人哼唱的歌曲也能够保证速度和原曲的差别在 4% 以内。

之所以能够达到如此惊人的准确度，其神经基础可能在于小脑。科学家们认为，小脑里面有个我们用于日常生活的计时系统，这个系统也可以将我们听到的音乐与时间同步。这就意味着我们的小脑可以通过某种方式在我们听歌的时候记住与音乐同步的"设置"，我们想要凭记忆把音乐哼唱出来的时候，就可以激活这些设置。这样的话，我们唱出来的速度就会与上次的记忆同步了。我们基本能够确定，大脑的基底核（basal ganglia）也参与了节奏、速度和节拍在大脑中的塑造过程，生物学家杰拉尔德·埃德尔曼（Gerald Edelman）将其称为"负责连续性的器官"（the organs of succession）。

节拍指的是拍子组合在一起的方式。一般我们在跟着音乐用脚或者用手打拍子的时候，会感觉到音乐中有些拍子要比另一些拍子更有强调的感觉，好像音乐家们演奏这个拍子的时候要比其他拍子更响亮、更用力。这个更响亮、更用力的拍子在我们的感知中占据了主导地位，而我们对其他拍子的感知则较弱。弱拍持续一段时间后又会有新的强拍出现，每一个音乐体系中都会有这种强拍和弱拍的组合模式。西方音乐中最常见的模式就是每四拍出现一次强拍：强—弱—弱—弱，强—弱—弱—弱。每四拍里的第三拍一般会比第二拍和第四拍稍微强一些。拍子其实是有强弱等级的，第一拍最强，第三拍次强，第二拍和第四拍最弱。还有一种较为少见的情况，即强拍每三拍出现一次，我们称这种节拍为"华尔兹"：强—弱—弱，强—弱—弱。我们有时候也会用数字来数拍子，遇到强拍就会着重强调这个数字：一—二—三—四，一—二—三—四，或者一—二—三，一—二—三。

　　当然，如果我们只是把这些节拍都直截了当地数出来，音乐就会变得很无聊。所以我们可以省略一部分节拍，来增加音乐的张力。比如《一闪一闪亮晶晶》这首歌，音符并不会在每一拍上都出现：

一—二—三—四	*TWIN-kle twin-kle*	一—闪—一—闪
一—二—三—（空）	*LIT-tle star*（空）	亮—晶—晶—（空）
一—二—三—四	*HOW-I won-der*	满—天—都—是
一—二—三—（空）	*WHAT you are*（空）	小—星—星—（空）

　　另一首用同样曲调写成的童谣《黑羊咩咩叫》（*Ba Ba Black Sheep*）则把节拍细分，简单的一—二—三—四也可以分成更精细也更有趣的一个个小部分：

BA ba black sheep	咩—咩—黑—羊
HAVE-you-any-wool?	你有—羊毛—吗？

　　注意这里"你有羊毛"（have-you-any）的四个音节里，每个音节的速度都是"咩咩黑羊"（ba ba black sheep）的两

倍，原有的四分音符被一分为二。所以我们可以这样数拍子：

一 — 二 — 三 — 四

一 — 哒 — 二 — 哒 — 三 —（空）

《监狱摇滚》（*Jailhouse Rock*）这首歌曲由摇滚年代的杰出歌曲创作者杰里·莱伯（Jerry Leiber）和迈克·斯托勒（Mike Stoller）创作，由猫王演唱。这首歌的强拍出现在了歌词的第一个音上，之后每四个音符出现一次强拍：

[第一个四拍]	*WAR-den threw a party at the*	典狱长在县监狱里
[第二个四拍]	*COUN-ty jail (rest) the*	开派对（空）那
[第三个四拍]	*PRIS-on band was there and they be-*	监狱乐队在那里开
[第四个四拍]	*GAN to wail*	始流泪

在有歌词的音乐中，歌词并不一定都要与强拍对齐。在上面提到的《监狱摇滚》里，歌词中的"开始"（began）就是第一个音节在强拍之前，而第二个音节才出现在强拍上。大多数像《黑羊咩咩叫》和《两只老虎》（*Frère Jacques*）这样的儿歌和简单的民谣则不会出现这种情况。这种处理歌词的技巧在《监狱摇滚》这首歌里运用得尤为巧妙，因为在讲话的时候，原歌词里"began"这个词的重音本来就应该放在第二个音节上，所以这样将一个单词分列两个四拍会给歌曲增加冲击力。

按照西方音乐的惯例，我们对音符持续时长的命名方式与我们命名音程的方式相似，用的都是相对的概念。比如，音程里的"完全五度"就是一个相对的概念，可以从任何一个音高开始。根据定义，由七个半音构成的音高差距，无论是比起始音高七个半音还是低七个半音，都叫"完全五度"。而从时长上看，标准时长的音符叫作"全音符"，无论音乐的速度多慢或者多快，全音符都持续四拍。［像《葬礼进行曲》（Funeral March）这种每分钟六十拍的乐曲，每拍时长为一秒，所以全音符持续时间为四秒。］时长为全音符一半的音符按照逻辑来讲叫作二分音符，时长为全音符四分之一的音符叫作四分音符。在流行和传统民谣中，四分音符是基础，上面我数的四个拍子，数的就是四个四分音符。我们称这种乐曲为 4/4 拍，读作"四四拍"。分子的"4"表示这首乐曲以四个音符为一组，分母的"4"表示基本的音符长度为四分音符*。在乐谱上，我们把这样的四拍组成的一组称为一个"小节"（measure 或 bar）。四四拍的乐曲中一个小节有四拍，每一拍的时长都与四分音符相同。也就是说，一个小节里并不一定只能有四分音符，音符的种类可以是任意的，也可以是一个空拍，空拍的意思就是这一拍什么音都没有。四四拍只是用来说明数拍子的方法。

《黑羊咩咩叫》的第一小节有四个四分音符，第二小节先是四个八分音符（持续时间为四分音符的一半），后面接一个四分音符，最后空一拍。我用"｜"来表示四分音符，用"⌴"来表示八分音符，用音节之间的间距比例来表示每个音节的时间比：

---

*中文习惯先说分母再说分子，如 2/4 拍读作"四二拍"，6/8 拍读作"八六拍"等。——译者注

[第一小节]	*Ba*	*ba*	*black*	*sheep*
	咩	咩	黑	羊
	|	|	|	|
[第二小节]	*Have*	*you a-*	*ny*	*wool*
	你	有 羊	毛	吗 （空）
	⌐ ⌐	⌐ ⌐	⌐ |	|

从上面可以看出，八分音符的速度是四分音符的两倍。

巴迪·霍利（Buddy Holly）的《总会有一天》（*That'll Be the Day*）从弱拍起音，下一个音才出现强拍，然后强拍每四个音出现一次，和《监狱摇滚》一样：

Well	噢
THAT'll be the day (rest) when	总会有一天（空）听
YOU say good-bye-yes;	你说离开；
THAT'll be the day (rest) when	总会有一天（空）为
YOU make me cry-hi; you	你而怅怀；你
SAY you gonna leave (rest) you	说了句别离（空），你
KNOW it's a lie 'cause	只是卖乖，因为
THAT'll be the day-ay-	到了那一天
AY when I die.	我已不在

这里需要注意一下霍利和猫王是如何将一个单词拆分到两个小节的（最后两行的 day）。对大部分人来说，这首歌每四拍会出现一个强拍，所以用脚打拍子的时候也一样会每踏四下就重踏一下。下面我还会像前文那样用英文的大写字母和中文的着重号来表示重拍，粗体表示踏脚打拍子的地方：

Well	噢
THAT'll be the day (rest) when	**总会有一天（空）**听
YOU say good-bye-yes;	**你说离开**；
THAT'll be the day (rest) when	**总会有一天（空）**为
YOU make me cry-hi; you	**你而怅怀**；你
SAY you gonna leave (rest) you	**说了句别离（空）**你
KNOW it's a lie 'cause	**只是卖乖，因为**
THAT'll be the day-ay-	**到了那一天**
AY when I die.	**我已不在**

如果仔细观察这首歌的歌词以及歌词与节拍的关系，你就会注意到，有时候你落脚的时间刚好在其中某些拍子的中间。比如歌词里的第一个"say"其实是在落脚之前就开口唱出来的，可能刚唱"say"的时候你的脚还在空中，等唱到一半才把脚落下，后面的"yes"也是一样。每次比拍子早出现的音，也就是音乐家演奏的稍早于准确拍子的音，叫作切分音（syncopatiown）。切分音是一个非常重要的概念，因为关系到听者对音乐的预期，最终也就会影响到乐曲的情绪表达，可以让听者感到惊喜和刺激。

有些人把《总会有一天》等很多歌曲放慢一倍来打拍子，这种做法没有错，这是另一种生动诠释歌曲的方式：其他人踏脚四次的时间内他们会踏脚两次，一次是在强拍的时候，然后每隔一个强拍再次踏脚。

这首歌实际上是以"噢"（Well）这个字开始的，因为这个音出现在强拍之前，所以叫作"弱起音"（pickup note）。在主歌中，霍利用"噢，你"（Well, you）作为弱起音，然后我们又可以随着后面紧跟着出现的强拍打拍子了。

[弱起]	*Well, you*	噢，你
[第一行]	*GAVE me all your lovin' and your*	给我脉脉深情和
[第二行]	*(REST) tur-tle dovin' (rest)*	（空）关心（空）
[第三行]	*ALL your hugs and kisses and your*	给我拥抱亲吻还有
[第四行]	*(REST) money too.*	（空）金钱

　　霍利在这里做了非常巧妙的处理，他不仅利用了听众对音乐的预期，而且推迟了歌词的出现。一般来说，每个强拍上都应该像儿歌那样出现歌词，但是在上面歌词的第二行和第四行，强拍出现的时候他竟然根本没有发出声音！刻意让听众的期待落空也是创作者制造惊喜的一种方式。

　　人们随着音乐拍手或打响指的地方有时候会不同于用脚打拍子的地方，这种技巧无须训练，自然而然就会掌握。因为第二拍和第四拍都不是强拍，所以在这里拍手或者打响指的拍子就叫作"反拍"（backbeat），查克·贝里（Chuck Berry）在歌曲《摇滚乐》（*Rock and Roll Music*）里就用了反拍这种形式。

　　约翰·列侬（John Lennon）说过，摇滚乐的精髓就是"用简单平直的语言，押上韵，加上反拍"。《摇滚乐》（披头士版）这首歌和大多数摇滚乐一样，反拍是由小军鼓完成的：小军鼓只在每个小节的第二拍和第四拍上敲击，避开第一拍的强拍和第三拍的次强拍。反拍是摇滚乐非常典型的节奏形式，列侬在歌曲《现世报》（*Instant Karma*）里运用了非常多的反拍（以下出现的"＊哒＊"表示歌曲里反拍小军鼓的位置）：

Instant karma's gonna get you	现世报会降临
(rest) ＊whack＊ (rest) ＊whack＊	（空）＊哒＊（空）＊哒＊

"Gonna knock you right on the head"	给你当头棒喝
(rest) *whack* (rest) *whack*	（空）*哒*（空）*哒*
…	……
But we all *whack* shine *whack*	但我们都 *哒*闪 *哒*
on *whack* (rest) *whack*	耀 *哒*（空）*哒*
Like the moon *whack* and	像月亮 *哒*像星星 *哒*
the stars *whack*	
and the sun *whack* (rest) *whack*	像太阳 *哒*（空）*哒*

在皇后乐队（Queen）的《我们将震撼你》（*We Will Rock You*）里，我们听到的声音就像体育场看台上连续踩两次脚（嘣—嘣）然后拍一下手（啪），这个节奏重复出现：嘣—嘣—啪，嘣—嘣—啪，这里的"啪"就是反拍。

现在想一下约翰·菲利浦·苏萨的进行曲《星条旗永不落》（*The Stars and Stripes Forever*）。如果你的脑海中已经浮现出了它的旋律，那你可以用脚跟着脑海中的旋律打拍子。当音乐的节奏开始"哒—哒—哒，哒—哒—哒，哒—哒—哒—哒—哒"，你的脚就会跟着"下—上，下—上，下—上，下—上"。在这首乐曲里，你的脚会很自然地每两个四分音符上下一次，我们说这样的乐曲是"四二拍"，意思就是自然的节奏划分为每小节有两个四分音符。

再想一下《我最喜爱的事物》（*My Favorite Things*，理查德·罗杰斯和奥斯卡·汉默斯坦词曲）。这首歌采用的是华尔兹的四三拍，以三拍为一组，一个强拍后面带两个弱拍。"花上的雨滴和猫咪的胡须（RAIN-drops-on ROSE-es and WHISK-ers-on KIT-tens）（空）"一—二—三，一—二—三，

一—二—三，一—二—三。

与音高一样，音符持续时间最常见的比例也是最短时长的整数倍，而且有越来越多的证据表明，整数倍信息在神经处理上更为简单。但埃里克·克拉克（Eric Clarke）表示，他在实际的音乐样本中却几乎从未发现过这样的整数比值。这一发现表明，我们的神经活动会将音符的持续时间进行量化均衡，把持续时间相似的音看作长度相等的音，如果音符持续时间相差倍数达不到整数倍，就会四舍五入，形成像2∶1、3∶1和4∶1这样的整数倍。有些音乐会使用更复杂的比例，比如肖邦和贝多芬会在一些钢琴作品中使用7∶4或5∶4的比值——一只手弹七个或者五个音符的同时，另一只手弹四个音符。理论上来讲，音符的时长和音高一样，任何比例都是可能出现的，只是我们的感知和记忆的能力有限，而且在曲风和音乐类型上也存在局限。

西方音乐中最常见的三种节拍分别为四四拍、四二拍和四三拍。还有其他没那么常见的节奏组合，比如四五拍、四七拍和四九拍等。还有一种常见的节拍是八六拍，以八分音符为一拍，每小节有六拍，类似于华尔兹的四三拍。但不同之处在于，作曲家想让听众在听到音乐的时候以六个音为一组，而不是三个音为一组，而且听起来的节奏是以时长较短的八分音符为一拍，而不是四分音符为一拍。这种区分表明了音符在分组的时候存在着层次结构，比如八六拍可以分成两组八三拍（一—二—三，一—二—三），也可以看成一个六拍的整体（一—二—三—四—五—六），第四拍是同一小节里的第二个重音。对大多数听众来说，这些只不过是演奏者才会注意到的东西，都是些无聊的细枝末节，但大脑可能不这么认为。我们知道，大脑当中有专门检测和跟踪音乐节拍的神经回路，我们也知道小脑会让我们的生理时钟和外界的事件同步。目前还没有人通过做实验来观察八六拍和四三拍会不会带来不同的神经表征，但因为音乐家们确实能够区分这两种节拍，所以很可能我们的大脑对这两种节拍也有着不同的表现。认知神经科学中有一项基本原理，就是任何的行为和思想都有大脑提供的生物学基础，因此从一定程度上来说，只要存在行为的分化，就必然有神经反应的区别。

当然，我们能很轻松地跟着四四拍和四二拍走路、跳舞或者行进，因为二和四都是偶数，所以每次在强拍的时候都能落在同一只脚上。跟着四三拍走路就不是很自然，我们很少能看到哪个步兵方阵用四三拍或者八六拍作为进行曲，虽然也有许多苏格兰方队会跟着四三拍的音乐行进。经典曲目有《蒂罗尔的青山》（*The Green Hills of Tyrol*）、《战争结束后》（*When the Battle's Over*）、《马格斯方丹高地旅》（*The Highland Brigade at Magersfontein*）、《湖边》（*Lochanside*）等。四五拍偶有使用，最著名的四五拍乐曲就是拉洛·希夫林（Lalo Shiffrin）为电影《碟中谍》（*Mission: Impossible*）写的主题曲，以及保罗·戴斯蒙（Paul Desmond）创作的《五拍》[*Take Five*，由戴夫·布鲁贝克四重奏乐队（Dave Brubeck Quartet）演奏的版本最为著名]。当你按照音乐节奏用脚打拍子的时候，你会发现最基本的节奏分组以五拍为一组：一—二—三—四—五，一—二—三—四—五。布鲁贝克四重奏乐队将第四拍处理为次强拍，变成一—二—三—四—

五。许多音乐家认为像这样的四五拍是由四三拍和四二拍组合而成的。而在《碟中谍》主题曲中，五个拍子则没有出现这种明显的划分。柴可夫斯基《第六交响曲》第二乐章采用了四五拍，平克·弗洛伊德的《钱》（*Money*）和彼得·盖布瑞尔（Peter Gabriel）的《索尔斯伯里山》（*Solsbury Hill*）都使用了四七拍。如果你跟着这两首乐曲打拍子，那你从一个强拍开始数七拍才会到第二个强拍。

我把关于响度的讨论留到了最后，因为响度的概念大家基本都已经知道了，能说的东西不多。但响度和音高一样，有一点是违反我们直觉的，就是响度也完全是一种心理现象。也就是说，响度并不是在物质世界里客观存在的，而是存在于头脑中。你在调大音响输出的时候，从严格意义上来讲，是在增大分子振动的振幅，而我们的大脑将它诠释为响度。这里的重点在于，我们需要大脑才能体会到响度。虽然听起来只是语义上的差异，但确保术语的正确性很重要。振幅的心理表征中存在一些奇怪的异常现象，比如，响度不像振幅那样是简单相加的，而是像音高一样通过对数计算的；正弦波的音高受振幅影响；声音经过某些电子化处理（如重金属音乐经常采用的动态范围压缩）之后，给人的感觉比实际的响度要大。

响度的测量标准为分贝〔decibel，缩写为dB，以亚历山大·格雷厄姆·贝尔（Alexander Graham Bell）的名字命名〕，是一种像百分比一样没有单位的物理量，指的是两个声级的比率。从这个概念上看，和响度相似的概念应该是音程，而非音名。响度的分级是通过对数实现的，声源振幅加倍，响度加 3 分贝。我们在讨论声源的时候，对数计算的方法非常实用，因为我们的耳朵异常灵敏：我们可以听到的最大声音（在不造成耳朵永久性损伤的前提下）与我们能听到的最小声音之间声强的绝对值相差一百万倍，但如果把声强通过对数转化为声压，我们可以得出最大声音为 120 分贝。我们能够感知到的响度范围称为动态范围。评论家有时候提到的动态范围指的就是高品质录音所能达到的效果：如果某个录音的动态范围为 90 分贝，这就意味着录音中最大和最小的声音响度差为 90 分贝。这一数值是大多数专家认可的高保真标准，高于大部分家庭音响系统的动态范围。

我们的耳朵会将非常响亮的声音进行压缩，这样就可以保护中耳和内耳的精密结构。一般来说，环境里的声音越大，我们对声音响度的感知也会相应地增加。但当外界声音非常大的时候，鼓膜接收到的信号成比例增加，这会造成不可逆的损害。动态范围内声级的压缩，意思就是外界声音的巨大差异在人耳中会变得更细微。人耳内毛细胞的动态范围为 50 分贝，我们可以听到的动态范围却可以达到 120 分贝；声级每增加 4 分贝，内部毛细胞接收的信息仅增加 1 分贝。我们大多数人都能察觉到这种压缩的发生，因为经过压缩的声音品质会发生变化。

声学家开发出了一种非常便捷的方法，可以帮助我们判断环境中的声级。因为我们用分贝来表示两个声级之间的比率，所以他们选择了一个标准作为参考值（空气中参考声压值为 20 微帕）。这一数值约为大多数听力正常的人能听见的声音最小值，相当于 3 米左右远的蚊子声。为避免混淆，当用分贝表示声压（sound pressure level）的时候，我们用 dB（SPL）来表示。表 2 就是一些声音大小的参考，用 dB（SPL）表示。

表 2　一些声音大小的参考场景

声压 /dB	参考场景
0	安静的房间里距离人耳约 3 米的蚊子
20	录音棚或者非常安静的独立办公室
35	安静的普通办公室，关着门且电脑断电
50	房间里的普通谈话
75	通过耳机用一般来讲较为舒适的音量听音乐
100—105	古典音乐或歌剧里较为激昂的部分；一些便携式音乐播放器也可以最高达到 105dB
110	距离一米左右的手提钻
120	距离一百米左右的机场跑道上的引擎轰鸣；普通摇滚演唱会
126—130	造成耳朵疼痛或者对耳朵带来伤害的阈值；谁人乐队（the Who）的摇滚演唱会（注意 126dB 的音量是 120dB 的四倍）
180	航天飞机发射
250—275	龙卷风中心；火山爆发

传统的入耳式泡沫耳塞能够阻挡大概 25 分贝的声音，但无法覆盖所有频率范围。在谁人乐队的演唱会上戴上耳塞，可以将进入耳朵的音量降低至 100—110 dB (SPL)，这样就能够最大限度地降低耳朵受到永久性损伤的风险。步枪射击场和机场地勤人员会配备防护耳罩及入耳式耳塞，从而最大限度地保护耳朵。

很多人都喜欢把音乐声放得很大。经常去演唱会的人会谈到一种特殊的意识状态，即在音乐达到 115 分贝以上的时候，能够让人产生激动和兴奋的感觉。具体原因目前尚不明确，一部分原因可能是大声播放的音乐会使听觉系统达到饱和状态，导致神经元以最大频率放电，而当许许多多的神经元都开始以最大频率放电的时候，就会出现"涌现性质"（emergent property），即大脑状态会与神经元以正常频率放电时产生质的不同。但有些人喜欢大声听音乐，有些人不喜欢。

响度、音高、节奏、旋律、和声、速度和节拍统称为音乐的七大要素。响度哪怕出现非常微弱的变化都会影响到音乐的情感表现。如果钢琴家同时弹奏五个音，其中一个音的响度大于其他四个音，那这个音就扮演了一个完全不同的角色，从而影响我们对音乐的整体感受。前面我们也讨论过，响度对节奏和节拍也起到了非常重要的作用，因为响度决定了节奏组成的方式。

我们已经讨论了一整圈，现在回到音高这个广泛的议题上。我们已经知道了节奏与预期有关，我们在用脚打拍子的时候，其实是在预测音乐的下一拍什么时候到来。而音高也与预期有关，音高的规则在于调性与和声。调性是一段音乐整体的背景，但并非所有的音乐都有调性，比如非洲鼓以及二十世纪的作曲家阿诺尔德·勋伯格（Arnold Schönberg）的十二音体系就没有。但实际上，我们平时听的所有西方音乐，无论是广播里的广告歌还是作曲家安东·布鲁克纳（Anton Bruckner）最严肃的交响乐，无论是福音歌手马哈丽亚·杰克逊（Mahalia Jackson）还是朋克的性手枪乐队，它们都有一组让乐曲回到中心的音高，乐曲中这一组位于中心的音就是调性。调性在乐曲的进行过程中可以发生改变（叫作变调）。根据定义，调性通常会在乐曲中维持相对较长的时间，一般以分钟为单位。

例如，一首乐曲以 C 大调音阶为基础，我们一般就说这首曲子是"C 调"，也就意味着这首乐曲有一个回到 C 的趋势，即使最后收尾没有落在 C 上，C 也依然是听众心目中整首曲子中最突出、最中心的音符。作曲家可能会暂时使用 C 大调音阶以外的音符，但我们能听出这些音符偏离了原本的音阶，就像电影中快速剪辑到平行场景或者用倒叙的手法一样，我们知道一会儿肯定会再次回到主情节上来。（有关音乐理论的更多信息，详见附录二。）

音乐中的音高属性需要在音阶或和声的上下文环境中才能起作用。我们每次听到同一个音符，未必总会产生相同的感觉。我们在听到前面的音之后，结合整体的旋律，再加上和声与和弦，共同构成了我们对某个音的感受。我们可以将这种感受和菜品的味道类比一下：牛至和茄子或者番茄酱搭配会很好吃，但配香蕉布丁就不那么好吃了；奶油和草莓或咖啡搭配味道不一样，做成蒜香奶油沙拉酱味道又会不一样。披头士乐队的《不为任何人》（*For No One*）里，相邻两个小节的旋律只有一个音高，但伴奏的和弦发生了变化，赋予了这个音不同的情绪和声音。安东尼奥·卡洛斯·乔宾（Antonio Carlos Jobim）的《单音桑巴》（*One Note Samba*）其实包含了很多音符，但主旋律只有一个音贯穿始终。伴随着和弦的各种变化，我们仍然能够听到各种不同的音乐表达。

有些和弦的音符听起来给人明亮快乐的感觉，而另一些和弦则听起来很忧郁。即使是外行，也能在没有旋律的情况下识别出熟悉的和弦进行，这也是我们大家都很擅长的一件事。比如，每当我们听到老鹰乐队在演唱会上弹"Bm / 升 F / A / E / G / D / Em / 升 F"这一组和弦的时候，不出三个和弦，成千上万的非专业乐迷就明白他们要演奏《加州旅馆》。多年来，他们从电吉他换到原声吉他，从十二弦吉他换到六弦吉他，无论怎么换乐器，大家都能听出这些和弦。就算在牙医诊所，廉价的喇叭里播放着管弦乐队演奏的版本，听到这几个和弦，大家还是能一下子就认出来这首歌。

接下来说一个与音阶、大调和小调相关的话题，就是协和音程（consonant）与不协和音程（dissonant）。有些声音会让我们觉得不舒服，但我们却不知道为什么，比如指甲在黑板上划过会发出刺耳的声音。好像只有人类会有这种感觉，猴子似乎并不介意（之前有过一项实验，它们很喜欢这种声音，和听到摇滚乐的感觉差不多。这个结论至少在这一实验里成立）。回到音乐上来，有些人受不了电吉他的声音，有些人则非电吉他不听。从和声角度来看，单看音高组合，不看音色的话，有的人会觉得某些特殊的音程或者和弦听起来很难受，音乐家称之为不协和音程，而将悦耳的和弦或音程称为协和音程。现在已有大量的研究讨论我们为什么会觉得有些音程听起来和谐，有些听起来不和谐，但还没有形成一致的结论。到目前为止，我们可以确定，所有脊椎动物都具有的基本结构——脑干（brain stem）和蜗背侧核（dorsal cochlear nucleus）能够区分协和音程与不协和音程，这种区分不需要更高级的大脑皮层参与。

虽然协和音程和不协和音程的神经机制仍然存在争议，但有些协和音程大家是普遍认同的。单一的音（同时弹奏同一个音）听起来很和谐，一个音和它的八度音程听起来也很和谐。这些音程创造出的频率比都是1：1和2：1这样的简单整数倍。（从声学角度来看，八度音程两个音的波形刚好有一半峰值完全重合，另一半则是一个音的峰值处于另一个音的两个峰值之间。）有趣的是，如果我们将八度音程精确地分成两半，得到的音程就是三全音，大多数人都觉得这是听起来最难受的音程。其中一个原因就是三全音的频率不能约分为简单的整数比，因为它的比率接近41：29（实际精确值应该是$\sqrt{2}$：1，是一个无理数）。我们可以从整数比的角度来看待协和音程。4：1就是一个简单的整数比，代表两个八度。3：2的比率也是个简单的整数比，代表完全五度。〔在现代调音系统中，实际比例略低于3：2。这是一个折中方案，这样能够保证乐器可以使用任何一个调性演奏，这就是所谓的"十二平均律"（equal temperament）。但这种经过微调的音程只是毕达哥拉斯学派的理想情况，并没有让我们真正了解到协和音程与不协和音程对潜在的神经感知有何重要影响。从数学上来看，这种折中的方法非常有必要，因为这样我们就可以从任何音符，比如键盘上最低的C开始，然后不断以3：2的比率增加五度音程，这样加了十二次之后，我们就又能够得到一个C。如果没有十二平均律，这个转换链的终点可能就会和C有所偏离，相差四分之一个半音，或者说25音分，形成非常显著的差异。〕比如，C到G形成完全五度，G到高八度的C形成了完全四度，这两个频率的比值大约为4：3。

我们在大调音阶中听到的这些特定的音符可以追溯到古希腊人的协和音程概念。如果我们第一个音符从C开始，反复叠加完全五度音程，就会得到非常接近现在大调音阶的频率［C—G—D—A—E—B—升 F—升 C—升 G—升 D—升 A—升 E（即 F）］，然后回到 C。这就是五度圈的概念，因为这些音会形成一个完整的循环，我们最后会回到开始的音。有趣的是，如果我们跟着泛音列走，也可以得到一组接近大调音阶的频率。

单独某个音本身不可能是不协和音程，但如果放在某些和弦里，可能听起来就不和谐了，尤其有的时候和弦会让不符合调性的音显得非常突兀，这样就更会让听众觉得不舒服。如果两个音的搭配不符合我们的音乐习惯，无论是同时演奏还是分开演奏，听起来都会不和谐。同理，和弦也可能听起来不和谐，尤其是不符合乐段的整体调性的和弦。作曲家的任务就是要将这些因素都考虑进来。因为我们大多数听众耳朵都很灵，如果作曲家没能让乐曲保持平衡，远低于我们的预期，那我们就会换一个电台频道，或者拔掉耳机，或者干脆离开房间了。

现在我们已经讨论了音乐的主要构成元素：音高、音色、音调、和声、响度、节奏、节拍和速度等。神经学家会把声音分解为多种成分，他们会有选择地研究这些成分分别由大脑的哪些区域进行处理；而音乐理论家则会探讨每种成分分别对审美体验起到什么作用。但是，音乐是否成功取决于这些元素之间的关系。作曲家和音乐家很少会完全孤立地看待这些问题，因为他们知道，想要改变节奏就要跟着改变音高、响度或者与节奏搭配的和弦。研究这些元素关系的方法甚至可以追溯到十九世纪末以及当时的格式塔（Gestalt）心理学。

1890 年，克里斯蒂安·冯·厄棱费尔（Christian von Ehrenfels）发现，有件事所有人都能做到，而且也都觉得这是一件很自然的事，那就是移调（melodic transposition），即用不同的调来演唱或演奏同一首歌。厄棱费尔对此非常疑惑。举个例子，在我们唱《生日快乐歌》的时候，我们会直接跟着起头的人唱下去，但一般情况下，起头的人只是随便找了个自己喜欢的音开始唱，开头的音甚至有可能不属于任何一个官方定义的音阶，比如唱了个 C 和升 C 之间的音。这没人会注意到，也没人会在意。如果你一周唱三次《生日快乐歌》，有可能你三次唱的音高都不一样，每一个不同音高的版本都叫作其他音高版本的"移调"。

厄棱费尔、马克斯·韦特海默（Max Wertheimer）、沃尔夫冈·柯勒（Wolfgang Köhler）和库尔特·考夫卡（Kurt Koffka）等格式塔心理学家对完形（configuration）相关的问题很感兴趣，他们研究的是事物的各部分如何组合在一起形成整体。由于整体的性质不同于各部分之和，因此不能以各部分的性质来理解整体。"格式塔"一词从德语引入英语以后，指的是一种统一的整体形式，既适用于艺术对象，也适用于非艺术对象。你可以把完形的概念想象成一座吊桥，如果只是观察缆绳、大梁、螺栓和钢梁等，就不容易理解桥梁的功能和用途。只有当这些部件以桥梁的形式结合在一起，我们才能理解桥梁和用相同部件组成的起重机有什么区别。同样，在绘画中，各要素之间的关系也对艺术的最终成品起到关键性作用。典型的例子就是人脸：如果画出来的人脸上，眼睛、鼻子和嘴完全依照《蒙娜丽莎》的原样绘制，但改变五官在画布上的排列，那么最后的画作会和原作相去甚远。

格式塔心理学家想要弄明白移调的问题：为什么由一组特定音高组成的旋律，即使所有的音高都发生变化，仍然能够保持辨识度？但他们还没有找到令人满意的解释来说明为什么人脑会认为各元素的组成方式重于细节，而整体重于部分。无论选一组什么样的音高来演奏一段旋律，只要音高之间的关系保持不变，那么演奏的旋律就是相同的；无论选择什么乐器，旋律都是相同的；无论用半速还是两倍速演奏，或者让这段旋律同时进行以上几种转换，旋律依然是相同的，大家都可以毫不费力地辨识出来。有着深远影响的格式塔学派就是为了解决这个特殊的问题而建立的。虽然格式塔心理学家并没有给出这个问题的答案，但他们建立了一套原则，为我们理解世界中视觉要素的组织方式做出了巨大贡献，成为每个心理学导论课上的内容，这套原则就叫作"格式塔组织原则"（Gestalt Principles of Grouping）。

麦吉尔大学的认知心理学家阿尔伯特·布雷格曼（Albert Bregman）在过去的三十年中进行了多项实验，想要探索声音方面类似的组织原则。哥伦比亚大学的音乐理论家弗雷德·勒达尔（Fred Lerdahl）和布兰迪斯大学的语言学家雷·杰肯多夫（Ray Jackendoff，目前在塔夫茨大学）同样研究了组织原则问题，包括音乐的组织原则等。音乐的组织原则类似于口语中的语法规则，可以用于指导音乐创作。组织原则的神经基础至今还没有确切的定论，但通过一系列巧妙的行为实验，我们已经对这套原则体现出的现象有了很多了解。

视觉组织原则里的分组指的是世界上各种视觉元素在

我们的头脑中相互结合或者分离的方式。分组方式的形成从一定程度上来说是一个自动的过程，也就是说，大部分的分组过程都在我们的大脑中迅速地自动完成，无须我们的主动意识参与。在视觉方面，我们可以将这一过程理解为"将什么和什么搭配起来"的问题。十九世纪的科学家赫尔曼·冯·亥姆霍兹（Hermann von Helmholtz）为我们奠定了现代听觉科学的基础，他将听觉科学描述为一个无须意识参与的过程，即我们的听觉会根据听觉对象的一些特征或属性，对世界上哪些物体可能是组合在一起的进行推理或逻辑推断。

如果你站在山顶上俯瞰山下的风景，你可能会这样描述眼前的景象：有两三座山，还有湖泊、山谷、沃野和一片森林。虽然森林由成千上万棵树组成，但这些树木形成了一个感知群，可以从我们看到的其他事物中脱离出来。我们能够认出森林并不一定是因为我们对森林有多少了解，而是因为这些树都有相似的性质，包括外形、大小和颜色等，再不济我们也能看出树木和沃野、湖泊、山脉有很大的区别。但是如果你站在一片森林里，周遭都是桤木和松树，桤木光滑的树皮就会在布满褶皱的黑色松树中凸显出来。如果我带你凑近一棵树，问你看到了什么，你可能就会开始关注这棵树的细节，看到树皮、树枝、树叶（或针叶）、昆虫和苔藓。我们在看向一片草地的时候，大部分人通常不会只看某一棵草，只有我们开始聚精会神地盯着，才会注意到其中的某一棵。划分群组是一个带有层级的过程，我们的大脑形成感知群的方式受到多种因素影响。有的分组依赖的因素是观察对象本身固有的特点，比如形状、颜色、对称性、对比度，以及观察对象的线条和边缘的连续性等；还有的分组依赖于观察者的心理因素，也就是基于思维的因素，比如我们会主动去注意的观察对象，我们对它或者类似的东西有什么样的记忆，以及我们对这些东西的组合方式有什么样的预期等。

声音也会形成分组。也就是说，有一些声音会形成联系、构成群组，另一些声音则会相互分离。大部分人都无法从交响乐演奏中单独分离出某一把小提琴的声音，也无法单独分离出某一个小号的声音。实际上，在特定的环境下，整个交响乐队会形成一个单一的感知群，在布雷格曼的术语体系里叫作"流"（stream）。如果你在一个室外音乐会的现场，有多个乐队在同时演奏，那你面前的乐队发出的声音就会融合成一个单一的听觉对象，与你身侧和身后的其他乐队分离开来，而通过意志力（注意力），你可以专注聆听面前管弦乐队的小提琴，就像你在一个嘈杂的房间里也能和旁边的人聊天一样。

我们再来说一个听觉分组的例子：从单一乐器发出的很多不同的声音汇集起来，会构成我们对这种乐器声音的感知。我们听到的不是双簧管或者小号各自单独的谐波，而是双簧管或者小号这种乐器。你可以想象一下双簧管和小号同时演奏的场景，你会发现区别更为显著。我们的大脑能够分析到达耳朵的几十种不同频率，并以正确的方式将这些频率组合在一起。于是我们听到的不是数十种不同的谐波，也不是一种将两个声音混在一起的乐器，相反，大脑会为我们分别构建出双簧管和小号各自的心理图像，也会让我们对这两种乐器同时演奏的声音产生概念，这也就是我们能够欣赏音乐里各种不同的音色组合的原因。正如皮尔斯之前所说，他惊异于摇滚乐的音色，电贝司和电吉他两种乐器在合奏的时候呈现出的声音迥然不同，却创造出了一种全新的声音组合，既有辨识度，又有讨论度和记忆点。

我们的听觉系统会利用谐波序列将声音组合在一起。随着数万年来人类所处的声音环境不断进化，我们的大脑也在随之进化。我们听见的各种声音彼此都具有某些声学共性，包括我们现在所理解的谐波序列。通过这一"无意识推理"（引自冯·亥姆霍兹）的过程，我们的大脑认为不太可能存在多个不同的声源，而且也不太可能每个声源都只有一种谐波，所以大脑采用"可能性原则"（likelihood principle），认为某个声音的产生必须来自一个物体的不同的谐波。所有人，哪怕是不知道"双簧管"这个名字的人，也能够听出它和单簧管、巴松或者小提琴的差异，就像不知道音名的人听到两个不同的音，也能听出来它们肯定不是同一个音，以及不知道乐器名称的人也能听辨出演奏的是两种不同的乐器。用谐波序列对声音进行分组的方式，基本能够解释为什么我们能够辨认出听到的是小号，而不是一个个进入我们耳朵的泛音。它们像一棵棵草一样组合在一起，给我们留下了"一片草地"的印象。这种分组方式还能够解释我们为什么能在小号和双簧管演奏不同的音符时区分这两种乐器。因为不同的基频会产生不同的泛音，我们的大脑能够毫不费力地像计算机一样，通过计算过程厘清它们的关系。但这并不能解释在小号和双簧管演奏同一个音符的时候我们如何将两者区分开，因为它们的泛音在频率上几乎是相同的（虽然两种乐器的振幅特性不同）。为此，听觉系统需要依赖同步起音原则。大脑根据分组的概念，会把同一时刻开始的声音视为同一个声源。十九世纪七十年代，威廉·冯特（Wilhelm Wundt）建立了第一个心理实验室。自那以来，我们就知道了听觉系统对这种时间上的同步非常敏感，短短几毫秒的差异都能通过听觉察觉出来。

所以在小号和双簧管演奏同一个音符的时候，其中一种乐器泛音列的完整声谱可能比另一种乐器早几千分之一秒，我们的听觉系统由此判断出这是两种不同的乐器在演奏。这就是所谓的分组过程，不仅能将同一个物体的不同声音融合在一起，也能通过声音区分出不同的物体。

从更广泛的层面来讲，这种同步起音原则可以当作一种时间定位原则。我们试将管弦乐队现在正在演奏的声音和明晚将要演奏的声音分成两组，时间在这个听觉分组的过程中是一个因素，而音色则是另一个因素。所以我们在听多把小提琴同时演奏的时候，如果想要辨认出其中的一把就非常困难，只有一些专业的音乐家和指挥家在经过训练之后才能做到。还有个分组因素是空间定位，因为我们的耳朵倾向于把来自空间中同一个相对位置的声音组合在一起。我们对上下的方位不是很敏感，但对左右的方位非常敏感，对前后方也比较敏感。我们的听觉系统会认为远距离的各种声音可能都来自世界上的同一个物体，所以我们可以轻而易举地在拥挤嘈杂的房间里听出一段对话，因为我们的大脑可以通过说话人的空间定位来排除掉其他的对话。如果与我们对话的人音色很独特，音色便也可以成为声音的另一个分组依据。

振幅也影响听觉的分组。类似响度的声音会组合在一起，所以我们能听辨出莫扎特木管乐器嬉游曲的不同旋律。木管乐器的音色都非常相似，但有些乐器的声音要大于其他乐器，我们的大脑中就会由此形成不同的信息流。分组的过程就像用过滤器或者筛子一样，按照不同的音量大小将木管乐器的合奏分成不同的部分。

频率或音高是分组时需要考虑的一个重要的基本因素。如果你听过巴赫的长笛帕蒂塔，就会发现有些地方长笛吹奏的音符会"脱颖而出"，尤其在吹奏一些速度快的乐段时非常明显，感觉就像经典找碴小游戏《威利在哪里》（*Where's Waldo?*）的听觉版。巴赫知道巨大的频率差异能够将声音彼此分离，归为不同的分组，所以他写的乐曲里采用了完全五度或大于完全五度的音程，让音高大幅跨越。这样高音与低音交织叠加，创造出两条相互独立的旋律线，用一支长笛演奏出两支长笛的感觉。洛卡泰里（Locatelli）的小提琴奏鸣曲也出现了很多类似的编排。约德尔调（Yodel）在演唱时可以通过人声的真假声转换达到同样的效果。当男歌手跳到自己的假声区时，就会产生一种独特的音色，这种大幅度的音高跳跃把高音分离出来，创造出一条独特的旋律线，一个人就能创造出两个人交错演唱的感觉。

现在我们通过前面的部分已经知道，处理声音各种属性的神经子系统位于大脑中较为初级的部分，表明分组过程是由一些相互独立的一般机制进行的，没有我们主观意识的参与。我们也清楚地知道，当这些声音属性以特定的方式组合在一起时，有的会相互结合，有的会相互分离。我们还知道，经验和注意力会对分组产生影响，表明分组过程有些部分会受到意识和认知的控制。有意识和无意识的过程如何合作与分工？这一问题背后的大脑工作机制又是怎样的？这些问题至今尚无定论。但在过去的十年里，我们已经取得了巨大的进展，我们终于可以精准定位大脑的哪些区域与音乐处理相关了，甚至可以知道大脑的哪个部位会让你对事物产生关注。

思想是如何形成的？记忆是否储存在大脑的特定部位？为什么有时候有些歌会卡在你的脑海里挥之不去？你的大脑会一直给你不断播放无聊的广告歌，慢慢把你逼疯还以此为乐吗？我将在接下来的章节中解答这些问题，并解释一些其他的概念。

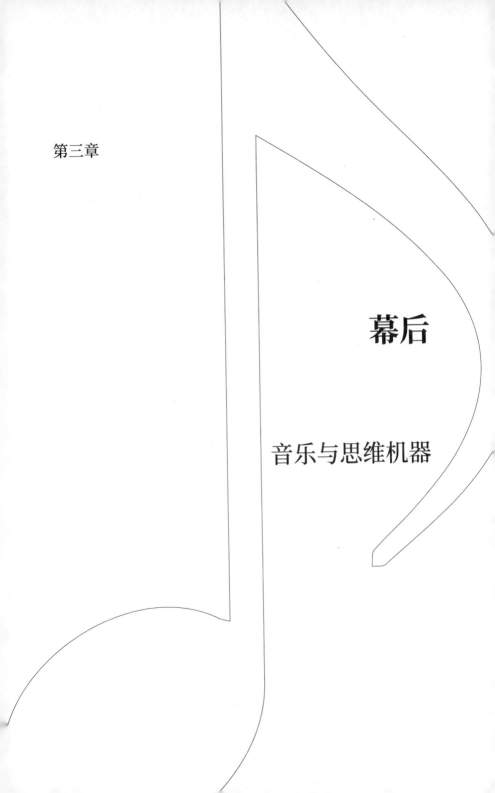

第三章

幕后

音乐与思维机器

认知科学家认为，"思维"（mind）一词指的是我们每个人身上体现思想、希望、欲望、记忆、信仰和经验的部分。而大脑是身体的一个器官，是细胞、水、化学物质和血管的集合，位于头骨里面。大脑的活动产生了思维的内容。认知科学家有时会将大脑类比为计算机的 CPU（中央处理器）或硬件，而将思维类比为 CPU 上运行的程序或软件。（不过这要是真的，我们就可以跑去买个内存升级了。）差不多相同的硬件可以运行不同的程序，而非常相似的大脑结构也可以产生截然不同的思维。

西方文化继承了笛卡尔的二元论传统，认为思维和大脑是完全独立的两个概念。二元论者坚持认为，思维在有机体出现前就已经存在了，大脑不是思维的载体，只是帮助实现思维意志的工具，可以调动肌肉，维持身体内环境稳定。对大部分人来说，我们的思维无疑是非常独特的存在，不仅仅是一堆神经化学反应那么简单。我们能体会到自己的存在，能体会到自己在读书时的感受，还能体会到思考自我存在时的感受。怎么可能将自我简化为轴突、树突和离子通道呢？我们肯定要比这复杂得多。

但这种感觉可能是一种错觉，就像我们觉得地球是静止的，但其实地球正在以每小时 1670 千米的速度绕地轴自转。

大多数科学家和当代哲学家认为大脑和思维是同一事物的两个方面，有些人则认为这种区分本身就存在缺陷。当下的主流观点认为，你的思想、信仰和经验等都表现为大脑电化学反应中的放电反应方式。如果大脑停止了工作，思维也就消失了。但大脑实体即使没有了思维也可以继续存在，比如说可以放在某个实验室的罐子里当标本。

神经心理学家发现，大脑中有些区域的功能具有特异性，这一特性恰恰能够证实大脑和思维的关系。比如，有时由于中风（脑血管阻塞导致细胞死亡）、肿瘤、头部损伤或其他创伤，大脑的某个区域受到损坏，而在很多时候，特定大脑区域的损坏会导致特定的心理或生理功能障碍。如果数十个甚至数百个病例都显示出某些功能丧失与特定的大脑区域相关，我们就能推断出大脑该区域可能以某种方式参与或负责该项功能。

过去一百多年来，神经心理学研究帮助我们绘制出了大脑的功能区地图，并在大脑中定位到了一些具体的认知行为。现在普遍观点认为，大脑是一个计算系统，我们可以将大脑看作一台计算机，大脑中相互连接的神经元组成的网络可以对信息进行计算，并将计算结果统一起来，产生思想、决策、感知和最终意识等。不同的子系统负责认知的不同方面。比如左耳上方和后方部分的大脑韦尼克区（Wernicke's area）受损会导致口语理解困难；头部最顶端的运动皮层受损会导致手指移动困难；大脑中央海马复合体区域受损会阻碍新的记忆形成，但受损前的旧记忆不会受到影响；额头后面的大脑区域受损会剥夺性格当中的很多特点，导致个性上的巨大转变。类似这样的大脑区域与功能对应还有很多，为大脑参与思维过程提供了强有力的科学依据，也为思维来源于大脑的论点提供了有力的论据。

自 1848 年以来［加上菲尼斯·盖奇（Phineas Gage）的医疗案例*作为参考］，我们了解到，额叶与自我和个性密切相关。然而一百五十年后的今天，我们对个性和神经结构的了解却仍然模糊且浅显。我们还没有找到大脑中与"耐心"有关的区域，也没有找到与"嫉妒"和"慷慨"有关的区域，而且我们可能以后永远都找不到。虽然大脑在结构和功能上存在区域差异，但毫无疑问，复杂的人格特征却广泛分布于整个大脑。

人的大脑皮层分为额叶、颞叶、顶叶、枕叶和小脑。我们可以对它们的功能做出较为粗略的归纳，但实际上，人的行为是非常复杂的，无法直接简化成简单的功能分布图。额叶与规划能力和自控能力有关，同时也能够帮助人类理解感官接收到的各种密集而混乱的信号，这也就是格式塔心理学家所说的"知觉组织"（perceptual organization）。颞叶与听力和记忆有关。额叶后部与运动和空间技能有关，而枕叶与视觉有关。小脑是进化历史最长的部分，负责情绪和运动协调。爬行类动物等并没有大脑皮层的高级区域，却都有小脑。有种手术叫脑叶切除术，就是通过手术将额叶的一部分——前额叶皮层与丘脑分离。雷蒙斯乐队（the Ramones）在歌曲《青少年额叶切除手术》（*Teenage Lobotomy*，词曲：道格拉斯·科尔文、约翰·卡明斯、托马斯·埃尔德利和杰弗里·海曼）里唱道："现在我要告诉他们／我的小脑已切干净（Now I guess I'll have

---

* 1848 年，铁路工人盖奇意外被铁棍穿透头颅，铁棍从颧骨下方穿入，从眉骨上方穿出，盖奇幸运地活了下来。但因左侧大脑部分受损，盖奇从此性情大变。——译者注

to tell'em/ That I got no cerebellum）。"这句歌词在解剖学看来并不精确，但为了艺术自由完全可以破格使用，而且这也是摇滚乐中押韵绝妙的一句歌词，所以很难让人心生不满。

音乐活动几乎涉及我们已知的每一个大脑区域，也几乎涉及每一个神经子系统。音乐的不同要素由不同的神经区域处理。大脑使用各个不同的功能分区处理音乐，并通过检测系统分析音乐信号的各个要素，如音高、节奏和音色等。有些音乐处理机制与处理其他声音的机制存在一些共通之处，例如，想要理解他人说的话，我们就需要将一连串的声音分割成单词、短语和句子等，而且我们还需要把握言外之意，比如讽刺（"还挺有意思呗"）。乐音也需要从几个不同的维度进行分析，这往往要涉及数个准独立的神经过程，然后再进行整合，把我们所听见的内容形成完整连贯的表征。

听音乐的生理过程是从皮层下结构开始，经过耳蜗核、脑干、小脑，然后向上移动到大脑两侧的听觉皮层。听熟悉的音乐，或者熟悉的音乐风格，比如巴洛克或者布鲁斯音乐，会调动大脑的更多区域，包括记忆中枢的海马体和额叶的亚区，尤其是位于额叶最低点的下额叶皮层区域，这个区域到下巴的距离比到头顶更近。如果你跟着音乐打拍子，无论是用动作还是在脑海里打拍子，都会涉及小脑的计时回路。无论你在演奏什么乐器，无论你是在唱歌还是指挥，这些和音乐有关的行为都会涉及额叶对行为的规划，还会涉及额叶后部头顶下方的运动皮层和感觉皮层。你在按下正确的琴键或者按照心里的节奏挥动指挥棒时，感觉皮层就会提供触觉反馈。阅读乐谱则涉及大脑后部枕叶的视觉皮层。听歌词或记歌词则会激活语言中枢，包括布罗卡氏区（Broca's area）、韦尼克区，以及颞叶和额叶的其他语言中枢。

在更深的层次上，我们对音乐的反应还涉及小脑蚓部（cerebellar vermis）爬虫脑的深层结构，以及大脑皮层情绪处理中枢的杏仁核（the amygdala）。各区域的特异性非常明显，但各个功能的互补性在这里也依然适用。大脑采用多线并行的处理方式，运作过程广泛分布于大脑各处。大脑中没有单一的语言中枢，也没有单一的音乐中枢，而是有些区域负责某些部分信息，有些区域负责协调整体信息汇总。我们直到最近才发现，大脑的信息重组能力远远超过了我们之前的想象，这种能力叫作神经可塑性（neuroplasticity），也就是说，在某些情况下，区域在功能上体现出的特异性可能只是暂时的，如果大脑某些部位受到创伤或毁坏，重要的脑部功能处理中枢就可以转移到其他区域。

我们很难理解大脑的复杂性，因为与大脑有关的信息都是天文数字，远远超出了我们的日常概念（除非你是个宇宙学家）。大脑平均由一千亿（100,000,000,000）个神经元组成。如果我们把每个神经元当作一元钱，你站在街角，每当有人经过，你就以最快的速度递给他们一元钱，假设每秒你都能递出去一元的话，一年365天，一天24小时，一刻不停，那么从耶稣诞生那天开始，直到今天，你才递出去大概三分之二的钱。即使你每秒给出去一百元，你也要花上32年才能把这些钱全都发完。这只是对神经元数量的描述，而大脑（和思想）真正的力量和复杂性其实来源于这些神经元之间的联系。

每个神经元都与其他神经元相连，一般能连接一千到一万个神经元。仅四个神经元就可以有六十三种连接方式，加上完全不连接的情况，总共有六十四种可能。随着神经元数量的增加，连接方式的可能性以指数形式增长，n 个神经元相互连接共有 $2^{[n \times (n-1)/2]}$ 种可能性：

2 个神经元的连接有 2 种可能；

3 个神经元有 8 种可能；

4 个神经元有 64 种可能；

5 个神经元有 1024 种可能；

6 个神经元有 32768 种可能。

可能性的数量逐渐变成了天文数字，我们可能永远都无法完全了解这些神经连接以及它们背后的含义。我们每个人可能拥有的神经连接数量，以及由此可能产生的不同思想或大脑状态的数量，已经超过了整个我们所知的宇宙中已知粒子的数量。

同样，你也就能理解，为什么区区十二个音符（除去八度）就能构成古往今来甚至未来所有的音乐。因为每个音符后面都可以接不同的音，也可以接相同的音，或者还可以接一个休止符，这就产生了十二种组合方式，而每一种组合方式又可以接着产生另外十二种不同的组合，如果再把节奏考虑进去，每个音符还可以持续不同的时长，那么总的可能性数量也会呈现爆炸性增长。

大脑之所以能有如此强大的计算能力，有很大一部分原因在于大脑内部的连接方式有无数种可能性，而且大脑的处理过程是多线并行，而不是单线串联。如果是单线串联的话，大脑的处理过程就会像一条装配线，每条信息从传送带上下来，经过一系列操作之后再传到下一条线。计算机就是这样工作的。

比如让电脑从网上下载一首歌，告诉你某个城市的天气，保存某个你正在做的文件，电脑一次只能完成一个任务，但完成速度非常快，会让你以为它好像在同时做这些事，其实并没有。而大脑可以同时处理许多事情，既可以重叠也可以平行。比如我们的听觉系统处理声音就是在运用多线并行的方式，不用非要先知道音高才能找出声源在哪里，而是负责这两个任务的神经回路同时寻找答案，如果一个神经回路比另一个更早完成任务，那么它就会把信息发送到其他相连的大脑区域供它们使用。如果较晚处理完的信息会对之前另一个回路提交的信息产生影响，那么大脑就可以"改变主意"，更新自己对外界的判断。我们的大脑一直在更新自己的判断，尤其是在接收到视觉与听觉刺激的时候，更新频率能够达到每秒数百次，但我们根本察觉不到。

这里我要用一个类比来帮你理解神经元是如何相互连接的。想象一个星期天早上，你独自坐在家里，心情普普通通，不是很快乐，也不是很低落，也没生气，不兴奋也不嫉妒，也没觉得紧张，只是感觉很平淡。你有一大帮朋友，你可以给他们之中任何一个人打电话。假设你的每个朋友都是一个维度，他们都会对你的情绪产生很大影响。例如，你知道如果跟汉娜打电话，你会变得很开心；如果跟山姆打电话，你会变得很低落，因为一和山姆说话你就会想到你们两个人的共同好友过世了；如果跟卡拉打电话，你会变得很平静，因为她的声音很温柔，会让你想到和她坐在林间一片美丽的空地上一起晒太阳和冥想的场景；如果跟爱德华打电话，你会觉得全身都充满了力量；如果跟塔米打电话，你会变得很紧张。你可以拿起电话和任意一个朋友聊天，并产生某种特定的情绪。

你可能有成千上万这样的朋友，每个朋友都会唤起你特别的记忆、经历或者情绪状态，这些人就与你产生了连接，和他们交流会改变你的心情或状态。如果你同时跟汉娜和山姆说话，或者接连跟他们两个说话，汉娜会让你快乐，山姆会让你悲伤，那么你最后又会回到最初平淡中立的状态。但我们可以在这里额外添加一个细微的差异因素，也就是这些连接的影响力权重，即你在某个特定的时间点与某个人的亲密程度，这个权重决定了这个人对你的影响程度有多大。如果你觉得你和汉娜的亲密程度是山姆的两倍，那么跟汉娜和山姆交流时间相同的情况下，你还是会感到快乐，虽然没有像只跟汉娜交流那么快乐；虽然山姆会让你变得低落，但再怎么低落也只是将汉娜带来的快乐减半而已。

假设这些人也可以互相交流，交流之后，他们的状态也可以发生一定程度的改变。虽然汉娜性格开朗，但和悲伤的山姆交流过后她就不那么快乐了。如果你和精力充沛的爱德华打电话，而爱德华刚跟紧张的塔米通过话，塔米又跟嫉妒的贾斯丁刚通过话，那爱德华可能会让你感受到前所未有的新情绪——一种带有紧张感的嫉妒，让你有充沛的精力走出去做点什么事。这些朋友中的任何一个人都可能在任意一个时间点给你打电话，唤起你的这些情绪状态，这些状态又是一系列复杂的情绪或经历的结果，它们相互影响，而反过来你也会对他们的情绪造成影响。假设你有数千个这样互相联系的朋友，你客厅里的电话每天响个不停，那么你就会产生非常多的情绪状态。

普遍观点认为，我们的思想和记忆来源于神经元建立的无数种连接，但是并非所有的神经元在同一时间都有同样的活跃度，因为这样会让大脑出现混乱的图像和感觉（其实这就是癫痫）。一些特定的神经元群或神经网络在某些认知活动中变得非常活跃，它们就会激活其他的神经元。比如我一磕到脚趾，脚趾中的感觉受体就会向大脑的感觉皮层发送信号，激活一系列神经元，我就感受到了疼痛，把脚从刚才撞到的物体上移开，而且嘴巴会不由自主地张开并大叫。

听到汽车鸣笛的时候，空气中的分子正在撞击我的鼓膜，电信号由此产生并传送到我的听觉皮层，并引发一连串的反应，激活了一系列不同于磕到脚趾所激活的神经元。首先，听觉皮层中的神经元会对声音的音调进行处理，这样我就可以辨认出这是小汽车的喇叭，而不是卡车的喇叭或者球赛观众吹的喇叭。接着会有另一组神经元被激活，用来判断声源的位置。这些信息以及其他信息的处理过程会激发视定向反应，我会转头看向声音发出的方向，如果有必要的话我会瞬间跳开（这是运动皮层神经元激活的结果，与关联情绪的杏仁核神经元相协调，告诉我危险近在咫尺）。

当我在听拉赫玛尼诺夫（Rachmaninoff）的《第三钢琴协奏曲》时，耳蜗中的毛细胞将传入的声音分解成不同的频率带，向我的初级听觉皮层 A1 区发送电信号，告诉听觉皮层这些信号代表的是什么频率。大脑两侧的颞上沟和颞上回等颞叶的其他区域可以帮我区分听到的不同音色。如果我想给听到的音色分类，就需要海马体帮我唤起以前听过类似声音的记忆，然后查询我头脑中的词典，这一过程涉及颞叶、枕叶和顶叶交界处的结构。到目前为止，这些区域和我处理汽车鸣笛声的区域相同，只是神经元的数量与激活方式不同。但当我注意到音高序列（背外侧前额叶皮层和布罗德曼分区 44 和 47）、节奏（小脑外侧和小脑蚓部）和情绪（额叶、小脑、杏仁核和伏隔核是构成愉悦感和获得感的结构网络的一部分，这两种感觉可以来源于进食、性行为以及听悦耳的音乐等）时，新的神经元群将会活跃起来。

从某种程度上来说，如果房间里的低音提琴声音非常低沉，那么整个房间也会随之振动，激活大脑中的神经元，其中一些神经元和我撞到脚趾激活的神经元相同，这些都是对触觉非常敏感的神经元。如果汽车鸣笛的音调为 A440，与这个频率相对应的神经元就很可能会被激活，而听到拉赫玛尼诺夫的乐曲中出现 A440，同样的神经元也会被激活，但由于所处的环境不同，调动的神经网络也不同，所以这两个声音给人的内心体验也是不同的。

双簧管和小提琴会带给我不同的体验，拉赫玛尼诺夫运用这两种乐器的独特方式给我的体验也不同，这让我感觉到放松，和我听到汽车鸣笛受到惊吓的感觉不一样。我在听平和的协奏曲时触发的神经元和我处在平静、安全的环境中触发的神经元很可能是一致的。

通过之前的经验，我已经知道了汽车鸣笛和危险存在联系，或者至少可以说，汽车鸣笛是因为有人想要提醒我注意。那么这样的联系是怎样产生的？有些声音自带一种让人平和的感觉，而有些声音则会让人恐惧。虽然对声音的理解因人而异，但我们生来就会以自己的特定方式来解读声音。很多动物都会把突然而又短促的巨响视为一种警告，鸟类、啮齿动物和类人猿在表示警告的时候都会发出这样的声音。而舒缓轻柔的长音则会产生一种平静或者至少比较中性的感觉。可以回想一下尖锐的狗叫声，再对比小猫安静地坐在你的腿上轻声地打呼噜。作曲家们当然非常了解这一点，所以他们会使用数百种音色和音符长度的微妙变化来传达情绪，带给听者不同的听觉体验。

在海顿的《惊愕交响曲》（G大调第94号交响曲，第二乐章，行板）中，海顿在主旋律部分运用轻柔的小提琴来制造悬念，又在伴奏里加入了短促的拨弦音，柔和但又传递出一种矛盾的危机感，合在一起就制造出了一种悬疑的气氛。主旋律的跨度很少超过半个八度，即完全五度。接下来，旋律的轮廓出现了一种令人满意的走向，旋律先上升，再下降，然后再重复上升的段落。旋律走向隐含着一种"上／下／上"的规律性，让听者准备好迎接下一个"下"的部分。海顿接下来继续使用轻柔的小提琴，但突然将旋律略微抬高，节奏保持不变，然后在相对稳定的五级音收住。因为这个五级音是一个高音，所以我们会期待下一个音比它低，会有回到根音（或主音）的趋势，填补主音和现在五级音之间的鸿沟。但紧接着，海顿一下子给我们来了一个音量巨大的高八度音符，并用嘹亮的铜管乐器和定音鼓演奏，改变了我们对旋律走向、轮廓、音色和响度的预期。这就是《惊愕交响曲》的"惊愕"所在。

海顿的《惊愕交响曲》颠覆了我们的预期。即使是不具备音乐知识或者对音乐没有预期的人也会在听到这首乐曲的时候感到惊愕，因为音色从轻柔的小提琴声突然变成了警报一样的铜管乐和鼓声。对于有音乐背景的人来说，这首乐曲也颠覆了音乐传统和风格带来的预期。那么这些惊讶、预期和分析都是在大脑中哪些地方产生的？虽然大脑如何通过神经元进行这些操作至今仍然是个谜，但我们已经有了一些线索。

在进一步讨论之前，我得先承认我对思维和脑科学的研究并不是一视同仁的，我更喜欢研究思维。而我的这种偏好有一部分是出于个人原因，而非专业上的原因。小时候，在科学课上，我不会和班上其他同学一起捉蝴蝶，因为在我看来所有的生命都是神圣的。但自二十世纪以来，我们需要面对一个赤裸裸的现实：科学家研究大脑普遍使用活体动物的大脑，而且经常采用我们的近亲——猴子和猩猩，然后还会杀了（他们称之为"牺牲"）这些动物。我曾经在一个猴子实验室度过了一个痛苦的学期：解剖死猴子的大脑，准备用显微镜进行观察。我当时每天都要路过关着活猴子的笼子，会经常做噩梦。

另外，我感兴趣的向来不是产生思维的神经元，而是思维本身。认知科学里有一个名为功能主义（functionalism）的理论获得了许多著名研究人员的认可。功能主义认为，相似的思维可以出自完全不同的大脑，大脑只是各种回路和处理模块的集合，用于将思维展示出来。先不说正确与否，功能主义确实能够表明我们通过大脑来了解思维的程度是有限的。有位神经外科医生跟丹尼尔·丹尼特（功能主义最杰出、最权威的代表）说，他给数百人做过手术，见过数百个活的能够思考的大脑，但从来没有见到过思想。

在我选择去哪里读研究生、选谁当导师的时候，我对迈克尔·波斯纳（Michael Posner）教授的研究十分着迷。波斯纳教授开创了许多观察思维过程的方法，其中就包括心理计时法

（通过测量思考某些想法所需的时间，可以了解到很多关于大脑组织的知识）、研究范畴结构的方法，以及著名的波斯纳线索化范式（Posner Cueing Paradigm）——一种研究注意力的新方法。但有传言说波斯纳放弃了对思维的研究，转而去研究大脑，这肯定不是我想做的事。

我还在读本科的时候（虽然比其他同学年龄稍大一点），去旧金山参加了美国心理学会（American Psychological Association）的年会，会场离我当时的学校斯坦福只有六十多公里。我在议程上看见了波斯纳的名字，便去听了他的演讲。他在演讲里运用大量的幻灯片来展示人类在做各种事的时候大脑的反应。演讲结束后，他回答了几个问题，之后就从后门走了。我一路小跑绕到后面，看见他就在前面，正在快步穿过会议中心赶往下一场讲座。我冲上去追他，这一幕肯定引起了他的注意！我跑得上气不接下气，但其实就算刚才没跑，面对这位认知心理学的传奇人物我也会同样紧张得无法呼吸。我在麻省理工学院上的第一节心理学课程就用了他编写的教科书（后来转学才去的斯坦福）。我当时的第一位心理学教授苏珊·凯里（Susan Carey）在提到他的时候，语气里充满了崇敬。我还记得她当时在麻省理工学院的讲堂里说过："迈克尔·波斯纳是我见过的最聪明、最有创造力的人。"

我汗涔涔地在那里张着嘴，却什么都说不出来。我开始支吾："嗯……"这时候我们正在并肩大步向前走，他走得非常快，走了两三步我就又落在后面。我结结巴巴地开始自我介绍，说我已经申请去俄勒冈大学了，想和他一起搞研究。我以前从来没有结巴过，也从来没有这么紧张过。"波……波……

波……波斯纳教……教……教授，我听说您把研究重点全都转移到了大……大……大脑，真的吗？因为我真的很想和您一起研究认知心理学。"我终于跟他搭上了话。

"嗯，我最近对大脑有点兴趣，"他说，"但我觉得，认知神经科学能给认知心理学提供一些约束条件，能帮我们弄清楚某些模型有没有可靠的解剖学基础。"

很多人都是带着生物或者化学背景进入神经科学领域的，他们的主要关注点是细胞相互交流的机制。对认知神经科学家来说，从解剖学或生理学角度理解大脑可能称得上是一种挑战（相当于脑科学版非常复杂的填字游戏），但这不是研究的最终目标。我们的目标是要理解思维过程、记忆、情绪和体验，大脑只不过恰好是这一系列事件的载体。我们回到之前打电话的那个类比，你可能和不同的朋友进行交流，进而影响你的情绪。如果我想预测你明天的心情，我可以把你和所有人的电话连线都列出来，可是这样得到的信息是有限的。更重要的是要了解他们每个人的个人倾向：谁会给你打电话？他们可能会说什么？他们会给你什么样的感受？当然完全忽略连接问题也是错误的。如果线路断了，或者没有证据表明 A 和 B 之间有联系，或者 C 没办法直接给你打电话，只能通过 A 联系你以影响你的情绪，所有这些信息都会对预测你的心情产生非常重要的约束条件。

这一观点影响了我研究音乐认知神经科学的方式。我不想逐一比对各种音乐刺激在大脑中产生反应的位置，我和波斯纳谈过很多次，当前绘制脑图谱的狂热，简直就像非理论地图学一样。我的最终目的不是建立脑图谱，而是了解大脑的运作方式，了解大脑的不同区域如何协调彼此的活动，了解神经元简单的放电活动和神经递质的信息传递如何产生思想、欢笑以及大喜大悲的感觉，这些活动又如何反过来让我们创造出意义深远的艺术作品。这些都是思维的功能，但这些思维功能来自大脑的哪个区域我并不感兴趣，除非这个区域可以告诉我们原理和原因。认知神经科学告诉我们：还真的可以。

我的观点是，我们可以做的实验有无数个，而值得我们做的实验应该是那些能够帮我们更好地理解原理和原因的实验。好的实验是有理论动机的，并能够清楚地预测两个或多个假说中哪一个更能立得住脚。如果在一项实验中，两种假说都能够得到支持，那么这项实验就不值得做，科学要靠排除错误或者立不住脚的假说才能向前发展。

好的实验还有一个特征，就是可以推广应用到其他情况，包括尚未研究的受试者、尚未研究的音乐类型及其他情况。大量的行为研究都只是在少数人（实验中的"受试者"）身上进行，而且实验人员提供的都是人工刺激。而我在实验过程中，会尽可能地将音乐家和非音乐家都作为受试者，以便了解最普遍的情况。而且我们使用的都是真正的音乐，都是现实中的真实录音，都是由现实中的音乐家演奏的真实存在的歌曲，而不是神经科学实验室专用的音乐，这样我们就能够更好地理解大多数人听到音乐时的反应。到目前为止，这种方法很成功。这样虽然会更难严格控制实验，但也绝非不可能，只是需要更多更细致的规划和准备。从长远来看，这些付出都是值得的。通过使用这种自然主义的方法，我可以用合理的科学确定性来说明，我们所研究的不是在听到没有任何音调的节奏或者没有任何节奏的旋律时大脑会有什么反应，而是研究大脑在听到普通音乐时的普遍反应。在一次实验当中，我们尝试把音乐的各项要素都分解出来，这种做法很冒险，如果实验稍有差错，我们就有可能创造出非常不像音乐的声音序列。

我说我对大脑不如对思维有兴趣，并不意味着我对大脑没兴趣。我们都有大脑，我也相信我们的大脑非常重要！但我也相信相似的思想可能来自不同的大脑结构。打个比方，我可以在不同品牌的电视上看相同的电视节目，如果硬件和软件合适的话，我甚至可以直接用电脑屏幕看。因为这些机器的结构彼此之间有着很大的差异，所以专利局才会给这些不同的公司颁发不同的专利，毕竟专利局就是决定某事物与其他事物是否不同、是否可以称得上是发明的机构，所以这些机器必然存在很大的差异才行。我养的狗"影子"和我的大脑组织、解剖结构和神经化学都完全不同。它在饿了或者磕到爪子的时候，大脑里的神经放电模式也不太可能和我饿了或者磕到脚趾的模式相似。但我相信，它的思维感受到的状态一定跟我大体上是相似的。

这里我们需要清除一些错误和误解。许多人，甚至是其他领域的科学家，都有一种强烈的直觉，认为我们周围的世界在大脑中会出现同构（isomorphic）表征（isomorphic 一词来源于希腊语 iso，意为"相同"，以及 morphus，意为"形式"）。格式塔心理学家是最早一批阐明这一观点的人，他们的很多看法都是正确的，但也并不是完全正确。他们认为，如果你正在看一个正方形，大脑中活跃的神经元也会呈正方形。我们很多人也都会凭直觉产生这样的想法：如果我们在看一棵树，那树的图案也会在大脑中某个地方表现出来，可能看到这棵树就会激活一组神经元排列成树形，一端是根，另一端是叶。当我们听到或者想象一首自己最喜欢的歌曲时，感觉就像一套神经元扬声器在我们的大脑中播放这首歌。

丹尼尔·丹尼特和 V. S. 拉马钱德兰（V. S. Ramachandran）发表了强有力的观点，认为这种直觉判断存在问题。如果某个事物的心理表征（无论是我们现实中看到的还是记忆中想象的）本身就是一幅图像，那么我们的思维／大脑中一定有某个部分正在看这幅图。丹尼特谈到，假设视觉场景呈现在我们脑海里的某个屏幕或者像剧院的舞台上，如果这一假设为真，剧院观众席上就肯定会有人在盯着屏幕看，将这个画面呈现在自己的脑海里。那这个人会是谁？这个人的心理图像又是什么样的？于是我们马上就陷入了无尽的循环。同样的论点也可以应用于听觉当中，没有人会否认我们都觉得自己的脑海里有一套音响系统。因为我们可以操控脑海中的图像产生变化，可以放大、旋转，我们也可以在脑海里让音乐加快或者放慢，所以我们会不由自主地觉得自己脑海里肯定有一套家庭影院。但这个说法会陷入无限循环，所以从逻辑上是讲不通的。

我们还有一种错觉，以为自己睁开眼睛就一定能够看见，一只鸟在窗外叽叽喳喳，我们马上就能听见。感官的感知在我们的脑海中创造出心理表征，将外界事物映射在我们的脑海里，速度之快、过程之流畅，让我们觉得这些都不值一提。但这是一种错觉。我们的感知是一长串神经作用的产物，却让我们误以为心理表征都是瞬间产生的。我们在许多领域都出现过这样的错觉，而且对我们产生过误导，比如我们过去误以为地球是平的。而我们的感官会欺骗我们就是另外一件事了。

至少从亚里士多德那个时代开始，我们就知道感官会扭曲我们对世界的感知。我的老师——斯坦福大学的感知心理学家罗杰·谢泼德曾经说过，我们的感官系统在正常运作时会扭曲我们看到和听到的世界。我们与世界进行互动就是通过感官。正如约翰·洛克（John Locke）所说，我们对世界的所有了解都是通过视觉、听觉、触觉或味觉来实现的。我们也就自然而然地认为世界就像我们感知到的那样。但有些实验让我们不得不面对现实，承认事实并非如此。视觉错觉可能是最能够证明感官扭曲的存在了。我们很多人小时候就见过这种错觉实验，比如两条长度相同的线在我们眼里却一长一短［庞佐错觉（Ponzo illusion），见图 2］。

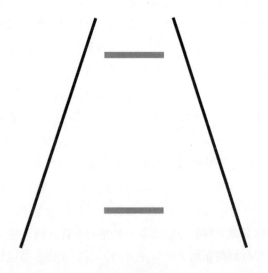

图 2　庞佐错觉

罗杰·谢泼德根据庞佐错觉画了一张错觉图（图3），命名为"转桌子"（Turning the Tables）。很难相信这两张桌面的大小和形状是一样的（你可以拿一张普通的纸或者玻璃纸描下来其中一个桌面，剪下来，放在另一个桌面上对照）。

这种错觉利用了我们视觉系统对深度的感知机制。我们就算知道这是一种错觉，也无法关停这个机制。无论看这个图多少次，我们依然会感到惊讶，因为大脑就这一观察对象还是会继续传递给我们错误的信息。

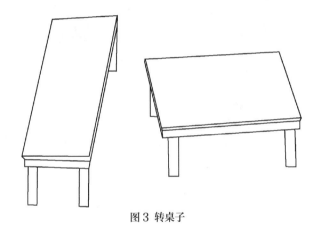

图3 转桌子

如图4所示，在卡尼扎错觉图（Kaniza illusion）中，我们似乎能看到黑边三角形上有一个白色三角形，但如果你仔细观察，就会发现图中根本就没有三角形，我们的感知系统自动"填充"了了不存在的信息。

为什么会这样？最合理的猜测是我们需要进化和适应。我们看到和听到的东西很多都存在信息上的缺失。我们的祖先以狩猎和采集为主，他们可能会看见树木掩映下的老虎，或者听到近处树叶沙沙声伴随的狮吼。我们接收到的声音和画面往往都只能传递部分信息，其他信息会因为受到环境中其他因素影响而缺失。所以，如果我们的感知系统能够恢复这些缺失的信息，我们就能够在危急关头迅速做出决策。与其坐等分清树叶声里究竟有没有混入狮子吼声，不如直接拔腿就跑。

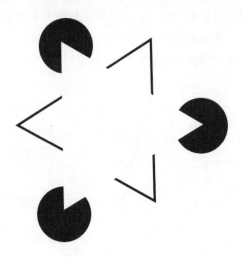

图4 卡尼扎错觉图

听觉系统也有自己完成感知的方式，认知心理学家理查德·沃伦（Richard Warren）对此做出了明确的说明。他录下了这样一句话："该法案已得到立法两院通过。"（The bill was passed by both houses of the legislature.）然后从录音中剪掉一段，改用长度相同的一段白噪声进行替换。几乎所有人在听过这段编辑后的录音之后，都表示自己既听到了句子，也听到了白噪声，但是，大部分人却说不出白噪声是在哪里出现的！这是因为听觉系统自动填补了缺失的语音信息，所以人们听到的句子好像是完整的。大部分人说自己听到了白噪声，但白噪声是独立于句子存在的。由于白噪声和句子的音色不同，所以两者各自构成了独立的感知流。布雷格曼将其称为音色流。显然，这是一种感官带来的扭曲现象。尽管我们的感知系统给我们描绘的世界并不是真实的世界，但我们也可以清楚地看到，如果这种感观扭曲能帮助我们在生死攸关的情况下对周围的环境迅速做出判断，那么它就具有进化／适应价值。

赫尔曼·冯·亥姆霍兹、理查德·格里高利（Richard Gregory）、欧文·洛克（Irvin Rock）和罗杰·谢波德等伟大的知觉心理学家认为，感知是一种推理过程，其中包括对各种可能性的分析等。感知受体负责接收特定模式的信息，如视网膜负责视觉，鼓膜负责听觉，而大脑的任务就是通过这些信息来判断物体在物质世界中最适合的组合方式。大多数时候，我们的感知受体接收到的信息都是残缺或者模糊的。比如我们听见的声音都是多种声音的混合，有机器声、风声、脚步声，等等。无论你现在身在何处，无论你是在飞机上、咖啡馆、图书馆，还是家中、公园，或者其他任何地方，请你驻足聆听周围的声音。只要你不在感知隔离舱里，就可能至少会听出六种不同的声音。如果你能想象到大脑得到的是怎样的初始信息，也就是感知受体传递给大脑的信息，那你就会感叹大脑的辨识能力真是强得惊人。大脑对音色、空间位置、响度等因素进行分类可以帮助我们区分出各种声音，但这一过程仍然还有很多不为人知的奥秘，目前也尚未有人设计出能够分离声源的计算机。

鼓膜简单来讲就是一层连接组织和骨骼的膜，也是通往听觉的大门。实际上，你对听觉世界的所有认识都源于鼓膜受到空气里的分子撞击后来回摆动（从一定程度上来讲，耳朵露在外面的部分——耳廓也与听觉感知有关，头骨也一样与听觉有关，但在大多数情况下，鼓膜是我们了解听觉世界的主要来源）。让我们来想象一个典型的听觉场景：一个人坐在客厅里看书。在这个环境中，我们假设她能够轻松听出六种音源：中央供暖的呼呼声（风扇或鼓风机通过管道系统输送空气的声音）、厨房冰箱的嗡嗡声、外面街道交通的嘈杂声（可能包括几种甚至几十种不同的声音，比如不同的引擎声、刹车声、喇叭声等）、外面的树叶在风中沙沙作响、猫在旁边的椅子上轻声呼噜，还有德彪西的前奏曲在屋里回荡。每种声音都可以被视为一个听觉对象或声源，因为每一种声音都有自己独特的声响，所以我们能够识别出来。

声音通过振动进行传播，空气中的分子会进行特定频率的振动，而这些分子会撞击鼓膜，使鼓膜内外摆动，鼓膜摆动的方式取决于分子撞击鼓膜的力度（与声音的响度或振幅有关）以及分子的振动速度（与我们所说的音高有关）。但是，这些分子完全无法告诉鼓膜声音来自哪里，或者说来自什么物体。由猫的呼噜声引起的分子运动并不会让分子带上"猫"的标签，而且这些分子可能和其他比如冰箱、暖气和德彪西的音乐等声音同时到达鼓膜的同一区域。

想象一下，你把一个枕套绷紧套在一个桶的开口上，然后让不同的人从不同的距离往枕套上扔乒乓球，每个人可以自由决定扔的个数和频率，而你的任务就是通过观察枕套的上下移动来判断周围一共有多少人，这些人都是谁，他们离你的距离是在变远、变近还是不变。这就类似于听觉系统在识别环境中各种听觉对象时需要处理的问题——仅靠鼓膜的运动来引导大脑判断。既然分子撞击鼓膜的方式如此杂乱无章，那么大脑是如何借此来了解外界的？再进一步，大脑又是如何借此来了解音乐的？

大脑能够做到这一点，经过了一个特征提取的过程，然后再进行特征整合。大脑使用专门的神经网络从音乐中提取最基本的初级特征，神经网络将信号分解为音高、音色、空间位置、响度、混响环境、音调持续时间和不同音符（以及构成音符的不同元素）的起始时间。这些过程都由大脑中不同的神经电路并行执行，并且可以彼此独立运行。也就是说，处理音高的回路不需要等待处理音符时长的回路处理完毕再开始工作。神经回路只考虑刺激中包含的信息，这种处理方式叫作"自上而下"。无论是在外部世界还是在大脑里面，音乐的这些属性都可以彼此分离，我们可以在不改变其他属性的情况下只改变某一种属性，就像我们可以只改变视觉对象的形状而不改变颜色一样。

初级的自上而下的基础元素处理过程发生在我们大脑的表面以及大脑较早进化的部位，这里的"初级"指对感官刺激的构成元素或构成模块属性的感知。高级处理过程发生在我们大脑中更复杂的部分，这些部分从感受器和一系列初级处理单元获取神经投射，将各种初级元素组合成综合性的表征。高级处理过程是所有元素的整合，我们的思维在高级处理过程中会获得对形式和内容的了解。你的大脑通过初级处理会让你看到书页上的墨滴，甚至可能帮你把这些墨滴组合在一起，从你的视觉词汇表中辨识出基本形态，认出"一丨丿丶"这些笔画，但大脑需要进行高级处理才能将这些笔画组在一起，让你认出"艺术"这个词，并在脑海中形成这个词的含义。

在耳蜗、听觉皮层、脑干和小脑进行特征提取的同时，我们大脑的高级中枢正在不断接收已经提取出的信息流。这些信息会不断更新，往往会把旧信息覆盖掉。我们的大脑中负责高级思想的中枢主要位于额叶皮层，在接收到这些更新信息后，它们便会努力根据以下几个因素预测音乐接下来会如何发展：

▶我们听到的音乐中有什么东西是已经出现过的；

▶如果是我们熟悉的音乐，那么我们记忆中这段音乐后面是怎样的；

▶基于之前对同种音乐风格的接触，如果这是我们熟悉的音乐类型或风格，那么我们对乐曲接下来的发展有着怎样的期待；

▶我们得到的其他信息，比如读过的音乐介绍、表演者突然做出的动作或者坐在旁边的人碰了你一下等。

自上而下和自下而上两种过程会以连续的方式互相传递信息。在对各种特征进行单独分析的同时，大脑中更高级的部分，即进化上更先进、从大脑初级区域获取连接信息的部分，正在努力将这些特征整合成一个感知上的整体。大脑根据这些特征构建出映射现实的心理表征，就像小孩用乐高积木搭出堡垒一样。在这个过程中，大脑会做出大量推断，但由于信息残缺或模糊，大脑的推断结果可能是错误的，这就是视觉和听觉错觉：表明我们的感知系统对外界的推断是错误的。

大脑在试图识别我们听到的对象时会面临三个困难。第一，到达感觉受体的信息未分化。第二，信息不清楚，不同的对象可能会以相似或相同的方式激活鼓膜。第三，信息不完整，有的声音可能会丢失或被其他声音掩盖。大脑必须通过精准的计算来猜测外界到底在发生什么。这种运算非常迅速，而且通常在潜意识里发生。我们刚看到的视觉错觉以及这些感知处理，都不受我们意识的影响。比如，我可以告诉你，你之所以看到卡尼扎错觉图中不存在的三角形，是因为你的感知替你补全了图形。但即使你知道了其中的原理，你也无法关闭这种机制，你的大脑会继续以同样的方式处理信息，而你也会继续对结果感到惊讶。

亥姆霍兹将这一过程称为"无意识推理"，洛克称之为"感知的逻辑"，乔治·米勒（George Miller）、乌尔里希·内瑟（Ulrich Neisser）、赫伯特·西蒙（Herbert Simon）和罗杰·谢泼德将感知描述为"构建过程"。这些说法的意思都是我们看见和听见的东西都是外界事物经过一系列心理活动留下的心理表征和心理图像。我们大脑的许多功能，包括对颜色、味道、嗅觉和听觉的感知，都是迫于进化的压力而产生的，其中有些压力现在已经不复存在。史蒂芬·平克（Steven Pinker）等认知心理学家认为，我们的音乐感知系统本质上是进化中出现的意外，生存和性别选择压力创造了语言和交流系统，而我们用这种系统来创作音乐。这一观点在认知心理学中受到了很大争议。考古记录给我们留下了一些线索，但其确凿程度不足以解决这些争议。我所描述的信息补全现象不仅仅是实验室的研究课题，作曲家们也利用了这一原理，他们知道即使旋律线的某部分被其他乐器声掩盖，我们对旋律线的感知也会继续。每次我们听到钢琴或者低音提琴上最低的音符时，我们其实并不会真正听到 27.5 赫兹或者 35 赫兹的声音，因为这些乐器一般无法在这些超低频下产生太多的能量，但我们的耳朵会填充信息，给我们一种能听到这种低音的错觉。

我们在音乐中可以体会到其他种类的错觉。比如在克里斯蒂安·奥古斯特·辛丁（Christian August Sinding）的《春之絮语》（*The Rustle of Spring*）或肖邦的升 C 小调《幻想即兴曲》（作品 66 号）（*Fantasy-Impromptu in C-sharp Minor, op. 66*）等钢琴作品中，有些音符的演奏速度非常快，以至于会出现一段虚幻的旋律，而如果放慢速度演奏的话，这段旋律就消失了。由于流分离（stream segregation），当音与音在时间上非常接近的时候，这段旋律就会"跳出来"，因为感知系统会自动将这些音放在一起；而如果拉开音与音的时间间隔，这段旋律就会消失。巴黎人类博物馆的伯纳德·洛塔 - 雅各布（Bernard Lortat-Jacob）在研究中表明，意大利撒丁岛阿卡贝拉无伴奏合唱也可以创造出一种错觉，叫作"昆蒂娜"（Quintina，字面意思为"第五"），指的是四个男声的和声与音色搭配恰好达到某个程度的时候，就会让人听到第五个声音——一个女声。（他们认为如果自己演唱得足够虔诚、足够正确，圣母玛利亚就会降临，用自己的歌声来奖赏他们。）

老鹰乐队的《总有一夜》（*One of These Nights*，专辑同名歌曲）以贝斯和吉他的合奏开始，听起来却像只有一种乐器在演奏。贝斯弹一个音，吉他加一个滑音，听起来就像贝斯在演奏滑音，这就是格式塔连续性原则。乔治·谢林创造了一种新的音色效果，他用吉他（有时候用颤音琴）精准复制自己在钢琴上弹奏的音，听众就会不由自主地思考："这是什么新的乐器？"而实际上，这是两种不同的乐器，只是我们的感知将这两种声音融合在一起。在《麦当娜女士》（Lady Madonna）这首歌里，披头士乐队的四位成员在纯乐器演奏部分将双手拢成杯状进行演唱，让我们听起来像是萨克斯在演奏，这是因为他们创造出了一种独特的音色，再加上我们（自上而下）的预期，认为这个曲风就应该由萨克斯来演奏（但是不会与歌曲中真正出现的萨克斯独奏相混淆）。

当代录音大多数都会使用另一种听觉错觉——人工混响。这种错觉会让主唱和主音吉他的声音听起来像是从音乐厅后面传来的，即使我们戴着耳机听，也能感到声音是从耳后两三厘米的位置传来的。通过麦克风使用技巧，你会觉得自己仿佛置身于一个三米宽的巨型吉他之中，而你的耳朵就像刚好放在吉他的音孔上一样，现实生活中根本不可能出现这种情况（因为弦必须跨过音孔，如果你的耳朵真在音孔那里的话，吉他手就会弹到你的鼻子了）。我们的大脑利用声音频谱和回声类型等线索帮助我们构建周围的听觉世界，就像老鼠用胡须了解周围的环境一样。录音师掌握了模仿这些线索的方法，就能让空无一物的录音棚录制出来的乐曲呈现出逼真的空间效果。

现在，尤其是随着个人音乐播放器以及耳机的普及，我们有很多人都喜欢录音棚录制的音乐，这一现象也与听觉错觉有关。录音师和音乐家都了解如何利用神经回路的特征来制造特殊音效，这些神经回路可以帮助我们识别听觉环境中的重要特征。这种特殊音效基本上类似于 3D 艺术、电影或视觉错觉图等。这些特殊效果在人类历史上存在的时间都不是很长，所以我们的大脑还没能进化出相应的特殊感知机制，但是它们可以通过我们现有的感知系统达到其他的效果。因为这些特殊效果能够以非常新颖的方式调动我们的神经回路，所以才会让我们觉得饶有兴味。现代录音的制作方式同理。

在耳朵接到声音信号之后，我们的大脑会根据信号里的混响和回声估算封闭空间的大小。虽然很少有人知道空间差异如何计算，但所有人都能说出自己是站在狭小的瓷砖浴室、中等大小的音乐厅还是非常高大的教堂。录音师创造出了"超现实"的声音效果，相当于摄影师把摄像头装在疾驰的汽车保险杠上，这样我们就得到了真实世界中无法得到的感官印象。

我们的大脑对时间信息非常敏感。我们能根据声音到达两只耳朵的时间差来定位发声的物体，即使只有几毫秒之差，我们也能听出差别。很多我们喜欢的录制音乐的特殊效果都是利用这种敏感性制作出来的。派特·麦席尼（Pat Metheny）或者平克·弗洛伊德乐队的大卫·吉尔摩（David Gilmour）在弹吉他的时候，会利用电吉他信号的多重延迟模拟出类似封闭洞穴的声音，这种声音效果在现实世界中并不存在，所以能够以前所未有的方式触发我们大脑中的某些部分。如果用视觉效果类比，可以说相当于理发店里的镜子，我们能从镜子里看到无限重复的画面。

音乐里最根本的错觉可能在于结构和形式。一串音符本身无法创造出我们和音乐之间丰富的情感联系，音阶、和弦与和弦进行本身也不会让我们产生期待。我们理解音乐的能力取决于经验和神经结构。无论我们是第一次听到新歌，还是又一次听到老歌，神经结构每次都会进行自我调节。大脑会学习自己所在文化中特有的音乐语法，就像我们学习自己文化中的语言一样。

诺姆·乔姆斯基（Noam Chomsky）为现代语言学和心理学做出了巨大的贡献。乔姆斯基提出，我们生来具备的天赋能让我们理解世界上任何一种语言，而学习某一种特定的语言会塑造和构建我们错综复杂的神经网络，最终还会进行裁剪。在我们出生之前，大脑并不知道我们出生以后的环境会讲哪种语言，但我们的大脑和自然语言协同进化，所以世界上所有种类的语言都有一些共同的基本原则。如果我们在大脑神经系统发育的关键阶段频繁接触到任意一种语言，那我们就可以毫不费力地学会这种语言了。

同样，虽然各个音乐种类在本质上有很大差异，但我相信我们与生俱来的天赋能让我们学会世界上任何一种音乐。大脑的神经系统在我们出生后的一年里飞速发展，在这一年里，新的神经连接以最快的速度形成，并达到峰值。到了儿童中期，大脑开始裁剪这些连接，只留下最重要、最常使用的部分，这些剩下的部分就成为我们理解音乐的基础，也是我们喜欢音乐的基础，让我们感受到什么音乐能够打动我们，又是如何打动我们的。这并不是说我们成年以后就学不会欣赏新音乐了，而是说，当我们在生命的早期，聆听音乐就已经将音乐的基本结构元素融入了我们大脑。

因此，我们可以认为音乐是一种感知错觉，我们的大脑在听音乐的时候会为听到的一系列声音赋予结构与秩序。那么，这种结构是如何让我们产生情感回应的？这也是音乐之谜的一部分。毕竟，在体会到生活中其他的结构时，比如看到收支平衡的支票簿或者药店里急救药品的有序陈列，我们不会泪流满面（至少大多数人不会）。那为什么音乐里包含的特殊秩序会让我们如此感动呢？这和音阶及和弦的结构有关，也和我们的大脑结构有关。大脑中的特征检测器会从撞击我们耳朵的声音中提取信息，大脑的计算系统会判断自己应该听到什么并产生预期，再将这些信息结合成一个连贯的整体。理解这些预期从何而来可以帮助我们理解音乐打动人心的方式和时机，以及为什么有些音乐让我们只想关掉收音机或者播放器。音乐预期也许是最能将音乐理论和神经理论、将音乐家和科学家和谐结合在一起的研究主题了。为了完全理解音乐预期，我们必须研究特定的音乐模式如何在大脑中产生特定的神经激活模式。

第四章

预期

我们会对李斯特（和卢达克里斯）
产生怎样的期待

参加婚礼的时候，我经常会热泪盈眶，倒不是因为看见新人站在亲友面前对未来充满憧憬的样子，而是因为现场奏响的音乐。在看电影的时候，影片中的主角经历了巨大的磨难之后终于重逢，将我推到情感顶峰的也是音乐。

我前面说过，音乐是有组织的声音，但这种声音组织一定要包含一些让人意想不到的元素，否则在情绪表现上就会过于平淡或者呆板。我们之所以能够欣赏音乐，是因为我们对自己喜欢的音乐背后的结构有着一定的了解。音乐结构就相当于口语或者手语的语法，我们可以通过音乐结构对音乐的发展产生预期。作曲家通过听众对音乐的预期，刻意去控制音乐在某一点上是否应该满足听众的期待，从而给音乐注入情感。专业的作曲家和负责诠释音乐的音乐家都会巧妙地操纵我们对音乐的预期，所以我们才能从音乐中体会到激动、颤栗和感动。

在西方古典音乐中，应用最多的错觉或者伎俩是伪终止式（deceptive cadence）。终止式（cadence）指的是给听众设定明确预期的和弦序列，一般会结束在满足听众预期的解决上。而在伪终止式中，作曲家会反复重复和弦序列，在听众确信自己的预期即将得到满足的时候，在最后一刻，丢给听众一个意想不到的和弦，这个和弦并没有走调，而是告诉听众乐曲还没结束，还没完全到最后的解决。伪终止式是海顿经常使用的技巧，他对伪终止式的喜欢甚至到了痴迷的程度。佩里·库克将伪终止式的使用比作变魔术：魔术师给观众设定预期，然后再打破，观众根本察觉不到他们会怎样或者何时打破预期。作曲家也一样。披头士乐队的《不为任何人》以五级和弦（所处音阶的五级音）收尾，我们期待的解决至少在这首歌里完全没有出现。而同张专辑的下一首歌曲《左轮手枪》（*Revolver*），刚好开始于我们之前期待的和弦的下一个全音（降七级），形成半终止式，既给听众带来了惊喜，又让人感觉心里的石头落了地。

音乐的核心就是建立和操控听众对音乐的预期，实现方式有无数种。斯迪利·丹乐队在演奏布鲁斯音乐（带有布鲁斯音乐的结构与和弦进行）的时候，会在和弦中添加不同于布鲁斯的和声，让音乐听起来没那么像布鲁斯，比如歌曲《利益链》（*Chain Lightning*）。迈尔斯·戴维斯和约翰·克特兰（John Coltrane）都对布鲁斯音乐的和声做了重新编配，为布鲁斯音乐带来了新的声音，有些声音大家比较熟悉，有些声音则带有异域情调。唐纳德·费根（Donald Fagen，斯迪利·丹乐队成员）在单飞阶段发布了专辑《螳螂》（*Kamakiriad*），其中有一首歌带有布鲁斯/放克节奏，让听众期待接下来会出现标准的布鲁斯和弦进行，但这首歌的前一分三十秒只用了一个和弦，而且没有变过位置。〔艾瑞莎·富兰克林的《一串傻瓜》（*Chain of Fools*）整首歌只用了一个和弦。〕

披头士乐队的《昨日》（*Yesterday*）主旋律长度为七个小节，颠覆了我们对流行音乐的预期，因为一般流行音乐的乐句都以四个或八个小节为一个单位（几乎所有的流行与摇滚乐曲都是这样），这种七个小节的编排给听众带来了惊喜。在《我要你（她如此重要）》[I Want You (She's So Heavy)] 这首歌里，披头士则颠覆了我们的另一种预期。这首歌采用了一种催眠、重复的终止式，给听众一种乐曲永远不会结束的感觉。根据之前听摇滚乐的经验，我们会期待乐曲在最后音量慢慢变小，直到消失，出现典型的淡出式结尾。但相反，披头士让歌曲戛然而止，甚至都没有结束在乐句的结尾，而竟然选择收在了乐句中间的一个音！

卡朋特乐队（Carpenters）选择用音色颠覆我们的预期。卡朋特乐队可能是听众觉得最不可能用失真电吉他的乐队，但他们在《请等一下，邮差先生》(Please Mr. Postman) 等歌曲里却运用了电吉他的音色。滚石乐队是当时世界上最硬的摇滚乐队，但在前几年，他们一反其道，将小提琴的音色融入编曲当中，比如《潸然泪下》(As Tears Go By)。范·海伦乐队当时是最新、最时髦的乐队，他们翻唱了奇想乐队（the Kinks）的一首老歌《你让我痴迷》(You Really Got Me)，把一首不那么时髦的歌变成了重金属摇滚乐，让乐迷们倍感意外。

听众对节奏的预期也经常受到颠覆。电子布鲁斯音乐中有一个常用技巧：整个乐队先将情绪推上去，然后所有乐器同时停止演奏，只留主唱或者主奏吉他的声音继续演唱或者演奏。例如史蒂维·雷·沃恩（Stevie Ray Vaughan）的《骄傲和快乐》(Pride and Joy)、猫王的《猎狗》(Hound Dog) 和奥尔曼兄弟乐队（the Allman Brothers）的《出路》(One Way Out)。另一个常用技巧一般出现在结尾。乐曲前两三分钟都使用非常稳定的节拍，然后——"啪！"的一下，就在和弦走向让听众觉得乐曲即将结束的时候，乐队不再全速前进，而是突然改用半速继续演奏。

听众对节奏的预期还可以反向利用。克里登斯清水复兴合唱团在歌曲《注意后门》（*Lookin' Out My Back Door*）的结尾做了渐慢的处理，当时这种处理方法非常常见，但他们颠覆了听众的预期，即乐曲并没有马上结束，而是再次回到原来的速度全速演奏，之后乐曲才真正结束。

警察乐队对节奏预期的颠覆可谓驾轻就熟。摇滚乐的标准节奏形式是强拍在第一、三拍（底鼓声），军鼓在第二、四拍，而雷鬼音乐［以鲍勃·马利（Bob Marley）为最典型的代表］则营造出一种速度只有摇滚乐一半的感觉，因为在乐句中，底鼓和军鼓的敲击次数只有摇滚乐的一半。雷鬼音乐的基本节拍特点是吉他出现在弱拍，也就是说吉他声的出现位置是在主要拍子之间的空档，是这样数拍子的：一—哒—二—哒—三—哒—四—哒。因为这种"速度减半"的感觉，雷鬼音乐表现出一种慵懒的特质，而弱拍则又带有一种动感，推着音乐往前走。警察乐队将雷鬼和摇滚结合起来，创造出了一种新的声音，让听众对节奏的预期既得以满足，又受到颠覆。主唱斯汀经常以崭新的方式演奏贝斯，打破了摇滚乐里贝斯要在强拍或者要和底鼓同步的套路。综艺《美国偶像》（*American Idol*）的评委、顶尖贝斯手兰迪·杰克逊（Randy Jackson，二十世纪八十年代我们在录音棚共用一间办公室）跟我说，斯汀的贝斯编排和别人都不一样，这种编排甚至放在其他任何一个人的歌里都不合适。专辑《机器中的幽灵》（*Ghost in the Machine*）里有首歌《物质世界的自由灵魂》（*Spirits in the Material*

　　　　　　　　我们为什么爱音乐

World)，这首歌将这种节奏的戏剧性发挥到了极致，听众甚至听不出歌里的强拍在哪里。

勋伯格等现代作曲家则完全抛弃了"预期"这一概念，他们使用的音阶摒弃了我们对解决、根音和音乐里"家"（home）这个概念的理解，从而创造出了一种让音乐无家可归、飘忽不定的感觉，可能这是二十世纪存在主义的隐喻（也可能他们只是想要反其道而行之）。我们仍然能在电影里的梦境等场景里听到这类音阶，用来传达一种悬空无依、潜在水底或太空失重的感觉。

音乐的这些方面并不会直接在大脑中表现出来，或者说至少不会在初级处理阶段表现出来。大脑会处理接收到的信息，分析我们听到的声音在音乐体系里扮演什么角色，由此构建出对真实世界的理解。我们在理解口语表达的时候也用了类似的方法。比如"猫"这个字，或者说"猫"这个字的各个组成部分和猫这种动物从本质上来讲毫无关联，但我们能够了解这个字的读音代表一种家养的小动物。同理，我们已经了解某些音会一起出现，所以我们会产生预期，认为它们接下来还会一起出现。根据大脑对过去音高、节奏、音色等元素组合的出现频率进行的统计分析，我们会对接下来的组合产生预期。直觉告诉我们，大脑正在将外界存储为精确且严格同构的心理表征，尽管这个直觉带来的想法看似有趣，但并不代表正确。从某种程度上来说，大脑存储的是感知的扭曲、错觉和元素关系的提取，通过运算反映给我们一个复杂而美丽的现实。这种观点背后有基本证据支持：现实世界中的光波是沿着一个维度进行变化的，即波长，而我们的感知系统则将颜色视为两个维度（见

第一章描述的色相环）。音高与之类似，一维分子构成的连续体以不同的速率振动，我们的大脑就会在此基础之上（根据某些模型）构建出一个丰富的多维音高空间，包括三维、四维甚至五维等。如果说大脑在认识外界的时候会增添许多维度，那么这一点就可以帮助说明，我们为什么在听到结构合理且组合巧妙的声音时会产生深层次的反应。

认知科学家谈到的预期以及对预期的违背，指的是某个事件的发生和我们预测的结果不一致。显然，生活中的不同情境都有各自的标准，我们对这些标准也都非常熟悉，生活中的相似情境只是在细节上稍有不同，这些细节一般也都无关紧要。学习阅读就是一个例子。大脑里的特征提取程序已经掌握了如何识别文字中根本与不变的元素，除非我们刻意关注，否则不会注意到某个词是用什么字体显示出来的。**虽然**文字的**外观细节**不同，**但我们还是能辨认出**所有词句，**也能认出**各个单字。（如果一个句子里每个词都用不同的字体显示出来，可能会干扰我们的阅读。当然，这种频繁的变化我们能够注意得到，但重点在于大脑提取的信息更侧重于文字内容，而非选用的字体。）

大脑在处理标准情境的时候会采用一个非常重要的方法，就是提取多个情境里共同的元素，然后创建一个框架把这些元素安置进去。这个框架就叫作"基模"（schema）。例如，字母 a 的基模包括字母的形状特征，可能还包括一系列我们之前对字母 a 的所有视觉记忆，以及这个基模衍生出的各种变量等。基模为我们日常与外界的互动提供了大量的信息。举个例子，我们都参加过生日聚会，我们也都对生日聚会有着大体上的概念，这个概念就是基模。生日聚会的基模在不同的文化和不同的年龄群体中也各有不同（音乐同理）。基模会带来明确的预期，也会让我们知道哪些预期是较为灵活可变的，哪些是固定不变的。我们可以试着列出自己对普通的生日聚会有哪些预期，如果聚会上只有一部分元素满足了预期，我们会觉得很正常，但满足我们预期的元素越少，这个生日聚会也就越不普通。

▶过生日的寿星
▶给寿星庆祝生日的人
▶插着蜡烛的生日蛋糕
▶生日礼物
▶生日宴餐点
▶生日帽、热闹的庆祝喇叭和其他装饰品

　　如果是个八岁的小孩过生日，我们可能还会有其他的预期。比如生日聚会上可能会有蒙眼贴鼻子的趣味游戏，但可能不会出现单一麦芽苏格兰威士忌。这就或多或少地构成了生日聚会的基模。

　　我们也有各种音乐的基模，这些基模从我们还在母体子宫内的时候就开始出现了，并随着我们每一次听音乐的经历不断完善、修改和更新。西方音乐的基模包括常用音阶等隐性知识。所以我们第一次听印度或巴基斯坦音乐的时候，会觉得很"陌生"，而印度和巴基斯坦人自己听起来则不会有这种感觉，而且婴儿也不会（至少不会觉得比其他种类的音乐更陌生）。音乐之所以会听起来陌生，是因为它与我们熟悉的音乐存在差异，可能这是一个非常显而易见的道理。幼儿到了五岁就已经可以识别自己本土音乐里的和弦进行了，证明他们正在逐渐形成基模。

我们会为特定的音乐类型和风格建立基模，风格其实只是"重复"（repetition）的另一种说法。我们为劳伦斯·威尔克乐队（Lawrence Welk）的演唱会建立的基模里面包含手风琴的元素，但没有失真电吉他，而为金属乐队（Metallica）的演唱会建立的基模则正好相反。户外音乐节上迪克西兰爵士乐（Dixieland）的基模包含可以用脚打拍子的快节奏音乐，除非乐队想表示讽刺（或者是在葬礼上演出）才会表演慢歌，不过在音乐节上我们应该也不会听到哀乐。基模是记忆的延伸。作为听众，我们能辨认出以前听过的音乐元素，我们也能听出这些元素是否出自我们以前听过的同一首乐曲。理论家尤金·纳莫尔（Eugene Narmour）认为，听音乐需要我们能够对刚刚听过的音有所了解并加以记忆，还需要我们将自己熟悉的各种音乐和正在听到的音乐进行比对。我们对以前听过的音乐产生的记忆可能不如我们刚听过的一样清晰生动，但这种记忆可以帮助我们为听到的音符建立起整体的上下文环境，具有必不可少的作用。

我们形成的主要基模包括音乐类型、音乐风格，以及音乐年代（二十世纪七十年代的音乐和三十年代的音乐听起来很不同）、节奏、和弦进行、乐句结构（一个乐句包含多少小节）、乐曲长度和音符的基本连接方式等。我前面提到，流行歌曲的乐句基本都是四个或八个小节，这就属于我们为二十世纪晚期流行歌曲建立的基模。我们每个人都听过成千上万首歌，虽然我们没办法将这种乐句习惯清晰地描述出来，但我们已经把它当成了音乐中的一种"规则"。所以当听到《昨日》这首歌以七小节为一个乐句的时候，我们会感觉到惊喜。哪怕我们已经听了一千次甚至一万次这首歌，也依然觉得这首歌充满趣味，因为它违背了我们对基模的预期，这种预期已经深深植根于我们的大脑之中，我们对个别歌曲的记忆与预期相比只能处于弱势地位。有些歌曲我们听了很多年还是能够颠覆我们的预期，还是或多或少能带给我们一丝惊喜。有些人说，斯迪利·丹、披头士、拉赫玛尼诺夫和迈尔斯·戴维斯是少有的几位让人常听常新的艺术家，很大一部分原因就是他们能颠覆我们基模的预期。

旋律是作曲家控制我们预期的主要方式之一。音乐理论家们指出，有一项原则叫作"填补空白"（gap fill）：在一串音符中，如果旋律出现了大幅度跳跃，无论是向上还是向下跳跃，下一个音都应该改变方向。一般来讲，旋律都会包含大量的逐级音高变化，也就是选择音阶里的相邻音高。如果旋律出现了大幅跳跃，理论家就会称这段旋律有"想要"回到起跳点的趋势，换句话说，我们的大脑会认为这种跳跃只是暂时性的，接下来的音符需要带我们逐渐接近我们的起始点，或者说在和声上有种回到"家"的趋势。

在歌曲《彩虹之上》里，旋律刚开始就运用了我们常听到的音高最大跨度——八度。这个跳跃强烈地颠覆了基模，所以作曲家为了安抚听众的感受，在第三个音的地方将旋律拉向起始音的方向，但并没有拉回来太多；旋律确实有所下降，因为作曲家还想继续营造张力，所以只下降了一个音级。在这里，旋律的第三个音就起到了填补空白的作用。斯汀在歌曲《罗克珊》里也使用了同样的方法，他在演唱歌词"罗克珊"第一个音节的时候向上跳跃了半个八度（即完全四度），然后降下音高来填补空白。

在贝多芬的《悲怆奏鸣曲》中，如歌的柔板部分也使用了填补空白的技巧。主旋律向上行进，从C（降A大调的C是该音阶的三级音）上升到比"主音"高一个八度的降A，然后继续向上到降B。现在这个音比主音高了一个八度加一个全音，旋律只剩一条路可走，就是回到主音。贝多芬确实开始让旋律跳下来，往主音的方向走，降低五度到五级音降E。为了推迟解决的出现，贝多芬这个制造悬念的高手并没有选择让旋律继续下降回到主音，而是远离主音。在写到降B到降E这里的时候，贝多芬让两个基模对立，一个基模走向主音的解决，另一个基模则走向空白的填补。这里通过远离主音的方式，填补了跳到八度中间造成的空白。两小节后，贝多芬终于带我们回到主音，也给我们带来了前所未闻的美好解决。

现在我们再来看看贝多芬《第九交响曲》最后一个乐章《欢乐颂》（*Ode to Joy*）是如何利用听众预期的。下面是主旋律的音符，用 do-re-mi 的唱名系统表示：

mi-mi-fa-sol-sol-fa-mi-re-do-do-re-mi-mi-re-re

（用唱名比较吃力的话，可以试着在脑海中唱出这一段的歌词："欢乐女神，圣洁美丽，灿烂光芒照大地……"）

我们最常听到、最常使用，也是最知名的一段旋律，竟然只是从音阶里简单地选了几个音符而已！但贝多芬通过颠覆我们的预期让简单的音符变得有趣起来，他在开始和结束都选用了不常见的音。这段旋律的起始音并不是主音，而是三级音（和《悲怆奏鸣曲》一样），然后逐级向上，又转回来向下。等回到最稳定的主音之后，贝多芬没有让旋律就此停下，而是再次向上，回到我们的起始音，然后再向下，这样我们就会期待他接下来会再次回到主音，但是他没有，而是停在了 re，也就是二级音。乐曲的解决需要回到主音，贝多芬却把我们晾在那里，悬在我们觉得最不可能的音上。然后他让主旋律又出现了一次，只不过在这一次，他满足了我们的预期。但现在，因为乐曲给了我们捉摸不定的感觉，所以我们的预期变得更加有趣。我们很想知道，贝多芬会不会像漫画《史努比》里的露西一样，在最后一刻抽走查理·布朗的橄榄球。

我们对音乐产生预期，音乐给我们带来情绪，这背后的神经基础我们了解多少？如果我们承认大脑对外部世界有着自己的构建，那么大脑对外部世界产生的表征一定不是精确且严格同构的。那么，大脑里的神经元是如何反映外部世界的？大脑对所有音乐和整个物质世界的反映都有自己的思维或者神经编码。神经学家们正在尝试破解这套编码，理解编码的结构，并且想弄清这套编码是如何转换成人类经验的。认知心理学家则试图在更高的层次上理解这些编码，抛开神经放电的问题不谈，而是去研究总的原则。

神经编码的运作方式基本上和电脑储存图片类似。你在往电脑里存照片的时候，照片会储存在硬盘里，但是其中的原理和你奶奶把照片装进相册里是不一样的。如果你打开奶奶的相册，可以取出一张照片，把它上下颠倒，递给朋友，都没问题，因为这张照片是一个实体。你取出来递给朋友的是照片本身，而不是这张照片的表征。而电脑里的照片则是一个由许多0和1组成的文件，0和1就是电脑用来表现万事万物的二进制代码。

　　如果你曾经打开过受损的文件，或者你的电子邮箱没能完整下载附件，你可能就会看到本来应该是文件的地方充斥着一大堆乱七八糟的东西——一串奇怪的符号、各种曲线和字母、数字、字符等构成的乱码，看起来就像漫画里的脏话。（这些乱码是十六进制代码到0和1的二进制代码转换不完全的结果，不理解这一转换阶段也无所谓，不影响理解这里的类比。）以最简单的黑白图像为例，1可能表示图片的某个特定位置有个黑点，0可能表示没有黑点，或者说有个白点。可以想见，我们能够很轻松地用0和1表现出简单的几何图形，比如三角形等。但0和1本身并不是三角形，它们只是一长串0和1的一部分。计算机会根据一系列指令对这些0和1做出解读（指令也会告诉计算机每个数字代表的空间位置）。如果你真的非常擅长解读这样的文件，也许就可以把文件解码，猜出这些编码代表了什么样的图像。彩色图像则要复杂得多，但原理是一样的。经常接触图片文件的人能通过一连串的0和1说出一些图片的本质性内容，不是说能看出图上是人还是马，而是说能看出照片里有多少是红色或者灰色、边缘锐度如何，等等。他们已经学会了通过编码解读编码代表的图片。

　　与之类似，声音文件同样以二进制格式储存，也是由一串串的0和1来代表。这些0和1表示在频谱的特定部分是否有声音。根据在文件里的位置，0和1就可以形成特定的组合序列，表示正在演奏的是低音鼓还是短笛。

在上述的例子中，计算机使用编码来表示常见的视觉和听觉对象。感知对象本身被分解成非常细小的组成要素，比如图片会被分解为像素，声音会被分解为特定频率与振幅的正弦波，这些组成要素都能转换成编码。当然，计算机可以运行大量的软件将这些要素转换为编码，而大脑也可以通过一系列思维的运作来转换各种要素，这两种转换都不费吹灰之力。我们大部分人根本不需要理解编码本身。我们可以往硬盘里储存一张照片，或者储存一首歌，然后在想看照片或者想听歌的时候双击文件，我们想要的内容就原封不动地出现了。这其实是一种错觉，我们虽然见不到处理过程，但这一过程经过了层层的转换与融合。神经编码也是如此，我们看不见，也感觉不到数百万神经以不同的频率和强度放电的过程。我们不知道如何让神经放电变快或者变慢，没办法在早上睡眼惺忪的时候把神经唤醒，也没办法在晚上睡觉之前把神经关闭。

几年前，我和朋友佩里·库克读到一篇文章，里面提到有个人可以在唱片标签模糊不清的情况下，仅凭观察唱片上的沟槽辨认出唱片上录制的音乐。我们读完这篇文章倍感震惊。难道他能记住数千张唱片的沟槽轨迹长什么样？我和佩里拿出几张旧唱片，发现了一些规律。黑胶唱片的沟槽含有一种可以供唱针"读取"的编码。低音在唱片上形成的沟槽较宽，高音的沟槽较窄，唱针在沟槽里每秒移动数千次，便可以重现这些沟槽记录的声音。如果有人熟悉非常多的歌曲，那么他们就有可能通过唱片上低音的数量（说唱歌曲包含大量的低音，而巴洛克时期的协奏曲中的低音很少）、这些低音和打击乐的相对平稳程度（可以对比爵士摇摆乐的行进贝斯和放克音乐有冲击感的低音），再结合这些特征在黑胶唱片上的体现方式判断出音乐的类型。文章中提到的这项技能确实非同寻常，但也并非无法实现。

我们每天都会遇到这种天赋异禀能够破解听觉密码的人，比如汽车技师能从引擎的声音判断出车的问题是汽车喷油嘴堵塞还是链条打滑，医生能从心跳的声音判断出你是否心律失常，警探能凭声音的紧张程度判断出你是否在说谎，音乐家能凭声音分辨出中提琴和小提琴，或者听出这是降 B 大调还是降 E 大调的单簧管。在上述所有的例子中，音色都在我们解锁声音编码的过程中起到了非常重要的作用。

我们应该怎样研究神经编码？又应该如何学习解读这些编码？有些神经学家从研究神经元及其特征开始，研究神经元放电的原因、放电的速度、不应期的长度（神经元两次放电之间的恢复时间）、神经元如何相互交流以及大脑里的神经递质在传递信息的过程中发挥的作用等。这一层次的分析工作大多注重的是一般性原则，虽然我已经在实验中得到了一些激动人心的新进展，但我们对音乐引起的神经化学反应等方面仍然知之甚少，这些我会在第五章进行详细说明。

我们先回来接着讲。神经元是大脑中最主要的细胞，脊髓和周边神经系统中也存在神经元。来自大脑外部的活动可以引起神经元放电，例如当特定频率的音调刺激基底膜时，基底膜将信号传递到听觉皮层，相应频率的神经元就会做出反应。我们现在的发现与一百年前的观点正好相反。大脑中的神经元实际上并不会相互接触，它们之间有一个叫作突触的空间。我们在提到某个神经元放电的时候，指的是这个神经元正在发送电信号，导致神经递质的释放。神经递质是一种在大脑中传播并与其他神经元受体结合的化学物质。我们可以把受体和神经递质理解为锁和钥匙。神经元受到激活后，就会有递质游过突触到达附近的另一个神经元。当这把钥匙找到了自己的锁之后，就激活了新的神经元。并非所有的钥匙和锁都能匹配，有些锁（受体）只能接收某些特定的神经递质。

一般来说，神经递质会引起或阻止神经元的放电。神经递质会通过一个叫作"再摄取"（reuptake）的过程被吸收，如果没有这一过程，神经递质将继续引起或阻止神经元放电。

有些神经递质可以应用于整个神经系统，有些则只能应用于大脑的某些区域和某些特定种类的神经元。血清素产生于脑干，与情绪和睡眠的调节有关。百忧解（Prozac）和佐洛特（Zoloft）等新型抗抑郁药被称为选择性血清素再摄取抑制剂（SSRI），因为它们能抑制大脑中血清素的再摄取，延长其发挥作用的时间。这种方法能够缓解抑郁症、强迫症和睡眠障碍等，但具体的机制我们尚不明确。多巴胺由伏隔核（nucleus accumbens）释放出来，参与情绪调节和运动协调。众所周知，多巴胺是大脑里快乐和奖励系统的一部分，若是喜欢吃巧克力的人吃到了巧克力，多巴胺这种神经递质就会得到释放。而多巴胺和伏隔核在音乐中的重要作用直到 2005 年才为人所知。

在过去的十年里，我们在认知神经科学的理解上取得了飞跃，我们现在对神经元如何工作、如何交流、如何形成神经网络，以及神经元如何从基因图谱发展而来等方面都有了更多的了解。在宏观层面上，我们对于大脑的功能开始有普遍的认识，了解了大脑两个半球存在特化现象，左脑和右脑分别执行不同的认知功能。这个认识肯定是正确的，但包括这个认识在内，很多科学知识在大众文化里都欠缺一些真实的细节。

这项研究的基础以右利手作为研究对象。只有一部分左利手（占总人口的 5%—10%）和左右利手的人与右利手的人大脑构造相同，而大部分人的大脑构造不同，其中的原因尚不明确。大脑构造不同的这部分人里，大脑可能只是简单呈现镜像的状态，功能直接翻转到另一个半球。多数情况下，左利手的神经组织也与右利手不同，但这一点还没能得到有力的证实。所以，我们对大脑半球特化的所有概括性描述都只适用于人口中占大多数的右利手人群。

作家、商人和工程师认为自己是左脑主导型，而艺术家、舞蹈家和音乐家则认为自己是右脑主导型。人们普遍认为左脑偏向于分析，而右脑偏向于艺术。这么概括有可取之处，但有些过于简化，因为大脑的两个半球都参与理性分析，也都参与抽象思维，虽然在某些特定功能上左右脑会有明显的偏侧化（lateralization），但所有活动都需要两者的协调。

语言处理功能主要集中在左脑，但如果右脑受损，口语当中的某些方面，比如语调、重音和音调模式等就会受到影响。区分疑问句与陈述句、讽刺与真诚的能力通常取决于右脑偏重的非语言线索，统称为韵律（prosody）。这些处理过程都集中在右脑，所以我们自然想知道音乐是否也会表现出这种不对称性。有许多左脑受损的人丧失了说话的能力，但与音乐相关的功能却得以保留，反之亦然。类似的案例能够表明，虽然语言和音乐共享某些神经回路，但它们使用的神经结构并没有完全重叠。

诸如区分不同的说话声音等口语方面的能力似乎偏重于左脑。我们还发现，音乐的大脑基础也存在偏侧化。旋律的整体轮廓处理在右脑，这里的旋律轮廓仅仅指旋律线条，不考虑音程问题；对音高相近的音调进行精细区分也是在右脑。左脑则除负责语言功能之外，还负责参与提取音乐命名方面的信息，比如辨认歌名、认出表演者、听出乐器或音程等。右利手的音乐家或者惯用右边视野读谱的音乐家也会使用左脑，因为左脑负责控制右半边的身体。现在还有新的证据表明，追踪音乐主题的持续进行（即思考音乐的调性和音阶，以及判断一段乐曲是否合理）也倾向于在左脑额叶进行处理。

　　音乐训练似乎能够将某些音乐处理从右脑（意象性）转移到左脑（逻辑性），因为音乐家会用语言和术语来谈论或者思考音乐。一般的发育过程基本都会引起大脑半球更明显的功能分化，如儿童在音乐相关的功能上体现出的偏侧化程度和成年音乐家与非音乐家相比要更低一些。

　　如果想要研究大脑对音乐的预期，最好的切入点就是先去了解随着音乐的推进，我们是如何追踪和弦序列的。音乐与视觉艺术最重要的区别在于，音乐表现中的重要一环就是时间推移。音高随着时间推移接连出现，引导我们的大脑和思维预测接下来将要出现的音，这些预测就成了音乐预期的关键。但我们应该如何研究这一现象背后的大脑基础呢？

　　神经放电会产生很小的电流，所以我们可以用合适的设备检测这种电流，从中了解神经元的放电时间和频率，检测结果称为脑电图（electroencephalogram，EEG）。检测用的电极会放置在头皮表面（没有痛感），就像检测心电图的时候要在手指、手腕和胸前连接电极一样。脑电图对时间非常敏感，它能检测到的活动时间分辨率可以达到千分之一秒。但脑电图也存在局限性，因为它无法区分神经活动释放出的是兴奋性递质、抑制性递质还是调节性递质。诸如血清素和多巴胺等化学物质，都会影响其他神经元的活动。此外，由于单个神经元放电产生的电信号相对较弱，因此脑电图只能检测到大量神经元的同步放电，检测不到单个神经元的放电情况。

脑电图的空间分辨率也有限，也就是说，由于逆泊松问题（the inverse Poisson problem），脑电图无法告诉我们神经放电的准确位置。这一问题可以这样理解：想象一个足球场，上方是一个巨大的半透明圆顶，你站在球场里，用手里的手电筒照向圆顶。而这个时候我站在外面，从高处俯视这个圆顶，猜测你的位置。你可以站在球场里任何一个地方，用手电筒朝圆顶中心同一个固定的点照射。从我的位置来看，无论你从哪里照过来，我都看不出来区别。可能光线的角度或者亮度会略有不同，但我只能靠猜测判断你的位置。如果你让手电筒的光束先照射到镜面或者其他反射表面再反射到圆顶上，那我就更判断不出你的位置了。我们的大脑也是这样。大脑中的电信号可以有多个来源，可能来自大脑表面，也可能来自脑沟（sulci）深处，而且在到达头皮外表面的电极之前，电信号还可以在脑沟中反射。虽然脑电图结果不够严谨，但是由于音乐本身是一种基于时间推移的艺术，加上在我们常见的人脑研究设备中，脑电图是时间分辨率最高的一种设备，所以我们仍然使用脑电图来帮助我们了解与音乐相关的行为。斯特凡·科尔什（Stefan Koelsch）、安吉拉·弗里德里奇（Angela Friederici）和同事们进行了多项实验，这些实验让我们了解了音乐结构中涉及的神经回路。实验人员在实验中会播放一系列和弦序列，有的和弦序列结束在标准的解决上，有的则结束在让人意想不到的和弦上。研究人员观察到，播放和弦之后的150—400毫秒内，大脑中会出现与音乐结构相关的电活动，再经过100—150毫秒之后，又会出现与音乐意义相关的活动。与结构处理，即与音乐语法相关的区域位于大脑两个半球的额叶，与处理口语语法的区域相邻或者重叠，比如布罗卡氏区等。无论听者是否接受过音乐训练，大脑当中都会出现相关活动。将音高序列与其意义联系起来的音乐语义学处理则位于大脑两侧颞叶的后部，靠近韦尼克区。

大脑音乐系统的功能似乎独立于语言系统，这一观点来源于现实里的大量病例，他们都是在大脑受到损伤以后丧失了音乐或语言中的其中一种功能。其中最著名的例子可能就是音乐家、指挥家克莱夫·韦尔林（Clive Wearing），由于疱疹病毒性脑炎，他的大脑受到了损伤。神经病学专家奥利弗·萨克斯（Oliver Sacks）在报告中提到，克莱夫只记得音乐和妻子，其他的记忆都消失了。还有一些病症的患者失去了音乐能力，但保留了语言和其他记忆。作曲家拉威尔在左侧大脑皮层部分退化之后，失去了对音高的感知，但是仍然能够听辨音色，这一缺陷激发了他的灵感，让他创造出了强调音色变化的《波莱罗》。这些例子背后最简单的解释就是，音乐和语言的确会共用一些神经资源，但它们也有各自独立的神经回路。在额叶和颞叶中，负责音乐和语言处理的部位非常接近，并且有部分重叠，表明这些负责音乐和语言的神经回路在生命开始的时候可能还没有出现分化，而随着经验以及生理发育，非常相似的神经元群体就开始分化出不同的功能。据称，刚出生不久的婴儿是可以通感的，他们无法判断外部输入的信息是否来自不同的感官，他们对生活和外部世界的体验就像是一种迷幻的感官结合。在婴儿的感官体验里，他们看见的数字 5 可能是红色的，尝到的切达奶酪可能是降 D 这个音，闻到的玫瑰可能是三角形的。

随着个体发育与成熟，神经通路会通过分割与修整产生差异。起初，神经元群对视觉、听觉、味觉、触觉和嗅觉会做出相同的反应，而之后则会单独变成专门的神经网络。同样，音乐和语言在我们所有个体的身上都有着共同的神经生物学起源，位于相同的区域，且共用特定的神经网络。随着经验和感官刺激的增加，个体发育最终会分离出专门的音乐神经通路与语言神经通路，这两个通路可能会共享一部分资源。阿尼·帕特尔（Ani Patel）对这一问题提出的见解最为著名，叫作"共享句法整合资源假说"（shared syntactic integration resource hypothesis, SSIRH）。

我的合作伙伴，也是我的朋友维诺德·梅农（Vinod Menon），他是斯坦福医学院的一名系统神经学家。我们两个人都很想证实科尔什和弗里德里奇实验室的研究结果，也想为帕特尔的假说提供可靠的证据。由于脑电图的空间分辨率不足以精确定位音乐语法的神经轨迹，所以我们必须采取另一种研究大脑的方法。

由于血液中的血红蛋白带有微弱的磁性，所以我们利用可跟踪磁性变化的仪器来跟踪血液流动的变化。这种仪器就是磁共振成像（MRI）设备。磁共振成像设备就像一个巨大的电磁铁，能够显示出磁性的变化并给出报告，可以告诉我们在任意给定的时间点血液流动到了身体的哪个位置。[第一批磁共振成像设备的研发工作是由英国百代唱片（EMI）公司进行的，该公司的大部分资金来自披头士乐队的唱片利润。披头士的歌曲《我想握住你的手》（*I Want to Hold Your Hand*）干脆叫《我想扫描你的大脑》好了]。因为神经元需要氧气才能存活，而血液中携带着含氧血红蛋白，所以我们也可以借此来追踪大脑中的血液流动。我们假设活跃状态下的神经元比静止状态需要更多的氧，所以在给定的时间点，大脑中参与某个特定认知活动的区域就是血流量最大的区域。我们这种使用核磁共振设备研究大脑区域功能的技术就叫作功能性磁共振成像（fMRI）。

fMRI 把功能正常、正在思考的人脑活生生地展现在我们眼前。如果你在脑海中练习网球发球，我们就能看到血液流向你的运动皮层。fMRI 有着非常高的空间分辨率，我们可以看到控制手臂活动的是你的运动皮层。如果你开始解一道数学题，血液会向前流动到额叶，进入与解数学题有关的区域。我们在 fMRI 仪器上能亲眼见到这种流动，也能看到血液最终集中在了额叶区域。

我上面刚刚描述的弗兰肯斯坦*一样的科学技术，也就是大脑成像技术，能够让我们读懂人的思想吗？我很高兴地告诉大家：应该不能，而且在可预见的未来都绝对不能。原因

---

* 源自玛丽·雪莱的小说《弗兰肯斯坦》，又名《科学怪人》，其中的科学家弗兰肯斯坦用尸体的不同部位拼成了一个怪物并赋予它生命。——译者注

就是，思想太过复杂，而且涉及的大脑区域数量太多。通过fMRI，我能看出你是在听音乐，而不是在看默片，但看不出来你是在听嘻哈歌曲还是在听格里高利圣咏，更无法判断你具体在听哪首歌或者甚至读懂你具体的想法。

由于fMRI有很高的空间分辨率，我们可以分辨出仅仅几毫米范围内的大脑活动。但问题在于，fMRI的时间分辨率不是很理想，这是因为血液在大脑中重新分布需要时间，这种现象叫作"血流动力学时滞"（hemodynamic lag）。已经有其他人研究了音乐句法／音乐结构处理发生的时间，但我们现在想了解的是发生的位置，尤其想了解发生的位置是否已经包含语言处理的区域。结果我们的研究显示，事实完全符合我们的预期。听音乐并注意音乐的句法特征，即音乐结构，会激活左侧额叶皮层的特定区域，叫作额下回眶部（pars orbitalis），其中有个子区域叫布罗德曼47区（BA47）。我们在研究中发现，这一区域与此前研究中的语言结构区有部分重叠，但也有一些独有的激活方式。除了左脑外，我们在右脑也发现了类似的神经元激活现象。这就告诉我们，对音乐结构的关注需要左右脑的协同作用，而对语言结构的关注则只需要用到大脑的左半部分。

最令人惊讶的是，我们发现，在追踪音乐结构时活跃的左脑区域与聋哑人用手语交流时的活跃区域完全相同。这一现象表明，我们在大脑中发现的区域并非仅能用于判断和弦序列或者语句是否合理，我们正在研究的这个区域也会对手语传达的文字视觉组织等视觉信息做出反应。有证据表明，大脑里面有个区域专门负责处理随着时间推移变化的一般结构。虽然这个区域的信息输入必然来自各个不同的神经群，而且信息输出也必须要通过各个不同的神经网络，但这个区域就是这样——但凡接收到和时间相关的任何组织信息，它都会变得活跃起来。

关于音乐神经组织的各种情况已经变得越来越明晰。所有的声音都开始于鼓膜，然后不同的音高立即区分开来。再过不久，语言和音乐可能会分流到各自单独的处理回路。负责语言的回路开始对信号进行分解，识别单个音素——构成字母表和语音系统的辅音、元音。负责音乐的回路也开始分解信号，分别分析音调、音色、轮廓和节奏等。执行这些任务的神经元将信号输出，连接到额叶的各个区域，这些区域将收到的信号进行汇总，并尝试判断这些信息在时间先后关系上是否存在结构或者顺序。额叶会与海马体和颞叶内部区域进行协调，查询我们的记忆库里是否有任何资料可以帮助我们理解刚刚收到的信号。我们以前是否听到过这种特殊的组合模式？如果听过的话，是什么时候听到的？这种声音组合模式又是什么意思？这段声音是否从属于更大的声音序列，这个更大的声音序列是不是也即将展开？

我们现在已经确定了音乐结构和预期的一些神经生物学基础，接下来我们可以开始讨论情绪和记忆方面的大脑机制了。

第五章

已经知道名字了，
去查查号码吧

我们如何将音乐分类

我对音乐最早的记忆是我三岁的时候躺在地上听我的母亲弹钢琴。我躺在毛茸茸的绿色羊毛地毯上，三角钢琴下面，我能看到母亲的双脚上下踩动踏板，发出的声音甚至能把我吞没！我的四周都是钢琴声，琴声的振动穿透地板，也穿透了我的身体，我感觉到低音在我的右边，高音在我的左边，我听见贝多芬的和弦高亢而紧密，肖邦的音符就像舞步和杂技，舒曼的节奏则像我的母亲一样有着德国人的严谨。这些声音让我沉迷，带我进入了全新的感官世界，构成了我最初对于音乐的记忆。音乐响起的时候，时间似乎都停止了。

我们对音乐和其他事物的记忆有什么不同？为什么音乐能触发似乎深埋已久或者已经丢失的记忆？对音乐的预期如何带我们体验音乐中的情感？我们又如何听辨出以前听过的歌曲？

曲调识别涉及许多与记忆交互的复杂神经计算，需要我们的大脑忽略某些特征，而只专注于在每次听歌的时候歌曲里不变的部分，以此提取出歌曲里的一些固定特征。也就是说，大脑的运算系统必须能够区分一首歌曲的不同元素，听出哪些是歌曲中不变的元素，哪些是只出现一次的变量，还有哪些是特定的呈现方式里独有的。如果大脑不进行区分的话，听到音量不同的同一首歌，你也会以为自己听到了一首全新的歌！而音量也不是唯一一个发生变化也不会影响歌曲基本特性的参数。

从曲调识别的角度来看，乐器编排、节奏和音高都是一些无关参数。在识别歌曲的时候，这几项无关参数不应该在我们的考虑范围之内。

曲调识别让处理音乐所需的神经系统变得更加复杂。将音乐中不变的特征从变化性的特征中分离出来是一项艰巨的运算任务。二十世纪九十年代末，我在一家开发识别 MP3 文件的互联网公司工作。很多人的电脑上都有声音文件，但很多文件要么命名错误，要么根本没有命名，没人愿意逐个文件检查和纠正拼写错误。比如把歌手"艾尔顿·约翰"（Elton John）写成"艾顿尔·约翰"，或者将埃尔维斯·科斯特洛（Elvis Costello）的歌曲《艾莉森》（*Alison*）写成《我是真心的》（*My Aim Is True*）（"我是真心的"是副歌里的一句歌词，不是歌名）。

解决这个自动命名的问题相对比较容易，因为每首歌都有一个数字"指纹"，我们需要做的就是学习如何有效地搜索包含 50 万首歌曲的数据库，以便正确地识别歌曲。计算机科学家将其称为"查找表"（lookup table）。这就相当于在数据库中用姓名和出生日期查找社会保险号码，最后只有一个号码能与给定的姓名和出生日期相关联。同样，如果给出可以代表整体声音的特定序列数值，也应该只有一首歌能够与之关联。这种程序在查找方面做得非常不错，却没办法在数据库中找到同一首歌的其他版本。我的硬盘上可能有八个版本的《造梦先生》（*Mr. Sandman*），但如果我把切特·阿特金斯（Chet Atkins）的版本导入程序里，让它帮我找这首歌的其他版本，比如吉姆·坎皮隆戈（Jim Campilongo）或女声四重唱（the

Chordettes）的版本，那么程序就做不到了。这是因为 MP3 文件的字符串无法给我们提供可以转换为旋律、节奏或者响度的信息，我们也不知道该如何进行转换。所以程序必须能够识别相对稳定的旋律和节奏，同时忽略不同表演当中的细节差异，才能实现版本间的联系。人脑可以很轻松地做到这一点，但计算机目前对此还毫无头绪。

　　计算机和人脑的能力存在差异，这也关系到我们对人类记忆的本质和功能的讨论。最近的音乐记忆实验为我们厘清事实真相提供了关键性的线索。过去的一百年里，记忆理论家之间激烈碰撞的焦点是关于人类和动物的记忆是相对的还是绝对的。主张相对的学派认为，记忆系统储存的信息围绕着记忆对象本身与想法之间的关系，而非记忆对象本身的细节。这种观点也被称为构成主义理论（constructivist view），因为这也就意味着在缺乏感知细节的情况下，我们可以通过相对关系构建出有关现实的记忆表征（对很多细节进行自行填充或重构）。构成主义者认为，记忆的功能在于忽略不相关的细节，只保留要点。而与之相对的理论叫作记录保存理论（record-keeping theory），这一观点的支持者认为，记忆就像录音机或录像机，能够准确地保存我们的全部或大部分经历，并且能够逼真地再现出来。

　　讨论内容当中还包括音乐。格式塔心理学在一百多年前指出，音乐的旋律由音高关系决定（构成主义观点），然而旋律也由具体的精确音高组成（记录保存观点，但前提是音高需要储存在记忆中）。

　　这两种观点都已经积累了大量的证据。构成主义观点的证据来自以下研究：研究人员让受试者听一段语音（听觉记忆）或者读一段文字（视觉记忆），然后重复刚才听到或看到的内容。研究人员发现，在一次又一次的实验当中，受试者都不太能做到一字不差地重复感官输入的内容，他们能记住大致的内容，但不记得具体的措辞。

还有一些研究指出记忆具有可塑性，看似微不足道的干扰可能都会影响记忆提取的准确性。华盛顿大学的伊丽莎白·洛夫特斯（Elizabeth Loftus）对证人在法庭上提供的证词准确性很感兴趣，并据此进行了一系列重要的研究。她让受试者观看录像带，并对视频中的内容提出诱导性问题。其中一盘录像带里有两辆汽车发生了极其轻微的剐蹭。一组受试者得到的问题是："两车发生剐蹭的时候车速有多快？"另一组受试者得到的问题是："两车剧烈碰撞的时候车速有多快？"简单的用词区别造成了目击者对两车车速描述的巨大差异。在一段时间之后，可能长达一个星期之后，洛夫特斯再次让受试者来到实验室，问他们另一个问题："你当时看见了多少碎玻璃？"（视频里是没有碎玻璃的。）结果之前听到"剧烈碰撞"的受试者更有可能"记得"自己在录像里看见过碎玻璃，证明这些受试者根据一周前的问题，在记忆里重新构建了自己实际看到的内容。

这些发现让研究人员得出结论：记忆并不是完全准确的，因为记忆由各种片段构成，可能这些片段本身就不准确。你有没有在吃早餐的时候给别人讲过前一天晚上做的梦？一般来说，我们对梦的记忆都是以碎片的形式出现的，有些碎片之间的过渡比较模糊。我们在描述梦境的时候，会注意到碎片之间的衔接不够连贯，然后忍不住自己把这些地方填满。你可能会说："我正站在外面梯子的最上面听西贝柳斯的音乐会，然后天上开始下起糖果雨……"但记忆中梦里的下一个画面你已经站在梯子的中间了，所以在讲自己的梦时，你会自然而然地补全这些缺失的信息："于是我怕糖果砸到我，开始往下爬，我知道梯子底下有个可以避难的地方……"

这是你的左脑在说话 [可能是左侧太阳穴后方叫作眶额皮层（orbitofrontal cortex）的区域]。我们编造故事的过程基本都靠左脑完成。因为获得的信息有限，左脑会把这些信息串联起来形成完整的故事。一般来讲，最后的故事都与事实相差无几，但为了让故事听起来连贯，左脑会花很大精力去完善。心理学家迈克尔·加扎尼加（Michael Gazzaniga）在研究中发现了这一点。在他的研究中，受试者都是接受过大脑连合切开术的癫痫患者，通过这种手术将大脑左右半球相互分开，可以缓解癫痫症状。大脑信息的输入与输出一般都与对侧的身体有关，也就是说，左脑负责控制右半边身体活动，也负责处理右眼看到的信息。实验中，患者的左脑（右眼）接收到的图片是鸡爪，右脑（左眼）接收到的图片是大雪覆盖下的房屋。两只眼睛之间设有挡板，让每只眼睛只能看到一张图片。然后再让受试者从一系列图片中选出与这两张图关联最密切的事物，于是患者用左脑（右手）指着鸡的照片，右脑（左手）指着铲子的照片。实验进行到这里都非常顺利：鸡和鸡爪相关，铲子和除雪相关。但是当加扎尼加移除患者两眼中间的挡板之后，再询问受试者为什么选择铲子的时候，患者的左脑（右眼）同时看到了鸡和铲子，于是就会说一个能将这两张图关联起来的原因："因为需要铲子来清理鸡舍。"受试者没有意识到自己之前看过一张大雪覆盖下的房屋（用的是不负责语言的右脑），也没有意识到自己这个回答是当场编出来的。构成主义再拿下一分。

二十世纪六十年代初，麻省理工学院的本杰明·怀特（Benjamin White）继承了格式塔心理学家的衣钵，他想了解为什么大家能听出来音高和速度都发生改变的歌曲还是同一首歌。怀特对一些大家耳熟能详的歌曲做出了系统性的调整，比如《装饰厅堂》和《迈克划船上岸》（*Michael, Row Your Boat Ashore*），有的采用移调的方式，有的改变音高距离，保留轮廓但是改变音程大小。他还将音乐正放或者倒放，改变节奏。基本在每一个测试中，受试者都仍然能够识别出改动后的音乐。正确率如此之高，绝非偶然性能够解释的。

怀特的研究证明，大多数听众几乎瞬间就能准确无误地识别出移调之后的歌曲，而且他们还可以识别原始曲调的各种变形。构成主义对此给出的解释是，记忆系统必须从歌曲中提取一些不变的一般信息，并加以储存。如果记录保存理论成立的话，那么我们每次听到移调后的歌曲时，大脑就需要重新计算，将新版本与我们大脑中储存的单个实际演出版本进行比较。但在这里，研究证明记忆系统似乎会提取抽象的概括信息供以后使用。

我最欣赏的格式塔心理学中有一种非常古老的观点，他们认为我们的每一次经历都会在大脑中留下痕迹或残留。我们在记忆中检索这些片段时，这些记忆痕迹就会被重新激活。记录保存理论也遵循这一想法，并且得到了大量实验数据的支持。罗杰·谢泼德在实验中向受试者展示了数百张照片，每张照片持续几秒钟。一周后，他把受试者带回实验室，两两一组给他们展示了一些上次看过的照片，和之前没有展示过的新照片。很多新照片和旧照片只有非常细微的区别，比如帆船上船帆的角度不同，或者背景里的树大小不同等，但受试者们都能清楚地记得一周前自己看到的是哪一张照片，精确程度令人震惊。

道格拉斯·欣茨曼（Douglas Hintzman）进行了一项研究，将单词里的各个字母用不同的字体和大小写来表示，比如：

F l **u** *t* e

与要旨记忆（gist memory）研究不同，实验中的受试者可以记住字母对应的字体。

我们还知道一个有趣的现象，人们能够识别成百上千种声音。你可能不用等到你的母亲表明身份，她一开口你就能认出她的声音。你也能凭音色瞬间认出你配偶的声音，还能听出对方是不是感冒了或者生气了。除此之外，还有几十甚至上百种深入人心的声音，大部分人都能轻松识别出来，比如伍迪·艾伦、理查德·尼克松、德鲁·巴里摩尔、W. C. 菲尔兹（W. C. Fields）、格劳乔·马克斯（Groucho Marx）、凯瑟琳·赫本（Katharine Hepburn）、克林特·伊斯特伍德、史蒂夫·马丁，等等。我们能记住他们的声音，尤其能记住他们说的一些特定内容或者经典语句，比如尼克松的"我不是骗子"（I'm not a crook），格劳乔·马克斯的"说出通关密语，赢得百元奖金"（Say the magic word and win a hundred dollars），克林特·伊斯特伍德的"来啊，求之不得"（Go ahead—make my day），还有史蒂夫·马丁的"哼，逗——我呢！"（Well, excuuuuuse me!）。我们会记住具体的用词和声音，并不仅仅是记住大概意思而已。这一点为记录保存理论提供了支持。

而另一方面，我们喜欢看喜剧演员模仿名人的声音，而且最有趣的往往是模仿名人的声音说他们本人完全不可能说的话。这种表演之所以能达到喜剧效果，是因为我们能够分别记忆说话人的音色和内容。这一点可能和记录保存理论相矛盾，因为这一现象表明，经过编码储存在记忆中的只有语音的抽象属性，而非特定的细节。但我们可以说，音色是声音的一种属性，可以与其他属性分离。我们完全可以继续坚持"记录保存"理论，因为我们在记忆中会将特定的音色进行编码，这样就能够解释为什么即使我们从来没有听过某一首乐曲，也能辨认出里面单簧管的声音。

　　神经心理学文献中最著名的一个案例是一位代号为 S 的俄罗斯患者，他是医生 A. R. 卢里亚的病人。S 患有一种与失忆症相反的疾病，叫作超忆症（hypermnesia），失忆症的症状是什么都记不住，超忆症的症状则是什么都忘不掉。而且他没办法将自己看到的同一个人的不同样貌联系起来，如果他看见那个人笑了，就会记住一张脸，如果看见那个人皱眉，就会记住另一张脸。S 发现，他很难将一个人的各种表情和视角整合成这个人单一、完整的形象。他对卢里亚医生抱怨道："每个人都有那么多张脸！"S 没办法建立起对事物的抽象概括，只有记录保存系统完好无损。我们为了理解口语，就必须抛开不同的人在发音上的差异，或者一个人在不同语境下出现的特定音素，那么记录保存理论该如何解释这个现象？

　　科学家都喜欢让自己的世界井然有序，所以两种理论做出的不同预测都能成立并不是一个很讨喜的结果。我们想厘清自己的逻辑世界，在比较两种理论之后选择其一，或者拿出第三种理论来解释一切问题。那么到底哪一个理论才是正确的？记录保存理论还是构成主义理论？一言以蔽之：都不是。

我前面说到的研究在类别与概念方面都有突破性的新进展出现。划分类别是生物的基本功能。每个物体都具有唯一性，但我们经常会给不同的物体划分等级与类别。亚里士多德奠定了现代哲学家和科学家思考人类形成概念的方式，他认为类别是由一系列限定特征归纳而成的。例如，我们的思维里具有"三角形"这个类别形成的内在表征，其中包括我们对见过的每一个三角形形成的印象，以及我们能够想象出来的新的三角形。而核心问题在于，这个类别当中应该包含哪些内容，哪些应该属于这个分类，而哪些不属于。比如，我们可以这样给三角形下定义："三角形是一个有三条边的图形。"如果你学过数学，那么你给出的定义可能会更详细："三角形是一个由三条边构成的封闭图形，其内角和为180度。"三角形子类别的特征都需要在此基础上进行添加，例如："等腰三角形有两条等长的边；等边三角形有三条等长的边；在直角三角形中，直角边的平方和等于斜边的平方。"

无论是生物还是非生物，所有事物都有类别。根据亚里士多德的观点，每当我们看见新的事物，比如从未见过的三角形或者从未见过的狗，我们就会分析事物的属性并与类别的定义做比较，将这项新事物归到某个类别当中。从亚里士多德到洛克，再到今天，如何划分类别一直以来都是一个逻辑问题，任何事物相对于某个类别，只有属于或者不属于这两个选项。

接下来的两千三百年都没有出现过关于分类问题的实质性研究，直到路德维希·维特根斯坦（Ludwig Wittgenstein）

提出了一个简单的问题：什么是游戏（game）？这个问题再次引发了关于类别形成的实证工作。埃莉诺·罗施（Eleanor Rosch）曾就读于俄勒冈州波特兰里德学院，她的哲学本科论文就是研究维特根斯坦。罗施为了去读哲学研究生准备了好几年，但在研究了一年的维特根斯坦之后，她说，这一年"纠正"了她对哲学的看法。她感觉到当代哲学已经走进了死胡同，所以非常想知道应该如何以实证研究解读哲学思想，以及如何才能发现新的哲学事实。我在加州大学伯克利分校任教的时候，罗施已经是那里的教授，她跟我说，她认为哲学在解决大脑和思维问题方面已经做了最大的努力，接下来必须靠实验才能继续向前发展。现在，继罗施之后，很多认知心理学家认为把我们的研究领域叫作"经验哲学"很恰当，也就是说，我们现在要用实验的方法来解决传统意义当中哲学领域的问题与疑惑：思维的本质是什么？思想从何而来？罗施最终在哈佛大学拿到认知心理学博士学位，她的博士论文改变了我们对类别的看法。

维特根斯坦对亚里士多德发起的第一个挑战就是推翻对类别的严格定义。以"游戏"（game）*为例，维特根斯坦认为没有哪一个或者哪一组定义能够涵盖所有游戏。比如，我们可以这样定义游戏：（1）目的是娱乐或消遣；（2）是一项休闲活动；（3）是儿童中最常见的活动；（4）有一定的规则；（5）具有一定的竞争性；（6）由两人或多人参与。然而我们可以针对这个定义中的每一点举出反例，表明这些定义都是可以打破的：（1）

---

* 英文中的"game"也有"运动、比赛"的含义。——译者注

运动员参加奥运会（Olympic Games）是为了娱乐或消遣吗？（2）职业橄榄球运动是一项休闲活动吗？（3）打扑克和回力球都属于游戏，但在儿童当中并不常见；（4）小孩自己往墙上扔球玩难道也有规则吗？（5）几个小孩围成一圈唱歌不存在竞争性；（6）纸牌接龙游戏不需要两人或多人。那么我们该如何摆脱对定义的依赖？我们在分类时是否还有其他选择？

维特根斯坦指出，类别中包含哪些成员不是靠定义决定的，而是由家族相似性决定。如果某个事物与我们之前称为"游戏"的其他事物类似，我们就可以把它称为游戏。如果我们去参加维特根斯坦的家族聚会，就可能会发现有些外貌特征是他们家族成员共有的，但没有哪个特征是每个成员都必须具备的。可能有个表亲眼睛长得像苔丝阿姨，另一个可能下巴长得像维特根斯坦，有些家族成员可能额头长得像爷爷，有些成员可能像奶奶一样长了红发。相较于静态的定义，家族相似性靠的是一系列可能存在或不存在的共同特征。这个特征清单可能一直在进行动态变化，比如，红头发可能会从家族中消失（除去染发原因），所以我们到时候把这一条从清单中删除即可。如果过了几代人，红头发重新出现，那我们就再把它加回清单里面。这一具有前瞻性的观点，为当代记忆研究中最权威的理论——道格拉斯·欣茨曼的多重痕迹记忆模型（multiple-trace memory models）奠定了基础。亚利桑那州杰出的认知科学家斯蒂芬·戈丁格（Stephen Goldinger）近期利用该模型进行了研究。

我们可以给音乐下定义吗？我们可以定义音乐类型吗？我们可以定义什么是重金属、古典或者乡村音乐吗？给音乐下定义必然会像刚才定义游戏那样以失败告终。举个例子，我们可以说重金属音乐的定义是这样的：（1）有失真电吉他；（2）有沉重而响亮的鼓声；（3）有三个和弦，或者叫强力和弦（power chord）；（4）乐队主唱很性感，一般不穿上衣，汗淋淋地站在舞台上，把麦克风支架像绳子一样来回甩动；（5）乐队的名字要有变音符*。这些定义看似严格，但我们其实可以轻松地一一驳倒。虽然大部分重金属音乐都有电吉他，但迈克尔·杰克逊的《躲开》（*Beat It*）里也有，实际上，这首歌里的吉他独奏部分正是重金属吉他之神艾迪·范·海伦（Eddie Van Halen）演奏的。即使是卡朋特乐队也在部分歌曲里运用了电吉他，但没有人会说这些歌是"重金属"。齐柏林飞艇乐队（Led Zeppelin）是非常典型的重金属乐队，可以说是重金属音乐的鼻祖，但他们有几首歌根本就没有用到电吉他，比如《金色山丘》（*Bron-Yr-Aur Stomp*）、《在海边》（*Down by the Seaside*）、《前往加州》（*Goin' to California*）、《永恒之战》（*The Battle of Evermore*）等。齐柏林飞艇乐队的《天堂阶梯》（*Stairway to Heaven*）可谓重金属音乐的圣歌，但这首歌90%的部分都没有沉重而响亮的鼓声（或电吉他），也不仅只有三个和弦。很多歌曲都只用了三个和弦与强力和弦，但这些歌曲都不是重金属，比如拉菲（Raffi）的大部分儿歌等。金属乐队（Metallica）无疑是个重金属乐队，但我从来没听谁说过他们的主唱很性感。而且，虽然克鲁小丑（Mötley Crüe）、蓝牡蛎（Blue Öyster Cult）、摩托头（Motörhead）、电影中虚构

---

* 在字母的上方添加圆点等符号，如 ö、ÿ 等。——译者注

的刺脊乐队（Spiñal Tap）以及皇后杀手（Queensrÿche）等乐队的名字都带有装模作样的变音符，但他们都不是重金属乐队，相反，很多重金属乐队的名字里却没有变音符，比如齐柏林飞艇、金属乐队、黑色安息日（Black Sabbath）、威豹乐队（Def Leppard）、奥兹·奥斯朋（Ozzy Osbourne）、胜利乐队（Triumph），等等。用定义去概括音乐类型没什么用处。所以，如果一首歌听起来像重金属，我们就说它是重金属，这就是家族相似性。

了解了维特根斯坦的理论以后，罗施认为某事物和所属类别的关系可能只是部分重合，并不是亚里士多德认为的那种非黑即白的状态，事物的类别存在灰色地带，各个事物对其所属的类别也有匹配程度的高低之分，或者存在细微的区别。比如问道：知更鸟是鸟吗？大部分人会回答"是"。如果接下来问道：鸡是鸟吗？那企鹅呢？大部分人可能会稍微犹豫一下，再回答"是"，然后补充说：鸡和企鹅这两个例子不是特别好，它们两个不属于非常典型的鸟类。在日常用语中，我们会用到一些模糊限制语（linguistic hedges），比如"严格意义上来说，鸡属于鸟类"，或者"对，企鹅属于鸟类，但它不像其他鸟一样会飞"。罗施跟随维特根斯坦的脚步，揭示了类别的界限往往是不清晰的、模糊的。某个事物是否应该属于某个类别是个容易引起争论的问题，因为针对类别的划分会产生多种不同的观点：白色是一种颜色吗？嘻哈音乐属于音乐吗？皇后乐队的演出如果没有主唱佛莱迪·摩克瑞（Freddie Mercury）还叫皇后乐队吗（那票价还值 150 美元吗）？罗施指出，人们可能在类别划分的问题上出现分歧（比如西红柿是水果还是蔬菜？），同一个人也可能在不同的时间对自己曾经划分的类别提出异议（某个人还是我的朋友吗？）。

罗施提出的第二项深刻见解，在于她之前进行的所有分类实验使用的都是与现实世界没有什么关系的人工概念和人工刺激。而正是这些经过严格控制的实验最终导致实验结果都会偏向于实验者的理论！这也突显了一个所有实证科学一直以来都面临的矛盾，即严格的实验控制和现实世界的矛盾。如果想要满足矛盾中的一方，另一方就必须进行妥协。科学研究需要我们控制所有可能的变量，这样才能够对研究对象得出明确的结论，但控制变量往往会产生现实中永远都不会遇到的刺激或条件，这些刺激或条件与现实世界相去甚远，甚至在现实世界中根本不存在。《心之道：致焦虑的年代》（*The Wisdom of Insecurity*）一书的作者、英国哲学家阿伦·瓦兹（Alan Watts）曾这样说过：如果你想研究一条河流的话，不要从河里舀一桶水，然后在河边盯着这桶水看。一条河不只是水，把水从河流中单独舀出来就失去了河流的本质，包括河流的运动、活动、流向等。罗施认为科学家们在研究类别的时候采用的人工干预方式，相当于破坏了类别的流动性。而这正是过去十年时间里音乐神经科学研究中存在的问题：太多的科学家使用的都是人工声音，研究的是人工的旋律，这些声音与真正的音乐大相径庭，最后得出的结论就没有什么意义。

罗施提出的第三项深刻见解，在于某些特定的刺激在我们的感知系统或概念系统中具有特殊地位，于是就成了某个分类的原型（prototype）。也就是说，就我们的感知系统而言，"红色"和"蓝色"等分类是我们视网膜的生理机能带来的结果，有的红色让人普遍觉得更鲜艳、更纯正，因为特定波长的可见光会让我们视网膜中的"红色"受体最大限度活化。我们会围绕这些正色，也就是最纯正的颜色来命名各个类别。罗施曾在新几内亚的达尼部落进行了相关实验，达尼部落对颜色的描述只有两个词：mili 和 mola，这两个词基本只能描述颜色的暗亮深浅。

罗施想要证明，我们所说的红色，以及我们认为最纯正的红色，并不是文化环境或者后天习得的结果。我们在看到各种深浅不同的红色时，不会因为有人教我们哪个是正红才能把它挑出来，而是我们自身的生理特征赋予了正红一种特殊的感知位置。达尼人的语言中没有红色这个词，所以也没有人教他们哪个是正红，哪个不是正红。罗施给达尼人看了各种不同的红色，让他们从中选出最有代表性的红色，绝大多数达尼人都和美国人一样选出了相同的"红色"，而且他们对这种红色的印象也更深。他们对其他自己语言中没有的颜色，比如绿色和蓝色等，也做出了相同的选择。罗施由此得出结论：（1）类别是围绕原型形成的；（2）这些原型可能具有生物或生理基础；（3）类别中的各个成员存在匹配程度上的差异，具有某些特征会让类别成员更有代表性；（4）类别中的新成员分别与原型做比较，依据与原型的关联程度在类别中形成梯度；（5）类别中的所有成员不需要具备某个共同的属性，也不需要明确的类别边界。第五点也是给亚里士多德理论的最后一击。

我们在实验室也做过一些关于音乐类型的非正式实验，得到了类似的结果。大家基本上同意诸如"乡村音乐""滑板朋克"和"巴洛克音乐"等音乐类型都有自己的原型，也都比较认同类别中的某些歌曲或某些乐队不如原型那样听起来味道那么正，比如卡朋特乐队不算真正的摇滚乐，弗兰克·辛纳特拉（Frank Sinatra）不算真正的爵士乐，或者说，至少没有约翰·克特兰（John Coltrane）的爵士味那么纯正。即使是将某个艺术家单独划成一个分类，大家也会依据原型结构来划分等级。如果你让我选出一首披头士的歌，我选择了《革命9》（*Revolution 9*）[这是一段由约翰·列侬制作的实验性录音，没有原创音乐，也没有旋律或节奏，录音开头播音员一遍又一遍地重复"第九，第九"（Number 9, Number 9）]，你可能觉得我是在故意抬杠。"嗯，严格意义上来说，这个确实是披头士的作品，但你知道我不是这个意思！"同样，尼尔·杨（Neil Young）的《大家来摇滚》（*Everybody's Rockin'*）是一张二十世纪五十年代嘟·喔普音乐（doo-wop）的专辑，也不是有代表性的（或典型的）尼尔·杨作品；琼妮·米切尔（Joni Mitchell）与查尔斯·明格斯（Charles Mingus）进行的爵士乐探索也并不是我们熟悉的琼妮·米切尔。（实际上，尼尔·杨和琼妮·米切尔都因此受到了唱片公司的威胁，如果他们做的音乐和自己的一贯风格不相符，唱片公司就会和他们解约。）

我们对周围世界的理解始于具体的单一事物——一个人、一棵树、一首歌等，通过对世界的体验，我们的大脑就会将这些特定的事物处理为某个类别的成员。罗杰·谢泼德从进化论的角度描述了所有相关讨论中的一般问题，他表示，所有高等动物的生存都需要找到合适的食物、饮用水和住所，同时为了躲避捕食者和交配，生物必须应对以下三种情况：

第一，虽然感知对象可能在表现形式上相似，但本质上不同。我们的鼓膜、视网膜、味蕾或触觉感受器等可能会受到完全相同或基本相同的刺激，但这些刺激可能来自不同的物体。比如，我之前在树上看到一个苹果，我现在手里拿着一个苹果，这两个苹果是不同的；我听见交响乐团里的小提琴演奏的都是同一个音符，同样的声音却来自不同的小提琴。

第二，虽然某些事物在表现形式上不同，但本质上相同。比如苹果的俯视图和侧视图看起来像不同的物体。成功的认知过程需要有一套运算系统，将这些独立的视图整合为一个单一事物的完整表征。即使我们不同的感觉受体接收到的激活互不相同且互不重叠，我们也需要提取出其中的重要信息整合成对这些刺激的整体认知。比如我和你面对面谈话的时候，我习惯用两只耳朵听你的声音，但我在和你打电话的时候，我需要识别出对面的你还是你。

第三，关于表象与现实的问题涉及高阶认知过程。前两种情况属于感知过程——了解单个对象可能有多种表象，或者多个不同的事物可能有（近乎）相同的表象。第三种情况则是，虽然物体的表现形式不同，但它们属于同一种自然种类，这是分类方面的问题，也是最厉害、最高级的原理。所有高等哺乳动物、很多低等哺乳动物和鸟类，甚至鱼类都具有分类的能力。想要划分类别，就需要将外观不同的对象视为同一种类。比如红苹果和青苹果虽然外观不同，但它们都是苹果；我的母亲和父亲虽然长得很不一样，但他们都是很顾家的人，都是在发生紧急状况的时候值得信赖的人。

接下来，适应行为需要依靠运算系统分析感官接收到的信息，并将信息分为外部对象或场景的不变特性，以及该对象或场景表现的瞬时环境。伦纳德·迈尔（Leonard Meyer）指出，分类可以让作曲家、表演者和听众理解音乐关系的规范，继而理解音乐模式的内涵，体会音乐中与风格规范相异之处。正如莎士比亚在《仲夏夜之梦》当中提到的，我们之所以需要分类，就是为了让"空虚的无物也有居所和名字"。

谢泼德的论述将类别问题改为了进化／适应性问题。与此同时，罗施的研究开始撼动学术界，引得数十位著名认知心理学家着手挑战她的理论。波斯纳和基尔（Keele）通过一个巧妙的实验证明了人们会将原型储存在记忆中。他们创作了一些方框里带黑点的图案，看起来像骰子的表面，但图案上的点都是随机分布的，他们将这些图案称作"原型"。然后他们再将部分黑点的位置向任意方向移动一毫米，这样就创造了一系列原型的变形，即变体，这些变体和原型相比各有不同。由于变化是随机的，有些变体与原型差异非常大，人们很难看出这些变体与原型的关系。

这就像爵士乐手对大家熟知的歌曲或者标准版本的歌曲所做的改编，比如将弗兰克·辛纳特拉的《雾天》（*A Foggy Day*）跟艾拉·费兹杰拉（Ella Fitzgerald）和路易斯·阿姆斯特朗（Louis Armstrong）的版本进行对比，我们就会发现这两个版本在音高和节奏方面存在差异。我们很期待能有出色的歌手来演绎这段旋律，即使对作曲家最初的创作做出些改编我们也能接受。在巴洛克与启蒙运动时代，巴赫和海顿等音乐家经常在欧洲宫廷演奏各种主题的变奏。艾瑞莎·富兰克林演唱的《尊重》（*Respect*）与欧迪斯·雷丁（Otis Redding）原作原唱的版本相比，包含了很多有趣的变化，但我们仍然能听出她演唱的是同一首歌。关于原型和分类的本质，这个例子能够说明什么问题？我们可以说这些音乐变奏之间存在家族相似性吗？这些不同版本的变奏都是基于一种理想化的原型吗？

波斯纳和基尔利用黑点实验解决了有关分类和原型的一般性问题。他们给受试者看了很多张方框中有黑点的图案，每一张都不一样，但他们一直都没有给受试者看这些变体的两张原型。受试者不知道这些图案是如何产生的，也不知道有原型的存在。一周后，他们又给受试者看了更多的图案，有些是他们之前看过的，有些是没看过的，然后让他们指出哪些是之前看过的。受试者们能够轻易分辨出以前看过哪些图案，哪些没有看过。接下来，在受试者不知情的情况下，波斯纳和基尔混入两张这些图案的原型，令人惊讶的事情来了：受试者大多都误以为这两张原型是他们以前见过的图案。这就为记忆会储存原型这一观点提供了理论基础，否则受试者为何会误以为自己曾经看到过这两张原型？为了在记忆中储存一些之前没有见到过的事物，记忆系统必须对受到的刺激进行一系列运算。一定是有某个处理形式在某个阶段出现了，才能够完成除保存信息之外的处理任务。这样一来，似乎就宣告了记录保存理论的终结。如果原型是储存在记忆中的，那记忆就一定符合构成主义观点。

我们从本杰明·怀特和得克萨斯大学的杰伊·道林（Jay Dowling）等人的研究中了解到，音乐的基本元素在面对各种转化和变换时体现出了卓越的稳定性。我们可以让歌曲中的所有音高（移调）、速度和乐器都发生变化，而歌却还是那首歌。我们也可以让音程和音阶发生变化，甚至把调性从大调改为小调，或者把小调改为大调，歌也还是那首歌。我们还可以改变编曲，比如从蓝草音乐*改为摇滚，或者从重金属改为古典，就像齐柏林飞艇的歌词里写的那样，改后依然是同一首歌。我有一张蓝草乐队《奥斯汀酒吧常客》(*Austin Lounge Lizard*)的唱片，他们用班卓琴和曼陀铃改编了摇滚乐队平克·弗洛伊德的专辑《月之暗面》(*Dark Side of the Moon*)。我还有几张伦敦交响乐团演奏滚石乐队和Yes乐队的唱片，改编幅度非常大，歌曲却依然具有辨识度。由此可见，我们的记忆系统会提取出某些公式或者运算描述，让我们识别出经过改编的歌曲。看来构成主义的观点与音乐数据联系最为紧密。从波斯纳和基尔的研究来看，构成主义也同样非常符合视觉认知。

1990年，我在斯坦福大学参加了由音乐和心理学系联合开设的"给音乐家的心理声学与认知心理学"课程。授课团队可谓全明星阵容：约翰·乔宁、麦克斯·马修斯、约翰·皮尔斯、罗杰·谢泼德和佩里·库克等。参与课程的每个学生都必须完成一个研究项目，佩里建议我研究人们对音高的记忆能力，尤其是为音高添加任意标签的能力。这项实验可以把记忆和分类结合在一起。当时流行的理论认为，人类没有必要保存绝对音高信息，人们可以很容易将乐曲移调也证明了这一理论的正确性。而且，除了万里挑一的人有绝对音感 (absolute pitch) 之外，大部分人都说不出自己听到的是什么音。

为什么绝对音感如此罕见？有绝对音感的人能像我们说出

---

*乡村音乐的一个分支，因蓝草男孩乐队（Bluegrass Boys）而得名，其标准风格是硬而快的节奏和高而密集的和声，并且着重强调乐器的作用。——译者注

颜色那样毫不费力地说出音高的名称。如果你用钢琴给有绝对音感的人弹一个升 C，他们就能告诉你这是升 C。当然大部分人都说不出听到的是什么音，甚至很多音乐家如果没有亲眼看见你按哪个键，他们也说不出来。大部分有绝对音感的人还能说出其他各种声音的音高，比如汽车喇叭声、荧光灯的嗡嗡声和餐刀敲击盘子的声音等。我们前面提到过，颜色是一种心理物理学现象，在现实世界中并不存在，但我们的大脑会基于连续的光波频谱建立起一种分类结构，比如频谱上占到较大比例的红色与蓝色等。音高同样是心理物理学现象，是我们的大脑基于连续的声波频谱建立的结构。但我们看一眼颜色就能说出名称，为什么听了音高却说不出名称呢？

其实我们一般都能像识别颜色一样轻松识别声音，只不过我们能听出的不是音高，而是音色。我们在听到声音的时候能立即辨认出"那个是汽车喇叭声"，或者"那个是我的奶奶莎蒂感冒时候的声音"，或者"那个是小号的声音"。我们能识别音色，但识别不出音高，这留给我们一个疑问：为什么有些人有绝对音感，有些人没有？已故的明尼苏达大学教授迪克森·沃德（Dixon Ward）曾揶揄道，我们该问的不是"为什么只有少数人有绝对音感"，而应该问"为什么不是所有人都有绝对音感"。

我尽可能地读了所有关于绝对音感的文章。从 1860 年到 1990 年的一百三十年间，科学家们关于这一研究课题共发表了约一百篇文章。而 1990 年以来的十五年里，竟然也发表了约一百篇！我注意到，所有的绝对音感测试都要求受试者使用只有音乐家才了解的专业术语——音名。这样的话，我们好像没有办法测试非音乐专业人士的绝对音感了。但真的是这样吗？

佩里建议我们给特定的音高重新命名，比如"弗莱德"或者"埃塞尔"等，这样我们就可以让每个受试者都能将音高与名称联系起来。我们考虑过用钢琴、定音笛等各种乐器（卡祖笛除外，因为卡祖笛要靠演奏者的哼唱发声），最后决定买一些音叉，分发给不懂音乐的受试者。我们请他们每天都在膝盖上敲击音叉，然后拿起来放在耳边听声音，一天听几次，连续听一个星期，努力把这个音记住。我们告诉一半的受试者这个音叫"弗莱德"，告诉另一半的受试者这个音叫"埃塞尔"（以知名电视剧《我爱露西》中的露西和瑞奇的邻居命名。他们姓"默兹"，和"赫兹"押韵，我们过了好多年才发现这个有趣的巧合）。

我们给每组受试者中的一半发了中央 C 的音叉，给另一半发了 G 的音叉，然后让他们回去听。过一段时间，我们把音叉收回来，又过了一个星期，我们再请他们回到实验室。其中一半的受试者需要唱出自己音叉的音，而另一半的受试者则需要听三个音并从中挑出自己音叉的音。绝大多数受试者都能唱出或者认出他们的音。这就意味着普通人也能够用任意的名字记住音高。

这一实验开始让我们思考名字在记忆中扮演的角色。虽然课程已经结束了，我也提交了论文，但我们仍然对这种现象感到好奇。罗杰·谢泼德问非音乐专业人士能否在不知道音高名称的情况下记住歌曲的音高，于是我给他讲了安德里亚·哈尔本（Andrea Halpern）的研究。哈尔本在研究中请非音乐专业人士分别在两个不同的时间演唱大家耳熟能详的歌曲，比如

《生日快乐歌》或《两只老虎》。她发现，虽然每个人唱的调各不相同，但他们都能按照自己的调唱完整首歌。这项研究表明，大家在自己的长期记忆中对歌曲的音高进行了编码。

反对者则认为，如果受试者仅仅是依靠肌肉记忆来确定声带在每个音高上的位置，那么针对上述的研究结果，我们也可以说音高记忆并没有参与进来。（对我来说，肌肉记忆也是记忆的一种，给这种现象单独命名不会改变其本质。）但沃德和华盛顿大学的艾德·伯恩斯（Ed Burns）之前做了一项研究，证明肌肉记忆其实没有那么管用。他们让有绝对音感的专业歌手进行"视唱"，也就是说，歌手们必须看着自己从未见过的乐谱，利用自己的绝对音感与读谱能力来演唱。专业歌手一般都很擅长视唱，只要你给他们起个音，他们就能跟着乐谱继续唱下去。但只有带绝对音感的专业歌手，才能只通过读谱就唱出正确的音。这是因为他们的大脑内部有某种模板，或者说是记忆，这样他们就能将音符名称和音高进行匹配——这也就是绝对音感的概念。然后沃德和伯恩斯让有绝对音感的歌手戴上耳机，给他们播放嘈杂的噪声，让歌手听不到自己在唱什么，这个时候他们就只能依赖自己的肌肉记忆。令人惊讶的是，研究结果发现，他们的肌肉记忆并不是很好。平均下来，他们只能唱对一个八度中三分之一的音。

我们已经知道非音乐专业人士基本能在同一个调上唱完整首歌曲，但我们想更进一步研究普通人对音乐的记忆有多准确。哈尔本选择了脍炙人口的歌曲作为研究对象——《生日快乐歌》，这首歌没有"正确"的调，我们可能每次唱的调都不一样，只要有人起个音我们就能接着唱下去。民谣和节日歌曲演唱的次数非常多，以至于这些歌曲都不存在正确的调了。这反映出了一个事实，就是这些歌曲没有标准录音作为参考。用业内的行话来说，这些歌曲并不存在单一的规范版本（canonical version）。

摇滚／流行音乐则恰恰相反。滚石乐队、警察乐队、老鹰乐队和比利·乔尔等乐队或歌手的歌曲都有一个经典的规范版本。多数情况下，这个标准的录音版本就是我们每个人听过的唯一版本（除了酒吧里的乐队演奏或者现场音乐会以外）。我们听这类歌曲的次数可能和听《装饰厅堂》等圣诞歌曲的次数一样多。但每次我们听到这些歌曲的时候，比如听 M. C. 汉莫（M. C. Hammer）的《你碰不到》（*U Can't Touch This*）或者 U2 乐队的《新年》（*New Year's Day*），发现它们都是同一个调。我们很难想到除了规范版本以外的其他版本怎么样。那么在听了一首歌几千遍之后，实际音高就会经过编码储存在记忆里吗？

为了研究这一点，我运用了哈尔本的方法，请受试者唱出自己最喜欢的歌曲。根据沃德和伯恩斯的研究，我了解到肌肉记忆不足以帮他们唱出正确的音高。为了重现正确的曲调，人们必须在大脑中记忆稳定、准确的音高。我们在学校招募了 40 名非音乐专业人士作为受试者，请他们来到实验室，凭记忆唱出自己最喜欢的歌曲。我把有多种版本以及多种录音的歌曲都排除在外，因为这些歌不止一个调。剩下的歌曲都只有一种大家熟悉的版本作为标准或参考，比如贝莎（Basia）的《岁月》（*Time and Tide*），宝拉·阿巴杜的《异性相吸》（*Opposites Attract*）（毕竟当时还是 1990 年），还有麦当娜的《宛如处女》（*Like a Virgin*）和比利·乔尔的《纽约心境》（*New York State of Mind*）等。

我跟招募来的受试者只是含糊地说，这是一个"记忆实验"，只需十分钟实验就能获得五美元的报酬（认知心理学实验一般都是在校园里张贴广告来招募受试者。脑成像给的报酬会更高一些，大概 50 美元一次，因为受试者需要在实验过程中待在封闭嘈杂的扫描仪中，这种体验不是很舒服）。很多受试者在后来得知实验的细节之后都叫苦连天，说自己不是歌手，没法说唱就唱，担心会破坏我的实验。但我还是说服了他们参与实验。得到的结果非常令人惊奇：受试者都完全或者基本唱出和原曲相同的绝对音高。我让他们再唱一首歌，他们依然能够唱得非常准确。

这个证据非常有说服力，证明人们会在记忆中储存绝对音高信息，而且记忆表征不仅包括对歌曲的抽象概括，还包含特定的表演细节。受试者除了能演唱正确的音高外，还可以重现原唱中的细节。他们的演唱里有很多原唱歌手的声音处理细节，比如他们会在唱迈克尔·杰克逊的《比利·金》时模仿他高音的"咿——咿"，唱《宛如处女》的时候模仿麦当娜充满活力的"嘿！"，唱《世界之巅》（*Top of the World*）的时候模仿卡朋特的切分音，或者在刚开口唱《生于美国》（*Born in the U.S.A.*）的时候模仿布鲁斯·斯普林斯汀（Bruce Springsteen）沙哑的声音。我制作了一份录音，通过立体声信号在一个声道上播放受试者的演唱，在另一个声道上播放原始录音，听起来就像受试者在跟着原声唱歌一样，但在实验过程中我并没有给他们播放录音，他们只不过是在跟着自己的记忆演唱，这种记忆的再现真是准确得令人震惊。

我和佩里还发现，大多数的受试者演唱的速度也是正确的。我们为此检查了所有的歌曲，确认这些歌曲是否都是以相同的速度开始演唱的，即人们是不是仅在自己的记忆中编码储存唯一一个常见的速度就够了。但事实并非如此，歌与歌之间的速度差异非常大。此外，受试者在描述实验过程的时候提到，他们会在脑海里"跟着画面唱歌"或者"跟着录音唱歌"。这一发现应当如何用神经学进行解释？

当时我还在跟着迈克尔·波斯纳和道格·欣茨曼读研究生。波斯纳一直都很关注神经系统和现实生活的关联，他给我讲了彼得·贾纳塔最新的研究成果。在贾纳塔刚刚结束的研究中，他追踪了人们听音乐和想象音乐时的脑电波。贾纳塔将传感器放置在头皮表面，运用脑电图检测大脑发出的电信号。实验结果让我和彼得大吃一惊：单从数据来看，我们无法分辨受试者是在用耳朵听还是在用大脑想音乐，因为大脑呈现出的活动模式几乎一模一样，表明人们回忆和感知用的是相同的大脑区域。

这个研究结果是什么意思呢？我们在感知到某种事物的时候，会有特定的神经元以特定的方式针对这种刺激进行放电。虽然闻到玫瑰花香和臭鸡蛋都会激活我们的嗅觉系统，但激活的却是不同的神经回路。还记得我们之前说过，神经元的连接方式有数百万种。某一组神经元的连接结构可能会代表"玫瑰花"，另一组可能代表"臭鸡蛋"。还有更复杂的，同一组神经元也可能与世界上的不同事件产生不同的关联模式。对外界的感知意味着有一组相互连接的神经元受到特定方式的激活，从而在大脑中产生我们对外界事物的心理表征。回忆的过程可能只是重新激活负责感知的同一组神经元，帮我们在回忆的过程中形成心理图像。我们记得当初在感知阶段用的是哪些神经元，回忆的时候再重新调动这些神经元，这样最初感知时用到的神经元就会再次活跃起来。

音乐感知和音乐记忆的共同神经机制有助于我们理解为什么音乐会停留在我们的脑海里挥之不去。科学家将这种现象称作"耳虫"（ear worm），源自德语"Ohrwurm"，或者也可以称为单曲循环综合征（stuck song syndrome）。这一方面的科学研究较为罕见。我们知道音乐家比其他人更容易受到耳虫的困扰，强迫症患者也更容易产生耳虫现象，甚至有些患者通过服用治疗强迫症的药物以将耳虫的影响降到最低。我们对此能够提出的最合理的解释就是，代表这首歌的神经回路卡在了"循环播放模式"，所以这首歌（或者这首歌的一小部分）在大脑中一直不停重复。调查显示，很少有人遇到一整首歌卡在脑海里的情况，一般都是歌曲的一部分，持续时长通常小于或等于听觉短期（回声）记忆时长，大约 15 到 30 秒。简单的歌曲和广告歌比复杂的音乐更容易卡在脑海里。这种对简单的偏好与我们的音乐喜好相互呼应，我在第八章会讨论这个问题。

其他实验室也做了相同的实验，研究人员让受试者演唱自己最喜欢的歌曲，最终得到了同样的结果，受试者都能唱出精确的音准和节奏，所以我们相信自己的实验结果绝非偶然。顺带提一下，来自多伦多大学的格伦·舍伦伯格（Glenn Schellenberg）是新浪潮乐队玛莎与玛芬（Martha and the Muffins）的元老之一，他将我的研究扩展开来，给受试者播放了四十首热门歌曲片段，每个片段大概只有十分之一秒，也就打个响指的时间，然后给他们发一张歌名列表，让他们根据自己听到的片段匹配歌名。只有这么短的片段，受试者无法根据旋律或者节奏认出是什么歌。因为每一首歌选出来的片段都只有不到一两个音符，受试者只能通过音色，即整首歌的声音感觉做出判断。在本书的前言中，我提到过音色对作曲家、词曲创作者和制作人的重要性。保罗·西蒙喜欢从音色的角度思考，这是他听自己或者别人的音乐时最先听的东西。对我们其他人来说，音色也是我们最容易注意到的东西。在舍伦伯格的实验里，大部分非音乐人都能仅凭音色线索在关键的时间内识别出来是哪首歌，即使把音乐倒放，打乱片段中所有熟悉的元素，受试者也依然能够听辨出来。

　　如果想想自己熟悉和喜欢的歌曲，你就会明白这其中应当包含一些直觉因素。抛开旋律和具体的音高节奏不谈，有些歌曲本身带有一种整体的声音感觉、一种声音的色彩，就像堪萨斯州和内布拉斯加州的平原整体看起来很像，北加利福尼亚州、俄勒冈州和华盛顿州的沿海森林看起来很像，科罗拉多州和犹他州的山脉看起来很像，等等。我们在看这些地方的照片时，最先看到的不是照片的细节，而是先关注到整张图的场景和风景给你的整体感觉。听觉塑造出的景观即声景，在我们听到的很多音乐中都有独特的体现。有时候声景不会具体到某一首歌，所以我们可能不能单凭音色判断出是哪首歌，但我们能听出来这首歌属于哪一类音乐。披头士早期的专辑有一种特殊的音色，很多人可能说不出听到的是专辑中的哪首歌，或者可能甚至从来都没听过这首歌，但还是能马上说出这是披头士的作品。同样是因为音色，我们能听出有些人在模仿披头士，比如艾瑞克·爱都（Eric Idle）和喜剧团体蒙提·派森（Monty Python）的其他几个伙伴共同组成了一个虚构的乐队"拉头士"（Rutles），这是一个恶搞披头士的乐队。拉头士采用的音乐融合了很多来自披头士声景中的独特音色，所以能创造出听起来非常像披头士的写实恶搞类作品。

　　整体的音色表现即声景，在各个年代的音乐当中也有不同。在二十世纪三十年代和四十年代早期，受当时录音技术的影响，古典音乐唱片有种独特的声音。二十世纪八十年代的摇滚乐、重金属乐，四十年代的舞厅音乐和五十年代后期的摇滚乐，在年代和流派上体现出了相当高的同质性。唱片制作人需要密切关注声景的细节，这样就可以在录音棚中重现这些声音，比如录音时怎样使用麦克风、怎样混音等。我们很多人都能在听到一首歌的时候准确猜出它的年代，判断依据一般都是回声或者混响。猫王和吉恩·文森特（Gene Vincent）都会使用一种非常特别的山谷回声（slap-back），使用这种音效会让歌手刚演唱过的音节产生即时的回声。吉恩·文森特和瑞奇·尼尔森（Ricky Nelson）的《Be-Bop-A-Lula》、猫王的《伤心旅馆》（Heartbreak Hotel）和约翰·列侬的《现世报》等歌曲中都使用了山谷回声的音效。此外还有艾佛利兄弟（the Everly Brothers），他们在铺满瓷砖的大房间里录音，产生一种丰富而温暖的回声，比如《凯西的小丑》（Cathy's Clown）和《醒醒呀，小苏西》（Wake Up Little Susie）等。这些录音的整体音色中有很多独特的元素，我们能够凭借这些元素认出它们的制作年代。

综上所述，我们在流行歌曲的记忆实验中得出的结论，有力地证实了大脑会将音乐的绝对特征在记忆中进行编码。没有什么理由能够证明人类对音乐的记忆与视觉、嗅觉、触觉或者味觉的记忆有什么不同。这样看来，我们好像已经有了足够的证据支持记录保存假说作为我们的记忆运作方式。不过我们又应该如何看待那些支持构成主义观点的证据呢？由于人们可以轻轻松松识别出移调的歌曲，所以我们需要了解这些信息如何在大脑中储存和提取。而且，音乐还有一个我们熟知的特点等待着合适的记忆理论做出解释：我们可以用脑海中的耳朵快速查阅歌曲，而且我们能想象得到这些歌曲的变化。

我在这里以安德里亚·哈尔本的实验为基础举个例子："在"（at）这个词是否出现在美国国歌《星条旗》中？各位可以先自己拟答案再往下读。*

你可能和大多数人一样在脑海中"查阅"这首歌，快速默唱，一直唱到这一句"What so proudly we hailed, at the twilight's last gleaming"。这个过程中发生了一系列有趣的事。第一点，你在脑海里的默唱会比平时听到的速度都快，如果大脑只能回放储存在记忆里的特定版本，就没办法做到这一点。第二点，你的记忆跟录音机不一样，如果你想让录音或者影片快进，音高也会提升，但在我们的脑海里，我们能独立改变音高和速度。第三点，你最后唱到"在"这个字，你已经定位到了问题的答案，但你可能还是会情不自禁地把这句话剩下的部分唱完。这一点表明我们对音乐的记忆涉及分级编码，也就是

---

* 我们可以试着回忆《义勇军进行曲》中的"一"字。——编者注

说，并不是歌词中所有的文字都同样突出，也不是说所有的乐句都同样重要。我们对具体乐句的记忆都有着明确的起始和终止，这一点也与录音机不同。

针对音乐家做的实验也从其他方面证实了记忆分级编码的概念。大部分的音乐家都没办法从任意一处开始演奏自己熟知的音乐，因为他们都是根据层级式乐句结构来学习音乐的，从一组组音符开始练习，然后这些小单元合并成大单元，再形成乐句，乐句再构成乐段、副歌或乐章等结构，最后所有这些串起来形成一首乐曲。如果让乐手从乐句自然分句的前面或者后面几个音符开始演奏，一般乐手都做不到，哪怕是照着乐谱演奏都不行。在其他的实验中，研究人员发现，如果请受试者回忆乐曲中的某个音，假设这个音位于乐句的起始或强拍，相比于乐句中间和弱拍位置，受试者给出答案的速度会更快更准。甚至音符也有分级，比如某个音符是否属于该乐曲的"重要"音符。许多业余歌手不会把音乐作品的每个音符都储存在记忆当中，而是仅仅储存"重要"音符。即使是没有受过任何音乐训练的人也有同样准确和直观的感受，将音乐轮廓储存在记忆中。到了唱歌的时候，业余歌手只需要知道自己需要从哪个音唱到哪个音，然后自己填补没有记住的部分就可以了，不需要明确记住每一个音。这种做法可以大大降低记忆负荷，提升记忆效率。

从所有这些现象中我们可以看到，在过去一百年里，记忆理论的主要发展在于概念和分类研究的融合。现在我们可以确定：我们对于构成主义理论和记录保存理论的选择将影响到与类别相关的理论。我们听到自己喜欢的歌曲的新版本，虽然新版本表现方式不同，但我们还是能基本听出来是同一首歌，我们的大脑会把这个新版本和这首歌我们听过的其他所有版本归为一类。

真正的乐迷可能还会根据自己的知识储备更换原型的版本。以歌曲《摇摆与呐喊》（*Twist and Shout*）为例，你可能在各种酒吧和假日酒店听过这首歌无数遍，也可能听过披头士乐队和妈妈爸爸乐队（the Mamas and the Papas）的版本，你可能觉得这首歌的原型应该就在这两个版本当中。但如果我告诉你，在披头士录这首歌的两年以前，艾斯礼兄弟（the Isley Brothers）就唱火了这首歌，你可能会根据这个信息重新组织你的分类来适应这个新信息。根据自上而下的处理方式，你可以完成类别的重组了，这意味着分类不仅仅是罗施的原型理论那么简单。原型理论与构成主义记忆理论有着非常密切的联系，记忆会舍弃个别事例的细节，而将要点或抽象概念储存起来，有些作为记忆痕迹进行储存，有些则作为类别的核心记忆进行储存。

记录保存理论在类别理论中也有体现，称为"范例理论"（exemplar theory），与原型理论的重要性不相上下。范例理论能够解释我们关于类别形成的直觉和实验数据。科学家们从二十世纪八十年代开始研究与这一理论相关的问题。在爱德华·史密斯（Edward Smith）、道格拉斯·梅丁（Douglas Medin）和布赖恩·罗斯（Brian Ross）的领导下，研究人员发现了原型理论的一些弱点。第一，如果某个类别包含范围广泛，且类别里各成员差异很大，怎么会存在单一的原型呢？比如，我们思考"工具"这个类别，工具的原型是什么？或者我们还可以想想，"家具"这个类别的原型是什么？某位女流行歌手的歌曲原型又是什么？

史密斯、梅丁和罗斯以及他们的同事也注意到，在这些高异质性的类别里，语境对我们概念中的原型有非常重要的影响。汽车修理厂里工具的原型可能是扳手，而不是锤子，但在建筑工地则会恰恰相反。交响乐团里的乐器原型是什么？我敢打赌你肯定不会回答"吉他"或者"口琴"，但如果把语境换成篝火晚会，那我猜你的答案里可能就没有"圆号"或者"小提琴"了。

语境是我们了解类别及其成员的重要信息，而原型理论并未解释这一点。比如我们知道，在"鸟"这个类别里，会唱歌的鸟一般身形娇小。在"我的朋友"这个类别里，有的朋友我会允许他们开我的车，有的不会（根据他们的事故记录以及他们有没有驾照）。佛利伍麦克乐队的歌里，有些是克里斯汀·麦克维（Christine McVie）主唱，有些是林赛·白金汉（Lindsey Buckingham）主唱，还有些是史蒂薇·妮克丝（Stevie Nicks）主唱。我们还知道佛利伍麦克乐队有三个不同的时期：一是彼得·格林（Peter Green）做吉他手的布鲁斯音乐时期，二是丹尼·基尔万（Danny Kirwan）、克里斯汀·麦克维和鲍勃·韦尔奇（Bob Welch）负责词曲创作的流行音乐时期，三是林赛·白金汉和史蒂薇·妮克丝加入之后的新时期。如果我问你，佛利伍麦克乐队的歌曲原型是什么，你就会无可奈何地举手投降，告诉我这么问是不对的！虽然鼓手米克·弗里特伍德（Mick Fleetwood）和贝斯手约翰·麦克维（John McVie）作为乐队的元老一直没有离开，但如果说成是乐队成员的原型好像也不太对，因为他们两人都没有做过主唱或者写过乐队的主打歌曲。警察乐队则正相反，我们可以说斯汀是乐队的成员原型，既是词曲作者，也是主唱和贝斯手。但如果真有人这么说的话，你也可以理直气壮地反驳说：斯汀算不上警察乐队的原型，他只是最具知名度、最重要的成员，和原型不是同一个概念。警察乐队的三个人构成了一个小而异质的类别，我们要讨论警察乐队的成员原型是谁的话，可能不太符合原型的意义——类别各成员的集中趋势、平均值以及类别中最典型的可见或不可见的事物。从平均值的意义上说，斯汀算不上警察乐队的原型，因为他比安迪·萨默斯（Andy Summers）和斯图尔特·科普兰（Stewart Copeland）两个成员的知名度要高得多，而且加入警察乐队之后，他也选择了与两人截然不同的道路。

还有一个问题，虽然罗施没有明确说明，但她提出的分类方式可能需要我们花点时间理解。罗施明确表示，类别的边界不一定清晰，而且某个给定对象可能同时属于多个不同的类别（比如"鸡"既可以属于"鸟类"，也可以属于"家禽""谷仓动物"和"食材"）。但她没有提供明确的规则告诉我们如何迅速划分新的类别。其实我们完全可以轻松划出新的分类。我举一个最明显的例子：在制作 MP3 播放列表的时候，或者在开长途车之前准备车载 CD 的时候，我们会分出一个类别——"我喜欢的音乐"，这个类别无疑是新出现的，而且会不断发生变化。再举一个例子：孩子、钱包、我养的狗、家庭照片和汽车钥匙，这些有什么共同点？对很多人来说，这些都是遇到火灾必须带出来的东西，合在一起就形成了一个特殊分类。我们非常擅长生成这种新的分类。这些新分类的出现，依据的不是我们对外在事物的感知经验，而是上述我们提到的概念归纳。

我也可以给大家讲个故事，我们从故事里可以构建出另一个新的分类："卡罗尔遇到麻烦了。她花光了所有的钱，而且得三天之后才能拿到工资，家里也没有吃的了。"这就引出了一个新的功能性分类——"未来三天获取食物的方式"，其中可能包括"去朋友家""开空头支票""管别人借钱""把我这本《我们为什么爱音乐》卖掉"。所以分类不仅由各成员的匹配程度决定，还由事物之间相互关联的理论决定。我们需要一个类别形成理论来应对以下几种情况：（1）没有原型的类别；（2）不同语境信息下的类别；（3）我们不断形成的新类别。为了应对这几种情况，看来我们必须保留各种事物的一些原始信息，因为不知道这些信息什么时候就会派上用场。如果（根据构成主义理论）我只储存抽象的一般性要点信息，那我该怎么筛选"歌词里有'爱'字但歌名里没有"的歌曲？比如，披头士的《无处不在》（*Here, There and Everywhere*），蓝牡蛎乐团的《别怕死神》（*Don't Fear the Reaper*），弗兰克和女儿南希·辛纳特拉（Nancy Sinatra）的《傻话》（*Something Stupid*），艾拉·费兹杰拉和路易斯·阿姆斯特朗的《贴面跳舞》（*Cheek to Cheek*），巴克·欧文斯（Buck Owens）的《你好，麻烦（请进）》[*Hello Trouble（Come On In）*] 和瑞奇·斯卡格斯（Ricky Skaggs）的《你能听到我的呼唤吗》（*Can't You Hear Me Callin'*），等等。

原型理论与构成主义观点之间存在联系，即我们遇到的各类刺激会经过抽象概括储存在大脑中。史密斯和梅丁提出了另一种范例理论，这种理论的显著特点是：我们的每一次经历、听到的每一句话、和别人的每次亲吻、看到的每一件物品、听过的每一首歌，都会经过编码成为记忆中的痕迹。这也是格式塔心理学记忆剩余理论的延续。

范例理论解释了我们是怎样如此准确地记住这么多细节的。在范例理论的指导下，细节和语境都保存在了概念记忆的系统中。如果某事物与一个类别里各成员的相似程度大于其他类别，那么我们就认为该事物是这个类别的成员。范例理论也可以间接解释为什么实验能够得出类别原型会储存在记忆中的结论。在判断某事物是否属于某个类别的时候，我们会凭借每次遇到这个类别里各成员的记忆与这个事物进行比较。如果我们遇到的是之前没见过的原型，那么就像波斯纳和基尔的实验一样，我们会迅速地正确分类，因为它与我们存储的其他范例极其相似。类别原型与所属类别的成员相似度很高，和其他类别相似度很低，所以就会让你想到正确类别里的范例。原型比你以前遇到的任何范例都要更匹配这个分类，因为根据定义，原型是各成员的向心趋势，是平均值。这一点深刻影响了我们如何欣赏之前从未听过的音乐，以及如何立刻对一首新歌产生好感，这也是本书第六章的主题。

范例理论和记忆理论融合后形成了一组相对较新的理论，统称为"多重痕迹记忆模型"。在这类模型中，我们的每一次经历都会极其精准地保存在我们的长期记忆系统中。我们在检索记忆的过程中如果遇到其他痕迹的干扰，可能会有和原记忆略有不同的其他记忆痕迹吸引我们的注意，或者原始记忆痕迹的细节由于自然的神经生物过程发生退化，这时候记忆就会出现扭曲和冲突。

这类模型面对的真正考验在于它们是否能够解释和预测数据，包括原型、构成性记忆及抽象信息的形成和保存，比如辨认移调后的歌曲等。我们也可以通过神经影像学研究来测试这些模型在神经层面是否合理。美国国立卫生研究院（National Institutes of Health）的大脑实验室主任莱斯利·恩格莱德（Leslie Ungerleider）和同事进行了 fMRI 研究，证实了负责分类的表征位于大脑的特定部位。经过证实，面部、动物、交通工具、食物等表征都在大脑皮层中占有特定的区域。经过对大脑病变的研究之后，我们发现有些患者无法认出某些类别里的成员，而其他类别却不受影响。这些实验数据说明了大脑中的概念结构和概念记忆具有真实性。但我们的大脑是怎样既能储存细节信息，又能让神经系统看起来就像只储存了抽象概念一样呢？

在认知科学中，如果缺乏神经生理学数据，我们通常会使用神经网络模型来检验理论，基本上就是在计算机上模拟人脑，包括神经元、神经元连接和神经元放电等。这些模型复制了大脑多线并行的特性，因此通常被称为平行分布处理模型（parallel distributed processing model，简称 PDP 模型）。斯坦福大学的大卫·鲁梅尔哈特（David Rumelhardt）和卡内基梅隆大学的杰伊·麦克莱兰（Jay McClelland）都是这一研究领域的前沿人物。PDP 模型不是普通的计算机程序，它可以像真实大脑一样多线并行，有多层处理单元（与大脑皮层类似），模拟神经元也可以以无数种不同的方式相互连接（与真实神经元类似），而且根据需要，神经网络模型可以剪除或者添加模拟神经元（就像传入的信息到达大脑会让大脑重新配置神经网络一样）。我们可以给予 PDP 模型需要解决的问题，比如让模型分类、储存记忆或检索信息等，就能了解相关的理论是否合理。如果 PDP 模型的表现方式和人类相同，那么就可以证明人类身上存在相同的机制。

道格拉斯·欣茨曼建立了最具影响力的 PDP 模型，证明了多重痕迹记忆模型在神经学上的合理性。欣茨曼将这一模型叫作密涅瓦，取自罗马智慧女神的名字，并于 1986 年将该模型投入使用。密涅瓦储存了各种刺激的单个范例，同时也能储存类别原型和抽象概括，和我们原先设想的一样。此外，她还会比较新遇到的内容与记忆中储存的内容，运作方式跟史密斯和梅丁描述的基本一致。斯蒂芬·戈丁格进一步发现了证据，证明多重痕迹记忆模型可以通过听觉刺激产生抽象概括，特别是在人们听到具体的讲话声音时表现得尤为明显。

现在，记忆研究领域正在形成一项新的共识，即记录保存理论和构成主义观点都不正确，综合了两者的第三种理论才是正确的，那就是多重痕迹记忆模型。欣茨曼 / 戈丁格的多重痕迹记忆模型与关于音乐属性的记忆准确性实验相符，而这一模型和类别的范例理论模型也最为接近，现在学界就这一点也在达成共识。

我们在听旋律的时候能提取出旋律里不会发生变化的特征，多重痕迹记忆模型该如何解释这一点？我们在听到一段旋律的时候，必须经过一系列运算，除了记录音乐表现细节中的音高、节奏、速度和音色等绝对数值之外，我们还必须计算旋律的音程以及与速度无关的节奏信息等。麦吉尔大学的罗伯特·萨托雷（Robert Zatorre）和同事进行了神经影像学研究，证明事实确实如此。耳朵上方的颞叶上部有个旋律"计算中心"，这个部位会在听音乐的时候关注音程大小和各音高之间的距离，创建出一个无音高的旋律值模板，这样我们就能识别出移调后的乐曲了。我在研究中也通过神经影像学发现，熟悉的音乐会激活颞叶上部区域和海马体。海马体结构位于大脑的深处，对记忆的编码和提取至关重要。总而言之，这些研究结果都可以表明，我们会把旋律的抽象信息和具体信息都储存起来。所有的感官刺激可能都存在这样的特点。

因为多重痕迹记忆模型可以将语境保留下来，所以这也是我们有的时候会突然想到几乎已经遗忘的记忆的原因。你在街上走着走着突然闻到一种好久没有闻到过的气味，熟悉的感觉让你想到了很久以前的事情？或者在收音机里听到一首老歌，突然就想起了这首歌刚流行的时候自己那些深埋已久的记忆？这些现象触及了记忆的核心。我们大多数人拥有的记忆就像相册或者剪贴簿。有些故事我们喜欢跟朋友和家人分享，有些经历我们会在挣扎、悲伤、开心或者感到压力的时候独自回味，它们能够提醒我们不要忘了自己是谁，不要忘了自己去过哪里。我们可以将其看作自己记忆的作品集。那些我们经常重温的记忆，就像音乐家的保留曲目，就像他们能够熟练演奏的作品一样。

根据多重痕迹记忆模型，我们的每次经验都有可能经过编码保存在记忆中，但并不会保存在大脑的特定位置，毕竟大脑也不是仓库。准确地讲，记忆是由神经元群组编码形成的，当这些神经元群组到达适合的设定，我们的大脑就会开始检索和重播一段记忆。所以如果我们回忆不起来什么事，并不是因为这件事没有储存在我们的记忆中，而是因为我们没有找到正确的线索来唤起这段记忆，没有正确配置我们的神经回路。我们越常回忆一段记忆，负责检索和回忆的神经回路就越活跃，我们也就越容易获取唤起这段记忆的线索。理论上讲，如果我们有正确的线索，我们其实可以回忆起过去任何一段经历。

可以试着回忆你三年级的老师，可能你已经很久都没有想到当时的事情，但现在你突然想起来了，触发了一段短期记忆。如果你继续回忆，想想自己的老师、教室，你可能还会想起三年级时候一些其他的东西，比如教室里的桌子、学校的走廊，还有你的朋友们。这些线索都很笼统，并不是很生动。但如果我给你看你三年级时候在班上的照片，你可能就会突然想起自己已经忘记的所有事情——同学的名字、课上学习的科目、午休时候玩的游戏，等等。一首歌曲也带有一系列非常清晰生动的记忆线索。因为多重痕迹记忆模型认为语境会与记忆痕迹一起编码储存，所以你在生活中不同时间听到的音乐会与这些时间段内发生的事件交叉编码，也就是说，音乐和当时的事件产生了关联，这些事件也与音乐产生了关联。

记忆理论有句格言：独特的线索能最有效地唤起记忆，一个特定线索关联的项目或语境越多，也就越难唤起特定的记忆。所以可能有些歌曲虽然跟你生命中的某个时期有关，但这些歌当时非常流行，就像播放摇滚经典乐曲的电台或者古典音乐电台经常循环播放的那些广为人知的经典曲目一样，那么这些歌曲就很难成为我们从那个时期提取记忆的有效线索。然而一旦我们听到一首从某段时间以来就再也没有听过的歌，记忆的闸门就会被打开，我们也会跟着沉浸在记忆当中。这首歌充当一个独特的线索，就像一把钥匙开启了我们与这首歌有关的记忆、有关的时间地点和相关的所有经历。因为记忆和分类是联系在一起的，所以一首歌不仅可以唤起我们特定的记忆，还可以唤起我们对某一类事件的记忆。所以如果你听到一首二十世纪七十年代的迪斯科歌曲，比如乡下人乐队（Village People）的《YMCA》，你可能会在脑海中寻找这个流派的其他歌曲，比如艾丽西亚·布里奇斯（Alicia Bridges）的《我爱夜生活》（*I Love the Nightlife*）和范·麦考伊（Van McCoy）的《快点》（*The Hustle*）。

记忆对音乐体验的影响如此重大，我们甚至可以说，没有记忆就没有音乐。许多理论家和哲学家都指出了这一点，词曲创作者约翰·哈特福德（John Hartford）在歌曲《想要引起你的注意》（*Tryin' to Do Something to Get Your Attention*）中也提到"音乐的基础是重复"。音乐之所以能奏效，就是因为我们记住了刚才听到的音高，并且能与接续出现的音高联系起来。这些音高组合起来成了乐句，而且可能会在音乐后面通过变奏或移调的方式再次出现，刺激到我们的记忆系统。过去的十年里，神经科学家已经证明了我们的记忆系统与情感系统有着非常密切的联系。长期以来我们都认为杏仁核是哺乳动物体内负责情感的结构，与海马体相邻。一直以来，杏仁核即使算不上是记忆寻回结构，也说得上和记忆储存息息相关，尤其是经历或记忆中带有强烈感情的时候，杏仁核就会变得高度活跃。我在实验室里做的每一项神经影像学研究都显示出杏仁核在接收到音乐的时候会被激活，而接收到无序的声音或者乐音则不会激活。当大师级作曲家熟练地使用重复技巧的时候，我们的大脑就会得到情感上的满足，让听觉体验成为让人愉悦的感受。

第六章

吃完甜点发现我和
克里克相隔四个座位

音乐、情感和爬虫脑

前面我提到过，大多数音乐我们都可以跟着打拍子。我们听到节拍清晰的音乐，就可以跟着音乐用脚打拍子，或者在脑海里打拍子。除个别情况之外，音乐的节拍都有规则，时间间隔非常均匀。这种规律的节拍会让我们对特定时间发生的事件产生预期，就像听到火车在铁道上的咔嗒声，我们就知道车在往前开，知道自己在路上，知道一切都很顺利。

作曲家有时候会延长节拍，以产生悬念，比如贝多芬第五交响曲《命运》最开始的几个小节，我们听到"嘣—嘣嘣—叭"，然后音乐就暂停了，我们也不确定什么时候会听到下一个音。贝多芬又用不同的音高重复这一节奏，但在第二次暂停之后，音乐就开始跑步前进了，节拍开始变得规律，我们可以跟着音乐用脚打拍子了。而有的时候作曲家也会给我们明确的节拍，但会在后面弱化，接着又用强劲的节拍来达到戏剧化的效果。滚石乐队的《夜总会女郎》（*Honky Tonk Women*）以牛铃开始，然后加入鼓声，再加入电吉他。节拍保持不变，我们对节拍的感受也不变，但节拍的强度逐渐显现。（如果用耳机听的话，会发现牛铃是从单侧的耳机传出来的，产生的戏剧化效果更强。）这是典型的重金属和摇滚乐特征。AC/DC 乐队的《回到黑暗》以踩镲和听起来像小军鼓的吉他闷音和弦开始，持续一个八拍，然后电吉他的声音冲进来。吉米·亨德里克斯在《紫色烟雾》(*Purple Haze*)的前奏部分也做了同样的处理，最开始用吉他和贝斯弹奏八个四分音符，用重复的音高组合让我们感受到了明确的节拍，然后再让米奇·米切尔(Mitch Mitchell)的鼓声进来。作曲家有时候也会捉弄听众，先让听众对节拍产生期待，然后突然让期待落空，再重新落在强劲的节拍上。比如史提夫·汪达的《黄金女郎》(*Golden Lady*)和佛利伍麦克的《催眠》(*Hypnotized*)等歌曲，都会先设定一个节拍，然后在其他乐器进来的时候，让节拍发生变化。弗兰克·扎帕(Frank Zappa)就是擅长运用这种节拍变化的大师。

当然，有些类型的音乐好像比其他类型更有节奏感，虽然莫扎特的《弦乐小夜曲》(*Eine Kleine Nachtmusik*)和比吉斯乐队的《活着》(*Stayin' Alive*)都有清晰的节拍，但第二首歌的节拍更容易让大家站起来跳舞（至少我们在二十世纪七十年代会这么想）。音乐要想（从律动和情感上）打动听众，就需要有容易预测的节拍。作曲家会通过不同的方式把节拍进行细分，并且着重强调某些音，这种处理方式与歌曲的演绎也有很大关系。我们在说乐曲的律动非常棒的时候，提到的"律动"(groove)不是电影《王牌大贱谍》(*Austin Powers*)里那种二十世纪六十年代摇摆舞的行话，而是这些节拍的分割方式会创造出强烈的动感。律动是一种能推动歌曲向前发展的特征，打个比方，就像一本让你爱不释手的书。如果一首歌有非常精彩的律动，创造出的声音世界也会让人流连忘返。我们能意识到歌曲的节奏在向前行进，但外界的时间却似乎停止了，我们希望这首歌永远不要结束。

律动与特定的表演者或者表演方式有关，与白纸黑字的内容无关。律动是表演中一个很微妙的方面，即使是同一群表演者进行的表演，每次演奏的律动也不尽相同。当然，听众对律动的好坏评价并不一致，但为了表述更明确，我们可以先确立一个较为公认的标准，即大部分人认为艾斯礼兄弟的《呐喊》（*Shout*）和瑞克·詹姆斯（Rick James）的《超级怪咖》（*Super Freak*）的律动都非常好，彼得·盖布瑞尔的《大锤》（*Sledgehammer*）律动也很好。布鲁斯·斯普林斯汀的《欲火焚身》（*I'm On Fire*），史提夫·汪达的《迷信》和伪装者乐队的《俄亥俄》（*Ohio*）也都有很强的韵律感，而又彼此不同。但每个模仿过诱惑乐队（the Temptations）和雷·查尔斯（Ray Charles）的 R&B 音乐人都会说，如何创造出非常动感的韵律其实没有公式可循。我们可以举几个例子，证明模仿律动并不是那么容易。

《迷信》这首歌在律动上的一大亮点就是史提夫·汪达的鼓声。在这首歌开头的几秒钟，史提夫的踩镲声响起，你就能听到一些这首歌律动的秘密。很多鼓手都把踩镲当作自己的计时器，可能音乐声音非常大的时候听众听不到踩镲的声音，但踩镲是鼓手用来计拍的重要工具。史提夫对踩镲节拍的运用非常多变，完全没有重复使用节奏，而且额外加上一些踩镲踏板的使用、敲击和空拍。他在踩镲上也做了音量的细节处理，增加音乐张力。小军鼓先开始"嘣—（空）—嘣—嘣啪"，然后我们开始听到踩镲进来：

嘟—嘟—嘟—嘟嗒　**嘟**嗒—嘟—嘟—嘟嗒

嘟—哒—嘟—嘟嗒　**嘟**—嘟嗒—嘟嗒—嘟

他的天才之处在于，每次演奏的时候，这一段鼓都会在各个方面发生变化，但又保持一部分内容不变，这样我们就能听出来是同一段前奏。史提夫在每一行开头演奏的节奏保持一致，但他通过改变每一行后半部分的节奏形成"呼应"（call-and-response）。他还运用技巧在关键位置——第二行第二个音，换了一种方式打踩镲，改变音色，让踩镲以一种不同的方式"讲话"。如果说踩镲讲的也是一种语言，那么相当于史提夫改变了语言中的元音。

音乐家们普遍认为，最好的律动都不是严格跟随节拍的，也就是说，律动不能太机械。虽然很多舞曲都是用鼓机（drum machines）制作的，比如王子的《1999》和宝拉·阿巴杜的《有话直说》，但评价律动有一条金标准，就是鼓手会不会根据音乐在美学和情感上的细微差别进行速度的微调，我们把这种鼓手的节奏称作"呼吸"。斯迪利·丹乐队在制作《不环保二人组》（*Two Against Nature*）这张专辑的时候，在鼓机部分花了几个月的时间进行编辑、再编辑、修改、加速、减速，这样才能让鼓机听起来像真人鼓手演奏，以平衡律动和呼吸。他们只改变部分速度，而整曲速度没有变化，不会影响节拍，也不会影响节拍的基本结构，只是改变了一些拍子出现的确切时间，不会改变两拍、三拍或者四拍的节拍组合，也不会改变歌曲的整体速度。

我们一般不会在古典音乐里谈论律动的问题，但大多数歌剧、交响乐、奏鸣曲、协奏曲和弦乐四重奏都有明确的节拍，通常要与指挥的动作相对应。指挥会给各位音乐家指明节拍的位置，有时候会通过延长或缩短节拍来表达情感。人与人之间的真实对话、恳求原谅、表达愤怒、表示好感、讲故事、做计划或者养育子女，都不会像机器运行一样精准。可以说，音乐在某种程度上能够反映我们情感生活和人际关系的动态变化，需要高低起伏、轻重缓急、停顿转折。只有大脑中的计算系统提取出拍子需要什么时候出现，我们才能感受或者意识到这些时间上的变化。大脑需要创建稳定的节拍模式——基模，这样我们才能知道音乐家在哪些地方做了调整，类似于一段旋律的变奏，我们对旋律先建立起心理表征，这样就可以了解并欣赏音乐家的发挥了。

节拍的提取是音乐情感中的关键，也就是说我们既要知道节拍在哪里，还要知道我们对节拍何时出现有怎样的期待。音乐通过对预期进行系统性的颠覆，和听众达到情感上的交流。这些对预期的颠覆可以体现在音高、音色、轮廓、节奏、速度等任何方面，而且它们是一定会出现的。音乐是有组织的声音，而声音的组织必须包含一些让人意想不到的因素，不然听起来就会非常呆板、平淡。从严格意义上来说，声音组织极其工整也可以算是音乐，只是没人愿意听。比如音阶就是组织非常工整的音乐，但大多数家长听孩子弹五分钟音阶就会厌烦了。

这种节拍提取背后的神经学基础在哪里？从病理研究中我们了解到，节奏和节拍提取在神经上没有关联。左脑受损的患者可能会失去感知或创造节奏的能力，但他们仍然能够提取出节拍，而右脑受损的患者则正相反。这两者与旋律的神经处理机制也相互独立。罗伯特·萨托雷发现，右颞叶比左颞叶受损更容易影响人对旋律的感知。伊莎贝尔·佩雷茨（Isabelle Peretz）发现，右脑的轮廓处理器能够绘制出旋律的轮廓，并对其进行分析，便于后期识别，而且这一过程与大脑中的节奏和节拍处理回路是相互独立的。

我们在记忆研究中发现，计算机模型可以帮助我们了解大脑的内部运作。荷兰的彼得·德森（Peter Desain）和亨詹·侯宁（Henkjan Honing）开发了一种可以从音乐中提取节拍的计算机模型。这种模型对节拍的判断主要依赖于振幅，因为节拍是由规律的强弱拍交替来进行定义的。为了证明整套系统的有效性，他们将系统的输出连接到小型电动机上，然后把小型电动机装在鞋子里。结果显示，这套节拍提取装置确实能够根据真正的音乐片段用脚（或者至少可以说是金属杆上套着的鞋）打拍子。二十世纪九十年代中期，我在 CCRMA 见过这个演示装置，让我大开眼界。观众（我把大家叫作"观众"是因为我们能看见一只 42.5 码的黑色男鞋套在一根金属杆上，通过电线连接到电脑上，景象煞是壮观）可以给侯宁和德森一张 CD，他们的鞋就会在"听"了几秒钟之后开始打拍子，踏在下面的胶合板上。（演示结束之后，佩里·库克走到他们面前跟他们说："真不错……你们这鞋有棕色的吗？"）

有趣的是，德森和侯宁的计算机模型与人类一样有着相同的弱点。与专业音乐家感受到的标准节拍相比，模型有时候会半拍踏一次脚，有时候会两拍踏一次脚，非音乐专业的听众也经常会出现这样的错误。计算机模型要是能和人类犯相似的错误，就更能证明运行的程序是在复制人类的思维了，或者至少我们可以说，这种程序能够模拟人类思维背后的计算过程。

小脑是脑部与计时功能和身体协调密切相关的部分。小脑的英文 cerebellum 来源于拉丁语，意思是"小的大脑"，实际上小脑确实看起来就像一个小的大脑，位置在大脑

（cerebrum，人脑中体积较大的主要部分）下方，颈部后侧。小脑和大脑一样有两个半球，每个半球也都分为多个区域。研究人员对不同动物的脑部系统发育进行了研究，发现小脑是脑部最早进化的区域之一，通俗说法也叫"爬虫脑"。虽然小脑的重量只有脑部其他部分的10%，但包含了脑部神经元总数的50%—80%。脑部发展历史最悠久的小脑还有一项对音乐来讲至关重要的功能——计时。

传统观念认为，小脑是脑部负责引导运动的部位。一般来讲，动物的大部分动作具有循环往复的性质。比如我们在走路或者跑步的时候会习惯于基本保持恒定的速度，我们的身体会进入一种行进的状态，并将继续保持这种状态。鱼在游泳或者鸟在飞翔的时候，也都习惯于基本保持恒定的速度摆动鱼鳍或者拍打翅膀。维持这种速度或者行进状态需要小脑参与。帕金森病非常显著的症状就是走路困难，并且我们现在已经明确这种疾病与小脑退化有关。

音乐和小脑的关系是怎样的呢？我们在实验室发现，受试者在听音乐的时候，小脑变得非常活跃，但在听噪声的时候，小脑没有反应。所以小脑似乎和我们判断音乐节拍有关。我们也请受试者参与了另一项有关小脑的实验：我们让受试者分别听他们喜欢和不喜欢、熟悉和不熟悉的音乐。

很多人，包括我们自己，都想知道小脑是否会根据不同的喜爱程度与熟悉程度产生不同的活跃度。2003年夏天，维诺德·梅农给我讲了哈佛大学教授杰里米·施马曼（Jeremy Schmahmann）的研究。传统主义者认为小脑的主要功能只有计时和运动，而施马曼独辟蹊径，通过尸体解剖、神经成像、案例研究以及对其他物种的研究等，和团队共同收集了大量令人信服的证据，证明小脑也与情绪相关。这能够解释为什么人们在听喜欢的音乐时小脑会活跃起来。施马曼指出，小脑与大脑的情感中枢——杏仁核和额叶有着非常紧密的联系，其中杏仁核参与情感的记录，而额叶负责参与计划和控制冲动。那么情绪和运动之间的联系是怎样的？为什么两者都与同样的脑部区域相关联？同样的脑部区域甚至在蛇和蜥蜴等动物身上也都存在。我们还不确定这两个问题的答案，但现在已经有了一些可靠的推测，而且推测来自学界的顶尖人才——DNA结构的发现者詹姆斯·沃森（James Watson）和弗朗西斯·克里克（Francis Crick）。

冷泉港实验室（Cold Spring Harbor Laboratory）位于纽约长岛，是一所先进的高科技机构，专门从事神经科学、神经生物学和癌症的研究，而且实验室主任是诺贝尔奖获得者詹姆斯·沃森，所以在遗传学研究方面更是如鱼得水。实验室通过纽约州立大学石溪分校提供研究领域的学位和高等教育。我的同事阿曼丁·佩内尔（Amandine Penel）在实验室做了几年博士后研究员，我在俄勒冈大学读博士的时候，她在巴黎已经拿到了音乐认知科学的博士学位。我们后来是在年度音乐认知会议上认识的。冷泉港实验室定期举办集中性的研讨会，吸引大量领域专家参会。研讨会为期数天，每个人都在实验室吃住，会议期间，每天都会全天讨论选定的科学议题。举办研讨会的意义在于召集全世界的领域专家，让迥然不同的观点相互碰撞，以期在选定科学议题的某些方面达成一定共识，推动科学发展进步。冷泉港实验室研讨会在基因组学、植物遗传学和神经生物学方面都颇负盛名。

有一天我正在麦吉尔大学读邮件，邮箱里都是关于本科课程委员会和期末考试日程那些平平无奇的内容，但我惊喜地发现有一封邮件邀请我去冷泉港实验室参加为期四天的研讨会。以下是邮件的内容：

时间模式的神经表现与处理

时间在大脑里如何表现？大脑如何感知或产生复杂的时间模式？时间模式的处理是感觉和运动功能的基本要素。由于我们与环境的互动存在内在时间性，因此，想要了解大脑，我们就需要了解大脑处理时间的方式。此次会议拟邀请全球顶尖心理学家、神经科学家和理论家共同探讨相关问题。会议目标为：一、邀请各领域关于时间方面的研究学者集思广益，开拓新局面。二、目前单一时间间隔处理（single-temporal-interval）方面的研究已经取得了巨大进展，放眼未来，我们希望从这些研究中汲取养料，进一步讨论多时间间隔处理问题。时间模式感知研究正在成为跨学科领域，我们希望借此次会议讨论和制定跨学科研究议程。

一开始，我以为组织方是误把我的名字列进邀请名单的，因为邮件里的所有受邀嘉宾都是我认识的学界重量级人物，相当于时间研究领域的乔治·马丁、保罗·麦卡特尼、小泽征尔和马友友等。受邀名单上的宝拉·塔拉尔（Paula Tallal）和加州大学旧金山分校的迈克·梅泽尼奇（Mike Merzenich）在研究中发现，儿童听觉系统计时功能出现缺陷可能会引起阅读障碍。塔拉尔也发表了一些极具影响力的关于语音和大脑的 fMRI 研究，揭示了语音处理在大脑中的位置。我有个聪慧过人的表亲里奇·艾弗里（Rich Ivry）也在受邀之列，他是我们当代最出色的认知神经科学家之一，已经在俄勒冈大学史蒂夫·基尔（Steve Keele）的门下拿到了博士学位。他在小脑和运动控制的认知方面进行了开创性的研究。里奇为人低调、脚踏实地，能够极其精准地切入科学问题的核心。

名单上还有顶尖的数学心理学家兰迪·加利斯特尔（Randy Gallistel），他建立了人类和小鼠的记忆和学习过程的模型，他的论文我反复研读过很多次。阿曼丁·佩内尔的第一位博士后指导教师布鲁诺·雷普（Bruno Repp）也是我前两篇论文（关于受试者能够以近乎准确的音调和速度演唱流行歌曲的实验）的审稿人。另一位世界级音乐节奏专家玛丽·赖斯·琼斯（Mari Reiss Jones）也受到了邀请，她曾对注意力在音乐认知中的作用方面做过重要研究，并且制作出了颇有影响力的模型来解释音乐的重音、节拍、节奏和预期经过怎样的融合之后形成我们对音乐结构的认识。最为重要的 PDP 神经网络模型——霍普菲尔德网络的发明者约翰·霍普菲尔德（John Hopfield）也在受邀之列。我在到达冷泉港实验室的时候，感觉自己就像一个 1957 年猫王演唱会后台的歌迷。

会议现场唇枪舌剑，现场的研究人员在基本问题上都无法达成一致。比如，如何区分振荡器和计时器，或者负责估计间隔时长和规律节拍时长的神经处理是否相同等。

作为一个团队，我们终于意识到，阻碍该领域取得真正进步的主要原因就是我们在用不同的术语来指代同样的事物，而很多时候，我们又用同一个词（比如"时间"）来指代很多不同的事物，这样就产生了很多截然不同的基本假说。

如果你听到有人说"颞平面"（一种神经结构），你会以为他说的和你想的意思一样。但在科学界，这种"以为"非常致命，在音乐界也一样。一个人可能认为颞平面必须从解剖学上定义，另一个人则认为必须从功能上定义。我们讨论了灰质和白质的重要性，还讨论了两个事件同步指的是什么——同步指的是两件事必须在完全相同的时间发生？还是仅仅在感知上能同步即可？

晚上，我们的晚餐有啤酒和红酒，我们边吃边喝，继续讨论。我带的博士生布拉德利·维恩斯（Bradley Vines）是会议的观察员，他在晚餐期间给大家演奏了萨克斯，我和几位音乐家一起弹起了吉他，阿曼丁还唱起了歌。

因为会议讨论的议题是时间的把握，所以很多人以前都没有关注过施马曼的研究，也没关注过情绪和小脑之间可能存在的联系。但艾弗里读过，他了解施马曼的研究，而且对他的研究很感兴趣。在我们的讨论中，他点明了音乐感知和动作规划之间的相似性，这是我在自己的实验中没有发现的。他也认同音乐之谜的核心必然涉及小脑。我遇到沃森的时候，他跟我说，他也觉得小脑、时间的把握、音乐和情绪之间存在某种关联。那么这种关联是什么呢？它的进化基础又是什么？

几个月后，我去拜访了与我密切合作的乌苏拉·贝鲁吉（Ursula Bellugi）。二十世纪六十年代，她师从哈佛大学的知名学者罗杰·布朗（Roger Brown），现在在加州拉荷亚索尔克生物研究所（Salk Institute）负责管理认知神经科学实验室。研究所面向太平洋，坐落在一片一尘不染的土地上。在她的职业生涯中，她完成了许多开创性和标志性的研究，其中之一就是率先证明了手语是一种真正的语言（具有句法结构，而不是一种特殊或者无组织的手势），还证明了乔姆斯基的语言模块不只适用于口语。此外，她进行开创性研究的领域还包括空间认知、手势、神经发育障碍以及神经元自身功能改变的神经可塑性，等等。

　　我和乌苏拉已经一起工作十年了，我们的工作就是要揭开音乐的基因基础。研究所的负责人弗朗西斯·克里克曾和沃森共同发现了 DNA 结构，我们在这里搞研究再好不过了。我每年都会去索尔克研究所，这样就可以和乌苏拉一起研究实验数据，准备发表论文。我们两人喜欢坐在同一个房间里，盯着同一个电脑屏幕，研究染色体图表，观察大脑的活化反应，讨论看到的现象对我们的假说有怎样的意义。

　　索尔克研究所每周都会举行一次"教授午餐会"，会上，德高望重的科学家们会和所长弗朗西斯·克里克围坐在一张大方桌旁。很少有访客来访，因为午餐会属于私人论坛，需要让科学家们畅所欲言。我之前听说过这个神圣的午餐会，也一直梦想能够参与其中。

　　克里克在《惊人的假说》（*The Astonishing Hypothesis*）一书中提到，他认为意识起源于大脑，我们的思想、信仰、欲望和感觉的总和来自神经元、神经胶质细胞以及构成它们的分子和原子的各项活动。这种说法很有意思，但像我前面提到的，我不是很喜欢为了绘制脑图而研究大脑功能分区，我更想知道这些身体结构是如何产生人类体验的。

克里克真正吸引我的地方并不是他在 DNA 方面的杰出贡献，也不是他对索尔克研究所的管理，更不是他的著作《惊人的假说》，而是他的自传《狂热的追求》（*What Mad Pursuit*）。书里讲述了他早年在科学领域的故事，实际上，也恰恰是因为下面这一段话，我才在后期选择了投身科学事业。

> 战争终于结束了，我感到很迷茫……于是我审视了一下自己的资历。我的学历不是很好，但在海军服役期间取得的成绩多少还能起到一点弥补作用。我对磁学和流体力学方面有些了解，但对研究它们又没什么兴趣，而且也没发表过论文……后来渐渐地我才意识到，资历浅反而可以是一种优势。大部分科学家到了 30 岁的时候都会受到自己专业知识的束缚，因为他们在自己的领域已经投入了大量的精力，所以在后期的职业生涯中，想要做出根本性的改变往往会变得极其困难。但是，我却一无所知，除了受过传统物理学和数学教育以外，我还有接受新事物的能力……既然什么都不懂，我就基本上有了完全自由选择的机会。

克里克自身的探索过程让我备受鼓舞，让我意识到虽然经验不足，但我可以把它看作一种独特的思考认知神经科学的方式，并激励我超越自己领悟能力的极限。

一天早上，我从酒店开车去乌苏拉的实验室，想要早点开始研究。对我来说，"早"指的是早上七点，但乌苏拉从六点就开始在实验室忙碌了。我们在她的办公室里一起工作，盯着电脑敲着键盘，这时候乌苏拉放下咖啡，用精灵般闪亮的眼睛看着我："你今天想不想见见弗朗西斯？"就在几个月前，我刚和他的诺贝尔奖搭档沃森见过面，这样的巧合真是太让人惊喜了。

接着一段往事涌入脑海，我突然慌了起来。我刚开始做唱片制作人的时候，旧金山顶级录音棚奥托马特（Automatt）的经理米歇尔·扎林（Michelle Zarin）每个星期五都要在办公室安排聚会，让大家品尝红酒和奶酪，只有圈内收到邀请的人才能参加。当时好几个月我都在和不知名的乐队合作，比如苦难乐队（the Afflicted）和硬币乐队（the Dimes），等等。每到星期五，我都能看见摇滚乐大佬走进她的办公室，有卡洛斯·桑塔纳、休伊·路易斯（Huey Lewis）、制作人吉姆·盖恩斯（Jim Gaines）和鲍勃·约翰斯顿（Bob Johnston），等等。后来在一个星期五，她跟我说罗恩·内维森（Ron Nevison）要过来，他曾经给我最喜欢的齐柏林飞艇做过唱片，还和谁人乐队合作过。米歇尔把我带进办公室，大家慢慢聚起来形成一个半圆，她告诉我应该站在哪里。大家开始喝酒聊天，我在一旁毕恭毕敬地听着。罗恩·内维森是整个屋里我真正想见的人，但他好像没注意到我。我看了看表，十五分钟过去了。柏兹·史盖兹（Boz Scaggs，另一位客人）在角落里打开了音响。音响里响起了《秘密》（*Lowdown*）、《里多》（*Lido Shuffle*），一首接一首，二十分钟就这样过去了。我还能和内维森说上话吗？音响里传出了《我们都孤单》（*We're All Alone*），歌词一下子戳中了我的心，音乐有时候就是会这样。我得抓住机会了。于是我走到内维森面前向他做了自我介绍，他跟我握了握手，又继续和别人说起话来。然后就没有然后了。米歇尔后来训了我一顿，说没有像我这么办事的。如果我等着她介绍我的话，她就会跟内维森介绍说，我是一个年轻的制作人，以前也跟他提起过，我是个很有潜力的新人，是个有礼貌、有思想的年轻人，她想让我们认识一下。但自此之后我再也没见过内维森。

午休的时候，我和乌苏拉走到外面，感受圣迭戈的春日。站在外面能听见海鸥在头上的叫声。我们走到索尔克研究所的拐角，那里是俯瞰太平洋的最佳地点，然后再走上三段楼梯，到了教授的午餐食堂。我一下子就认出了克里克。他已经年近九十，看起来很瘦弱。乌苏拉带我坐在他右面离他四个座位的地方。

午餐环境非常嘈杂，我只能听到一些谈话片段，有位教授刚刚发现了一种诱发癌症的基因，有人做的研究解码了鱿鱼视觉系统的遗传学，还有人猜测可以用药物干预减缓阿尔茨海默病相关的记忆丧失。克里克大部分时间都是在倾听，偶尔才会说两句，但说话声非常小，我一句都听不见。教授们吃完午饭之后，食堂就安静了下来。

吃完甜点之后，我发现克里克还是坐在和我相隔四个座位的地方，背对着我们，和左边的人聊得很开心。我想见见他，跟他聊聊《惊人的假说》，问问他对认知、情绪和运动控制之间关系的看法，想知道身为 DNA 结构的共同发现者，他对音乐背后的遗传基础又有什么样的见解。

乌苏拉看出了我的焦急，告诉我一会儿出去的时候会把我介绍给他。我情绪很低落，感觉又是说声"你好，再见"就没有下文了。她拉着我的胳膊，因为她身高不到一米五，伸伸手才能够得到我。她把我带到克里克面前，当时他正在和同事讨论轻子（lepton）和缪子（muon）*。乌苏拉上前插话道："弗朗西斯，我想给您介绍认识一下我的同事莱维廷，他是从麦吉尔大学过来的，现在和我一起研究威廉姆斯综合征和音乐方面的问题。"克里克还没来得及回应，乌苏拉就拉着我的胳膊往门口走了。克里克眼睛一亮，在椅子上坐直。"音乐，"他说着，把刚才聊轻子的同事晾在一边，"回头有时间的时候我想跟你聊聊这个事。"乌苏拉俏皮地回应："哎，我们现在就有时间。"

克里克想要了解我们有没有对音乐进行过神经影像学研究，于是我给他讲了我们对音乐和小脑的研究。他对我们的研究结果很感兴趣，也很喜欢我们对小脑与音乐情感可能存在联系所做的探究。我们都知道，小脑能够协助表演者和指挥家把握音乐时间，保持速度稳定。而很多人也认为，在听音乐的时候，小脑会起到把握音乐时间的作用。那么小脑与情感是如何关联起来的呢？情感、时间的把握和动作又是如何在进化上关联起来的呢？

首先，情感进化的基础可能是什么？科学家们甚至对情感的定义还无法达成一致。我们能够区分情感（暂时的心理状态，通常受某些外部事件的影响，可能是现在发生的事、记忆中的事，也可能是预计未来会发生的事）、心境（持续时间较长的心理状态，不一定与外部事件有关）、特质（表现出某种

---

* 轻子是一种有电荷或无电荷的基本粒子。缪子是第二代轻子。——译者注

心理状态的倾向或趋势，例如"她平常是个很快乐的人"，或者"他好像从来都不知道满足"）等。有些科学家还会用"情绪"来表示我们心理状态的维度（积极或消极），而用"情感"来表示特定的心理状态。情绪只有两个维度（如果加上"无情绪"就是三种），每种维度都包含一系列的情感，积极情绪包括快乐和满足，消极情绪包括恐惧和愤怒。

我和克里克还谈到了在进化的历史上，情感是如何与动机紧密相关的。克里克提醒我，远古时代我们人类祖先的情绪一般是一种为了生存而产生的神经化学状态，能够促使我们采取行动。我们看见一头狮子，就会立刻产生恐惧心理，这就是一种内在的心理状态、一种情绪，是某些特定的神经递质和放电频率的组合让我们产生了这种情绪。我们称为"恐惧"的这种状态会促使我们停下自己正在做的事，不假思索地抬腿就跑。如果我们吃到了变质的食物，就会产生一种恶心的感觉，某些生理反应会立刻出现，比如皱鼻子（避免吸入可能存在的有毒气体）和伸舌头（吐出变质的食物）等。我们还会收缩喉咙，限制食物进入胃里。而我们在跋涉几个小时之后看见一片水域，会喝个心满意足，这种情感会让我们记住这片水域的位置。

并非所有的情感活动都会引起身体动作，但很多重要的情感活动会引发动作，最有代表性的就是跑步。如果我们以正常的步态跑步，就可以跑得较快，效率较高，不太可能摔倒或者失去平衡。小脑的作用在这里得到了非常清晰的体现。情感与小脑神经元的关联也是非常合理的猜测。想要生存，最关键的活动通常会涉及逃离捕食者或者追捕猎物，所以我们的祖先需要快速地做出即时反应，无须先分析情况或者先研究最佳行动方案。简而言之，在我们的祖先当中，那些运动系统与情感系统直接关联的人反应更快，从而能够生存繁衍，并把这些基因传给下一代。

克里克真正感兴趣的不是行为的进化起源或者实验数据。克里克读过施马曼的著作，著作中提到，他想让一些过去得不到认可或者被人遗忘的旧观念得到新生。比如1934年，施马曼的一篇论文指出，小脑参与了觉醒、注意力和睡眠的调节。二十世纪七十年代，我们了解到小脑特定区域的损伤可能会导致情绪觉醒的剧烈变化。研究指出，猴子如果小脑某部分受损，就会出现愤怒的情绪，科学家们称之为"假性愤怒"，因为环境中没有任何东西会引起它的愤怒情绪。（当然，这些猴子也有充分的理由感到愤怒，因为科学家刚切掉了它们的一部分脑组织。但实验表明，它们只是在小脑受损后表现出愤怒，而切除其他地方则没有类似表现。）小脑其他部位受损则会引起平静的感受，临床上现在已经开始采用这种方法缓解精神分裂症。小脑中央的条状组织，即小脑蚓部，受到电刺激时会导致人类出现攻击性行为，而在另一区域进行电刺激则会减轻焦虑和抑郁。

克里克的甜点盘还在他的面前，但他把盘子推开了。他手里攥着一杯冰水，我能透过他手上的皮肤看见他的血管。有那么一阵子，我甚至觉得能看到他的脉搏。他沉默了一会儿，凝视，思考。屋子里完全安静了下来，只有外面的海浪声从开着的窗户传了进来。

我们讨论了神经生物学家的研究，他们在二十世纪七十年代指出，内耳并不是像过去认为的那样将所有的神经连接都发送到听觉皮层。大家非常熟悉的两种动物——猫和老鼠，它们的听觉系统和我们有明显的相似之处，它们也有直接从内耳投射到小脑的过程，也就是说，耳朵和小脑之间存在直接的神经连接，用来处理动物在空间中定向听觉刺激所涉及的运动。小脑中甚至也有对空间位置敏感的神经元，这样就能有效快速地将头部或者身体定向给外界刺激传来的方向。接下来这些区域再向大脑额叶的相关区域做出投射。我和维诺德·梅农还有乌苏拉的研究发现，额叶当中的下额叶和眶额皮层的区域在处理语言和音乐的时候会变得活跃起来。这是怎么回事呢？为什么来自耳朵的神经连接会绕过听觉皮层（听觉的中央接收区），将大量的信息输送给小脑这个负责运动控制（或者像我们上面探究过的，负责情感）的中枢呢？

功能冗余与分布是神经解剖学的重要原则。意思是，一种生物必须生存时间足够长，才能通过繁殖传递基因。而生物的生存会面临很多危险，很多时候可能会遭受头部的撞击，继而丧失大脑的部分功能。为了在脑损伤之后让大脑继续发挥作用，大脑的关键系统就会进化出额外的途径来承接这一功能，这样就避免了大脑的某一部位受损导致整个系统瘫痪。

我们的感知系统经过一系列精巧的调整之后，能够检测到环境的变化，因为出现变化就可能代表危险迫在眉睫。五种感官都能做到这一点。我们的视觉系统虽然能够看到数百万种颜色，而且能在极度黑暗中看见东西，但视觉最敏感的地方在于发现突然的变化。视觉皮层中的 MT 区专门负责检测运动，当视野中有物体发生移动的时候，MT 区的神经元就会活化。我们都曾经体会过虫子爬到脖子上的感觉，我们会本能地伸出手拍虫子。这是因为触觉系统注意到皮肤上的压力发生了极其微妙的变化。还有儿童卡通里面经常出现的场景——气味的改变。比如邻居窗台上正在晾着的苹果派散发出的香味，可以引起我们的注意，让我们扭头寻找气味的来源。声音则一般会引起最为剧烈的惊吓反应。突然发出的噪声会让我们从座位上跳起来、转头、蹲下，或者捂住耳朵。

听觉产生的惊吓是速度最快，也可以说是最重要的一种反应。这样说非常合乎情理，因为我们生活的世界外面包围着大气层，物体的突然运动，尤其是大型物体的突然运动，会造成空气扰动。我们把空气里的分子产生的这种运动叫作声音。冗余原则（the principle of redundancy）指出，在声音传入部分受损的情况下，我们的神经系统也需要对声音信息的传入做出反应。我们对大脑的研究越深入，就越能发现我们之前没有注意过的冗余路径、潜在回路与系统间的联系。这些次级系统都对生存有着至关重要的功能。最近刊登的文章称，有些人虽然视觉通路被切断，但他们仍然能"看见"东西。他们意识不到自己看得见东西，都称自己是盲人，但他们能让自己面朝物体，有的时候甚至能认出这些物体是什么。

小脑似乎也有听觉系统的残留或者辅助，让我们得以对潜在的危险声音在行动上做出迅速反应。

有条神经回路与惊吓反射和听觉系统对变化的敏锐感知有关，叫作习惯化回路。如果你的冰箱一直嗡嗡响，你就会习惯这个声音，最后把它忽略，这就是习惯化。一只老鼠睡在地洞里，听见地面上传来很大的声音，它可能听到的是捕食者的脚步声，所以吓一跳很正常。但也有可能听到的是树枝在风中摆动的声音，树枝在有节奏地撞击上方的地面。如果树枝撞了一二十下之后，老鼠还是没有发现危险，那它就可以忽略这个声音了，毕竟这个声音并没有带来威胁。但如果声音的强度或者频率发生变化，证明环境变了，它应该开始提高警惕。可能风力增强，把树枝吹下来砸坏它的屋顶。也可能风已经停了，它可以外出觅食、寻找伴侣，不用担心被狂风吹走。习惯化是区分自己是否受到威胁的一个重要且必要的过程。因为小脑起到计时的作用，所以如果小脑受损，追踪感官刺激规律的能力也会受损，习惯化也就随之消失了。

乌苏拉跟克里克说起了阿尔伯特·加拉伯达（Albert Galaburda），他在哈佛大学研究时发现，威廉姆斯综合征的患者小脑存在缺陷，患者在第七号染色体缺失二十多个基因。该综合征的新生儿发病率约为两万分之一，是广为人知的唐氏综合征的四分之一。这两种综合征都是胎儿发育早期基因转录错误的结果。我们人类约有两万五千个基因，这二十多个基因的缺失会带来毁灭性的结果。威廉姆斯综合征患者可能会出现严重的智力障碍，他们很少有人能学会数数、看表或者阅读。但他们基本上都有完整的语言能力，乐感非常强，而且特别外向和快乐。如果说他们和其他人有什么区别的话，那就是他们比其他人更感性，当然也比其他人更友好、更合群。做音乐和交新朋友往往是他们最喜爱的两件事。施马曼发现，小脑损伤会带来类似威廉姆斯综合征的症状，小脑损伤的患者会突然变得尤其外向，对陌生人也有过于自来熟的表现。

几年前，我受邀去看望一个患有威廉姆斯综合征的少年肯尼。肯尼性格开朗，喜欢音乐，但智商不足五十，也就是说他的生理年龄已经十四岁，却只有七岁孩子的智力。而且，他和大部分患有威廉姆斯综合征的人一样，手眼协调能力非常差，很难自己系衣服扣子（必须让他的妈妈帮忙），也很难自己系鞋带（他只能用尼龙搭扣，不用鞋带）。他连爬楼梯或者吃东西都很困难。但他会吹单簧管。肯尼学过几首曲子，而且他在演奏的时候能使用无数种复杂的指法，但他说不出这些音的名字，也说不出具体的演奏方式，就像他的手指都有自己的想法一样。吹单簧管的时候，肯尼的手眼协调问题一下子就消失了！但是，一旦他演奏完毕，想要把单簧管放回去，就需要其他人帮忙打开琴盒才行。

斯坦福大学医学院的艾伦·赖斯（Allan Reiss）发现，威廉姆斯综合征患者的新小脑（neocerebellum），也就是小脑最新进化的部分，比一般人更大，导致患者演奏音乐的动作与其他类型的动作不同。我们现在已经知道了患者的小脑在形态计量学上的体现与其他人不同，可能意味着他们的小脑有"自己的想法"。这也可以告诉我们，在处理音乐信息的过程中，正常人的小脑发挥了怎样的作用。小脑可以作为情感的中枢，可以处理惊吓、恐惧、愤怒、平静、合群等，同时参与听觉的处理。

餐盘早就已经清理干净了，克里克依然坐在我旁边，说起了认知神经科学中最困难的问题之一——"绑定问题"（binding problem）。大多数物体都有很多不同的特征，由不同的次级神经系统处理。以视觉对象为例，这些特征可能是颜色、形状、动态、对比度、大小等。大脑必须将这些不同的感知要素"绑定在一起"，形成一个完整的整体。我前面讲过，认知神经科学家认为感知是一个建设性的过程，那么神经元是如何将这些感知要素绑定在一起的呢？我们对脑部病变或特定神经病变的患者，如巴林特综合征（Balint's syndrome）患者等进行研究，发现了绑定问题的存在。巴林特综合征的患者只能识别物体的一两种特征，而且无法将这些特征进行结合。有些患者可以辨识出物体在视野范围中的位置，却说不出物体的颜色，有些患者则正好相反。有的患者可以听到音色和节奏，但无法听出旋律，也有些患者正好相反。伊莎贝尔·佩雷茨在研究中发现，有位患者能听出绝对音高，同时又五音不全！他能准确无误地说出音的名字，却无法唱出歌曲。

克里克提出，大脑皮层可能通过同步激活神经元来解决绑定问题。克里克在《惊人的假说》一书中提到，意识是由大脑中的神经元以 40 赫兹的频率同步放电产生的。神经科学家普遍认为，小脑的活动发生在"前意识"（preconscious）层面，因为小脑负责协调跑步、行走、抓握和伸手等不受意识控制的动作。克里克认为，我们没有理由认为小脑神经元无法在 40 赫兹以下的频率受到激活产生意识，只是我们一般不会把爬行动物等只有小脑的生物的意识与类似于人类的意识联系起来。克里克说："注意那些联系。"克里克在索尔克研究所曾自学神经解剖学，他发现很多认知神经科学的研究人员都没有坚持自己领域的基本原则，没有用大脑作为各种假设的限制条件。克里克对这些人不屑一顾，认为只有对大脑结构和功能的细节进行缜密的研究才能取得真正的进展。

刚才聊轻子的同事回来了，提醒克里克一会儿要去开会。我们起身准备离开，克里克最后一次转身看我，重复道："注意那些联系……"后来我就再也没见过他。几个月后，克里克去世了。

小脑和音乐之间的联系并不难发现。冷泉港实验室的参会者讨论了人类的最高等认识中枢——额叶，是如何与人脑最原始的部分——小脑直接相连的。这些联系都是双向的，各个结构之间都会相互影响。宝拉·塔拉尔正在研究的额叶皮层区域也与小脑有关，这些区域有助于我们区分语音的精确差异。艾弗里在运动控制方面的研究表明，额叶、枕叶皮层（及初级运动皮层）和小脑之间存在联系。但这首由神经构成的交响乐中还有另一位演奏者，一个位于大脑皮层深处的结构。

安妮·布拉德（Anne Blood）是蒙特利尔神经研究所（Montreal Neurological Institute）罗伯特·萨托雷的博士后研究员。1999 年，安妮进行了一项划时代的研究。她发现，与强烈的音乐情感（也就是被研究对象称为"激动和颤栗"的感觉）挂钩的大脑区域，也与奖励、动机和觉醒机制有关，包括腹侧纹状体（ventral striatum）、杏仁核、中脑和额叶皮层区域。我对腹侧纹状体尤为感兴趣。腹侧纹状体包含大脑奖励中心——伏隔核，它在愉悦和成瘾方面起着重要作用。人在兴奋的时候伏隔核会活跃起来。伏隔核凭借着释放神经递质多巴胺的能力，与阿片类物质（opioid）在大脑中的传递密切相关。阿夫拉姆·戈尔茨坦（Avram Goldstein）在 1980 年发现，服用纳洛酮（nalaxone）可以阻断听音乐产生的愉悦感，因为纳洛酮会影响伏隔核释放多巴胺。但布拉德和萨托雷使用的是一种特殊的脑部扫描方式——正电子发射断层扫描（positron emission tomography），这种方式的空间分辨率不够高，无法检测体积微小的伏隔核是否参与其中。我和维诺德·梅农通过高分辨率的 fMRI 收集了大量数据，这样的话，如果伏隔核参与了我们听音乐的过程，我们就能对它进行精确地定位了。但要真正弄清音乐如何让大脑产生愉悦感，我们必须证明伏隔核确实在听音乐的时候参与了一系列神经结构的激活过程。为了弄清伏隔核有调节多巴胺的功能，我们必须找到方法来证明伏隔核与其他负责多巴胺产生和传递的大脑结构的激活是同时发生的，否则我们无法证明伏隔核的参与是否只是巧合。最终，由于如此多的证据都指向小脑，而我们也知道小脑有多巴胺受体，所以小脑必须成为这一分析的关键。

梅农刚刚读过卡尔·弗里斯顿（Karl Friston）和同事发表的论文，文中提到了一种新的数学方法，叫作功能和有效连通性分析（functional and effective connectivity analysis）。这种方法可以向我们揭示在认知运作过程中，不同的脑区如何通过相互作用来解决这些问题。这种新的连通性分析能够让我们检测到各个神经区域在音乐处理上的联系，这一点是传统方法做不到的。新的方法可以通过测量不同脑区间的相互作用（受限于我们对各脑区连接的解剖学知识），让我们实时检测到音乐触发神经网络的机制。这肯定是克里克希望看到的。想要完成这个任务并不容易，因为大脑扫描实验会出现数以百万计的数据点，仅一次扫描产生的数据就能占满普通计算机的整个硬盘。但如果不用我们现在的新方法，而是用传统的标准方法分析数据，光是查看哪些区域被激活可能就要耗费几个月的时间。而且没有任何现成的统计程序可以帮我们做这些新的分析。梅农花了两个月的时间研究这些分析需要的公式。结果出来之后，我们重新分析了之前收集的受试者聆听古典音乐的数据。

分析结果正如我们所料。听音乐会按一定顺序激活大脑中的一系列区域：首先，听觉皮层对声音成分进行初期处理；然后是额叶区域，如 BA44 和 BA47，即我们之前提到的参与音乐结构和预期处理的两个分区；最后由多个区域形成的网络——中脑边缘系统（mesolimbic system）活跃起来，这部分区域参与觉醒、愉悦、阿片类物质的传递和多巴胺的产生，最终激活伏隔核。小脑和基底神经节（basal ganglia）则在整个过程中都很活跃，可能是为了协助节奏和节拍等信息的处理。伏隔核中多巴胺水平的提升，以及小脑通过与额叶和中脑边缘系统的连接来调节情绪，这两者可能是音乐里奖励与强化机制实现的关键。当前的神经心理学理论认为，积极情绪与多巴胺水平升高有关，这也是许多新型抗抑郁药物都选择通过控制多巴胺系统发挥作用的一个原因。显然，音乐也是改善人们情绪的一种手段，现在我们知道其中的奥秘了。

音乐似乎模仿了语言的某些特征，也能传达出与口语表达相同的情感，但没有口语那么强的指向性，没有那么具体。音乐还调用了一些与语言相同的神经区域，同时调动了与动机、奖励和情感有关的原始脑部结构。无论我们听到的是《夜总会女郎》里开头的几声牛铃，还是《天方夜谭组曲》（Sheherazade）的前几个音，大脑中的计算系统都会让神经振荡器和音乐节拍同步，并开始预测下一个强拍什么时候出现。随着音乐的展开，大脑不断更新下一拍会何时出现的预期，心理节拍与实际音乐节拍吻合的时候，大脑就会感到满足；而如果作曲家巧妙地违反这种预期，大脑则会感到快乐，就像一种我们都喜闻乐道的音乐笑话。音乐和真实世界一样，会呼吸，会加快，会变慢，我们的小脑在自我调整和与音乐同步的过程中自得其乐。

　　给人印象深刻的音乐或律动会微妙地违背人脑对时间的预期。上面说过，树枝敲击地面的节奏发生变化，老鼠就会产生情绪反应，我们也一样。在听到有律动的音乐时，我们也会对这种违背时间预期的节奏产生情绪反应。老鼠无法理解对时间预期的违背，所以会感受到恐惧。而我们通过文化背景和过往经验，已经了解了音乐没有威胁，所以我们的认知系统就将这些违背预期的节奏当作愉悦和快乐的来源。这种律动感带来的情绪反应通过耳朵—小脑—伏隔核—中脑边缘的神经回路实现，而并非通过耳朵—听觉皮层的神经回路实现。我们对律动的反应主要是前意识或者无意识带来的，因为律动信息主要通过小脑进行处理，而不是额叶。神奇的是，所有这些经过不同回路处理的听觉信息，最终竟然能融合在一起，形成我们对一首歌的感受。

　　大脑对音乐的反应就像一部各个脑区密切配合的交响乐大作，既涉及人脑最古老和最新的部分，也涉及远至脑后的小脑和近在眼睛后面的额叶，还涉及逻辑预测系统和情感奖励系统之间神经化学物质释放和吸收的精确编排。我们如果爱上一段音乐，它会让我们想起自己听过的其他音乐，会激活我们生命中各种情感带来的记忆痕迹。正如弗朗西斯·克里克在离开食堂时候一再重申的那句话，大脑对音乐的感知全都与那些联系有关。

第七章

音乐家是怎样炼成的

剖析音乐专长

弗兰克·辛纳特拉的专辑《摇摆恋歌》(*Songs for Swinging Lovers*) 里的情感表达、节奏和音高等技巧的运用令人惊叹。我不是辛纳特拉的狂热粉丝，他的两百多张专辑我只买了六张左右，我也不喜欢他的电影。说实话，我觉得他的大部分作品都很矫情，而他 1980 年以后的作品都太自以为是了。几年前，《公告牌》杂志邀请我给他的最后一张专辑撰写评论，这张专辑里面包含了他和各种知名流行歌手的合唱，有波诺（Bono, U2 乐队主唱）和格洛丽亚·埃斯特凡（Gloria Estefan），等等。我抨击了这张专辑，说弗兰克"唱歌的时候展现出的满足感就像杀手刚杀了人"。

但在《摇摆恋歌》里，他唱的每一个音在时机和音高上都非常完美。这里的"完美"并不是说他严格按照乐谱演唱，因为他和乐谱上写的节奏和时机完全吻合不上，而是说他完美地表达出了难以言喻的情感。他对乐句的划分包含了大量的细节和微妙的处理，能注意到这么多的细节，并且还能掌控这么多的细节，简直让人难以置信。大家可以试试自己跟着专辑里的任意一首歌唱一下。我从来没听过有哪个人能完全匹配上他的乐句处理，因为他的处理真是太微妙、太奇怪、太独特了。

音乐家是如何诞生的？数百万人都从小就开始学音乐，但为什么只有少数人会在成年以后继续玩音乐？在得知我的职业之后，很多人都会说他们喜欢听音乐，但他们的音乐课都"不算数"。我觉得他们对自己太苛刻了。在西方文化中，音乐家和音乐爱好者之间的鸿沟越来越大，喜欢音乐的人往往会对玩音乐望而却步，不知什么原因，这种现象在音乐界尤为突出。我们大多数人的篮球水平都不如专业篮球运动员沙奎尔·奥尼尔（Shaquille O'Neal），做饭水平也不如厨神朱莉娅·查尔德（Julia Child），但我们还是可以开心地在后院打一场篮球友谊赛，也可以给家人朋友做一顿节日大餐。而音乐表演产生的鸿沟是由文化产生的，是当代西方社会特有的。虽然很多人说音乐课没起到什么作用，但认知神经科学家在实验中证明事实并非如此，小时候哪怕只上过一点点的音乐课，也能为音乐处理创造神经回路，比完全没受过音乐训练的人音乐回路更强、效率更高。音乐课教我们如何更好地聆听音乐，提高了我们识别音乐结构和形式的能力，让我们更容易区分出自己喜欢与不喜欢的音乐。

那我们公认的那些专业音乐家呢？比如钢琴家阿尔弗雷德·布伦德尔（Alfred Brendel）、小提琴家莎拉·张（Sarah Chang）、爵士小号大师温顿·马萨利斯（Wynton Marsalis）和音乐人多莉·艾莫丝（Tori Amos）等，他们为什么有我们一般人不具备的音乐才能，可以完成非凡出众的演奏与表演？他们是不是能力或神经结构与我们其他人完全不同（类别差异）？还是说他们只是比我们的能力更强，神经结构要更多（程度差异）？作曲家和词曲作者的音乐技能是跟表演者完全不同的吗？

在过去的三十年里，对"专长"的科学研究一直是认知科学的一个主要研究方向，而音乐的专长也往往是放在普通专业知识的背景下进行研究的。音乐上的专长往往被视为演奏或作曲技术方面的成就。已故的迈克尔·豪（Michael Howe）与合作伙伴简·戴维森（Jane Davidson）和约翰·斯洛博达（John Sloboda）提出了一个问题：大众概念里的"天赋"在科学上是否说得通？这一问题在国际上引发了一场辩论。他们提出了以下两个对立的假设：高水平的音乐成就是先天大脑结构（我们称之为"天赋"）的结果，或者仅仅是训练和练习的结果。他们认为天赋的概念应当包括以下几点：（1）来源于基因结构；（2）专业人士能在早期，也就是说在有天赋的人还未取得优异成绩的时候就看出他们的天赋；（3）可以用来预测某个人是否能在这方面出类拔萃；（4）只有少数人拥有这项特质，因为如果每个人都有"天赋"，这个概念就会失去意义。概念中强调早期对天赋的识别，需要我们研究儿童技能的发展。他们补充说，在音乐等领域，"天赋"可能在不同的孩子身上有不同的表现。

明显有些孩子学习新技能的速度更快，每个孩子学会走路、说话和上厕所的年龄也都各有不同，即使是同一个家庭里长大的孩子，差异也会非常明显。遗传因素可能在里面起了很大作用，但很难分离出环境中的辅助因素，如动机、个性和家庭氛围等。类似的因素也会影响孩子在音乐上的发展，而且可能掩盖遗传因素对孩子音乐能力起到的作用。迄今为止，研究大脑在这方面并没有多大用处，因为很难区分这些因素之间的因果关系。哈佛大学的戈特弗里德·施劳格（Gottfried Schlaug）对有绝对音感的人群进行了脑部扫描，结果显示，具有绝对音感的人群听觉皮层颞平面区域要大于没有绝对音感的人，表明颞平面与绝对音感有关，但无法体现出是天生颞平面大的人会产生绝对音感，还是具备绝对音感之后导致颞平面增大。这一现象在熟练掌握某种动作的大脑区域体现得更加明显。托马斯·埃尔伯特（Thomas Elbert）对小提琴手进行了研究，结果显示，大脑中负责左手动作的区域（小提琴演奏中最需要精确动作的就是左手）会随着练习的增加而变大。但我们尚不清楚是否有些人的大脑在该区域天生就有增大的倾向。

关于天赋的存在最强有力的证据在于，有些人就是比其他人学音乐更快。而反对天赋存在的观点，或者更确切来讲是支持"熟能生巧"的观点，则来自研究专家或者颇有成就的人都经过大量的训练。音乐家与数学、国际象棋或者体育方面的专家一样，都需要长时间的指导与练习才能具备脱颖而出的技能。多项研究指出，音乐学院中最优秀的学生往往都是练习最刻苦的，练习时间有时候能长达其他学生的两倍。

另一项研究则根据教师对学生能力与天赋的评估，将学生秘密分为两组（学生不知情，以免产生偏见）。几年后，成绩最好的学生是那些最勤奋的，和之前有没有被分到"天赋"组无关。研究结果说明，勤奋与成就的关系并不仅仅是有关联而已，而是可以说勤奋决定成就。这也进一步表明，天赋只是我们经常使用的一个标签，我们在说某个人有天赋的时候，我们认为自己想说的是他们有种与生俱来的特质，让他们能够脱颖而出，但我们往往只有在他们取得重大成就之后进行回顾，才能说出他们有天赋这样的话。

佛罗里达州立大学安德斯·埃里克松（Anders Ericsson）

和同事将音乐专长视为认知心理学中的一般问题来探讨，包含在普通人如何成为专家这一门类当中。换言之，他先假设所有领域的专家都与某些特点有关，因此我们可以通过研究专业作家、棋手、运动员、艺术家、数学家等来了解音乐家的专长。

首先，我们所说的"专家"是什么意思？一般来说，我们所指的专家是取得了常人无法取得的成就的那些人。所以，专家是一种社会判断，是我们对社会中少数成员的一种描述。此外，成就也通常来自大众关心的领域。斯洛博达曾说过，他可能在交叉双臂或者说出自己的名字方面是专家，但这两项并不能和国际象棋、保时捷维修等方面的专家媲美，也不能和神不知鬼不觉地偷到英国皇冠珠宝的神偷相提并论。

从以上这些研究可以看出，要达到世界级专家水准，需要练习上万小时。在一项又一项的研究中，无论是作曲家、篮球运动员、小说作家、滑冰者、音乐会钢琴家、棋手，还是罪犯大师等，"一万小时"这个数字一次又一次地出现。一万小时大概相当于，每天练习三小时，或每周练习二十小时，练习十年以上。当然，这也并不能说明为什么有些人经过练习好像也没有取得任何进展，而为什么有些人从练习中得到的收获比别人多。但现在我们还没有发现有哪个人能用不到一万个小时就获得世界级的成功，似乎大脑就是需要这么长时间来吸收一切所需的信息，从而真正掌握某项技能。

一万小时理论与我们所知的大脑学习方式相符。学习需要吸收和巩固神经组织中的信息。我们对一件事的经历越多，相关的记忆或学习留下的痕迹就越强。虽然人们通过神经整合信息所需的时间存在差异，但增加练习时间会带来更多神经痕迹，这些痕迹也可以结合起来形成更强的记忆表征。无论你是支持多重痕迹记忆理论，还是记忆神经解剖学中各种理论的变体，你都不得不承认，记忆的强度与经历原始刺激的次数有关。

记忆强度也与我们对经历的关注程度有关。与记忆相关的神经化学作用会标记出它们的重要性，我们喜欢将给我们带来强烈情绪的事情标记为重要的事，其中既包含积极情绪，也包含消极情绪。我跟学生说，如果他们想在考试中取得好成绩，就一定要专心学习。对事情的专注程度可以解释为什么人们获得新技能的速度会有差异。我如果真的喜欢某一段音乐，就会想要多加练习，由于练习的时候非常专注，我的记忆中各个方面就都会产生神经化学标记，将它视为重要的东西。乐曲的声音，使用的指法，如果是管乐那就还有呼吸方式等，所有这些都会成为记忆痕迹的一部分，大脑将它们编码归为"重要"一类。

同样，如果我在演奏一种我喜欢的乐器，而且乐器的声音本身就让我感到快乐，我就更容易注意到音调的细微差别，也更容易注意到我对乐器声音输出的调节和影响方式。这些因素的重要程度再怎么强调都不为过。关注引起专注，这两者会共同带来可观的神经化学变化。多巴胺作为一种与情感调节、警觉和情绪相关的神经递质，在我们专注的过程中会得到释放，而多巴胺系统也就开始帮助我们编码记忆痕迹。

但由于各种因素的存在，有些人虽然上了音乐课，但练习意愿比较低，练习效果也就相对较差。一万小时的理论之所以能让人信服，是因为它在许多领域的多项研究中都一次次得到了体现。科学家们喜欢秩序和简洁明了的答案，所以如果一个数字或者公式在不同的环境中重复出现，科学家们就倾向于把它视为问题的答案。但和很多科学理论一样，一万小时理论也有漏洞，也需要面对各种反对意见与驳斥。

对一万小时理论的驳斥中有一条非常经典："那莫扎特呢？听说他四岁就开始创作交响乐了！就算他从刚出生就开始每周练四十个小时，那到四岁也不够一万小时啊。"首先，这种说法和事实并不相符：莫扎特直到六岁才开始作曲，而直到八岁才开始创作第一首交响曲。不过，我们至少可以说，八岁写交响乐也是很罕见的了。莫扎特幼年就显示出非常成熟的一面，但这不等同于成为专家。很多孩子都能作曲，有些甚至也能在八岁就写出大型音乐作品。莫扎特受到了父亲进行的大量音乐训练，他的父亲是当时全欧洲公认的最出色的音乐教师。我们不知道莫扎特到底练习有多勤奋，但如果他从两岁开始，每周练三十二个小时（因为他的父亲以教学严厉闻名，所以这个时间是很有可能的），那他八岁就能达到一万个小时。即使莫扎特的练习时间达不到这个数字，一万小时理论也没有提到想要写出交响乐需要一万小时。当然莫扎特最后成了一名专业音乐家，但是，他写出了第一首交响曲就可以将他称为音乐家吗？还是他在后期才达到了专业的音乐水准？

卡内基梅隆大学的约翰·海斯（John Hayes）提出了这样一个问题：莫扎特的第一交响曲能够称为专业作曲家的作品吗？换句话说，如果莫扎特没有创作出其他的作品，这部交响乐还会让我们认为是音乐天才的作品吗？可能这首作品的质量并不是很高，我们能知道这个作品的唯一原因就是写这个作品的孩子长大以后成了莫扎特，我们感兴趣的是这部交响乐的历史，而不是这个作品本身的审美意义。海斯研究了一些一流管弦乐团的演出曲目和商业录音，他在研究中假设质量更高的作品会获得更多的演奏和录制次数，结果发现这些乐团很少会演奏或录制莫扎特的早期作品。音乐理论家将莫扎特早期的作品视为珍品奇物，完全不能用于预测后续的作品是否专业。莫扎特那些公认的伟大作品，都是在经历了一万小时之后才写成的。

我们在前面关于记忆和分类的争论中也能看到，真相往往介于两个极端之间。关于天赋究竟是先天还是后天形成的，真相同样融合了两个相互对立的观点。为了理解这种融合性的真相是如何产生的，它又对未来产生了怎样的预测，我们需要更深入地了解遗传学家的观点。

遗传学家想要找到与特定显性性状相关的基因群。他们假设，如果音乐能力受到基因影响，那么就应该具有家族相似性，因为兄弟姐妹彼此之间有50%的基因是相同的。但这种研究方法很难把基因与环境的影响区分开来，其中包括子宫的环境，比如母亲的饮食情况，是否吸烟、喝酒，以及其他影响胎儿营养和摄氧量的因素等。即使是同卵双胞胎，在子宫内可能彼此的环境也非常不同，这取决于他们各自占有的空间、活动空间以及位置等。

想要区分基因和环境对某项技能的影响非常困难，因为像音乐等技能都需要后天的学习。音乐能力虽然具有家族遗传性，但与非音乐家庭出身的孩子相比，父母都是音乐家的孩子更容易在早期的音乐学习过程中受到更多的鼓励，而且兄弟姐妹也很可能受到同样的支持。打个比方，说法语的父母培养的孩子很有可能也会说法语，不说法语的父母则不太可能培养出会说法语的孩子。我们可以说，说法语是"世代相传的"，但我没听说谁提到过说法语和基因有关系。

科学家为了确定某项特征或技能的遗传基础，有时会选择研究同卵双胞胎，尤其是那些分开抚养的双胞胎。心理学家大卫·莱肯（David Lykken）和托马斯·布查德（Thomas Bouchard）等人管理的明尼苏达双胞胎登记处记录了大量的双胞胎数据，包括同卵和异卵双胞胎分别与共同抚养的情况等。由于异卵双胞胎有50%的遗传物质相同，而同卵双胞胎的遗传物质100%相同，所以科学家能够借此研究先天与后天的相对影响。如果某种事物有基因遗传成分，我们就会产生预期，认为它在同卵双胞胎身上出现的概率要大于异卵双胞胎。此外，即使同卵双胞胎是在完全不同的环境中长大的，我们认为这种现象也会出现。行为遗传学家正努力寻找这种模式，并对某些特征的遗传性提出自己的理论。

最新的研究方法着眼于基因联系。如果某个性状看起来可以遗传，我们就可以尝试分离与该性状相关的基因。（我没有说"造成这种性状的原因"是因为基因之间的相互作用非常复杂，我们无法肯定某种基因"决定"了某种特质。）性状的表现还有可能是某种基因没有被激活，这就使基因研究变得更为复杂。我们拥有的基因并不是在任何时候都是"开启"或者能够表达的。利用基因芯片进行基因表达谱分析，我们可以确定在特定的时间哪些基因表达，哪些基因不表达。这是什么意思呢？我们人类大约有两万五千个基因控制着蛋白质的合成，我们的身体和大脑利用这些蛋白质来完成我们所有的生物功能，比如控制头发的生长和颜色，消化液和唾液的生成，身高会长到一米八还是一米五，等等。青春期前后，我们的身体生长突飞猛进，需要有些东西告诉我们的身体开始生长，而在六年后，还需要有些东西告诉身体停止生长。这些东西就是基因，它们负责给身体下达指令，告诉身体应该做什么，应该怎样做。

利用基因芯片表达谱，如果我知道自己想要获得什么信息，就可以通过分析你的RNA（核糖核酸）样本，判断你的生长基因是否活跃，即基因是否表达。目前，分析大脑中的基因表达还不现实，因为当前（和可预见的将来）的分析技术都必须要取一块脑组织才能完成，大家都不喜欢这样。

科学家们研究了被分开抚养的同卵双胞胎，发现了惊人的相似之处。有些双胞胎自出生时就分开了，甚至不知道对方的存在。他们生长的环境，包括地理位置（分别在缅因州与得克萨斯州、内布拉斯加州与纽约州等）、经济状况、宗教信仰或其他文化价值观等方面的差异可能非常大。经过二十年，甚至更长时间的追踪研究，结果显示出了很多惊人的相似之处。有位双胞胎姐妹喜欢去海滩，而且喜欢倒着入水，她的孪生姐妹（她从来没有见过）也有同样的习惯。有位双胞胎兄弟成了人寿保险业务员，在教堂唱诗班唱歌，戴着孤星啤酒的皮带扣，他的孪生兄弟和他一模一样，两人也是自出生开始就完全没见过面。类似的研究表明，音乐才能、宗教信仰和犯罪倾向都有很强的遗传成分。否则该如何解释这些巧合呢？

统计学这样解释："如果你仔细观察，进行了足够多的比较，你就肯定会发现一些非常奇怪的巧合，但其实没有什么意义。"从街上随便找两个毫不相关的人，除了他们的祖先都是亚当和夏娃之外，如果你观察的特征足够多，也一定会发现一些不那么明显的共同点。我不是说那种"哦，天啊！你竟然也呼吸空气"，而是那种"我在周二和周五洗头。周二我只用左手洗头，不用护发素。周五我用一种带护发素的澳大利亚洗发水。然后我一边听普契尼，一边读《纽约客》"。像这样的故事能够表明，虽然科学家们保证这些人的基因和环境能够产生最大限度的差异，但人与人之间仍然存在着潜在的联系。我们每个人都有千千万万种不同之处，我们都有自己的怪癖，所以偶尔发现巧合的事我们会惊讶。但从统计学的角度来看，这就像让我想一个 1 到 100 的数字，然后你猜到了一样。第一次你可能猜不到，但如果猜的时间足够长，你肯定会有猜到的时候（准确来讲，猜对的概率是百分之一）。

　　社会心理学也会给出解释，一个人的外貌会影响其他人对待他的方式（假设"外貌"是遗传的）。一般来说，生物的外貌决定了世界看待它的方式。这种直觉性的观念在文学中有着悠久的传统，从大鼻子情圣（Cyrano de Bergerac）到怪物史莱克（Shrek），他们都外貌丑陋，人们纷纷躲避，所以他们也很少有机会展示自己的内心和真实本性。在文化中，我们会把这样的故事浪漫化，讲述内心纯良的好人因为自己无法改变的外貌而受苦，向人们传达出一种悲剧感。而外貌也可以以积极的方式起作用：好看的人往往收入更高、工作更好，而且他们也表示自己更快乐。除了用于判断某人是否具有吸引力，外貌还会影响别人对他的关系判断。如果有的人天生就长了张值得信任的脸，比如大眼睛和上扬的眉毛，我们倾向于相信这个人。而高个子可能比矮个子的人受到更多的尊重。我们一生中的一系列遭遇，可以说都是由别人看待我们的方式决定的。

所以，也难怪同卵双胞胎最终可能会发展出相似的性格、特征、习惯或癖好。眉眼间距近的人可能总是看起来一副正在生气的样子，所以周围的人也会以同样的方式对待他们。看起来毫无防备的人更容易被人利用，而看起来像恶霸的人更容易卷入纷争，最后性格也会变得非常有攻击性。我们看到，这一规律在有些演员身上体现得非常明显。休·格兰特（Hugh Grant）、祖德·莱茵霍尔德（Judge Reinhold）、汤姆·汉克斯（Tom Hanks）和阿德里安·布罗迪（Adrien Brody）都长了一张人畜无害的脸。休·格兰特什么都不用做，就自带一种无辜又害羞的神情，不带有一丝狡黠或欺骗。这种推理方式说明，有些人生来就带有特殊的特征，他们的个性发展在很大程度上反映了他们的长相。从这方面看来，基因确实会影响人的个性发展，但只起到间接和次要的作用。

可以想见，类似的观点也适用于音乐家，尤其是歌手。多克·沃森（Doc Watson）的声音听起来非常真诚纯净，我不知道他本人是不是这样，但单从唱歌这方面来看，他的真实性格并不重要。他之所以能成为成功的艺术家，有可能就是因为人们对他天生的嗓音的认可。我说的不是像艾拉·费兹杰拉或普拉西多·多明戈（Placido Domingo）那样天生就有（或后期练就）的"好"嗓子，而是说嗓子除了本身作为乐器之外的声音表现力。有时候听艾美·曼（Aimee Mann）的歌，我会听到一种小女孩的感觉，带着一种柔弱的纯真，让我非常感动，因为我觉得她是在用内心深处歌唱，表达出了平时对自己亲密的人才能表达出的感情。她的初衷是不是这样，或者她自己能不能感受到这一点，我都不得而知，可能她的天生的嗓音能让听众将这些感受投射在她的身上，但与她自己的真实体验无关。到头来，音乐表演的本质就是传达情感。至于是艺术家本人就有这种感觉，还是天生的嗓音让她听起来像有这种感觉，其实可能并不重要了。

我并不是说我上面提到的演员和音乐家不需要努力。我没听说过有哪位成功的音乐家不靠努力就能取得成功，我也没见过谁的成功是从天而降的。我认识很多被媒体誉为"一夜成名"的艺术家，但他们都付出了五年或十年的努力才做到一夜成名。遗传学可能是一个影响个性或者职业的起点，可能会影响一个人以后在事业上做出的具体选择。汤姆·汉克斯是一位非常出色的演员，但他很难接到施瓦辛格那样的角色，主要是因为他们的基因禀赋不同。施瓦辛格也不是天生就是健美运动员的身材，他努力锻炼才有了后来的样子，但确实有遗传因素起了作用。同样，身高两米零八的人更容易成为篮球运动员，而不是去当赛马骑师。但对于身高两米零八的人来说，仅仅站在球场上是不够的，他需要经过多年的学习和练习才能成为专业篮球运动员。体型在很大程度上都是由遗传决定的（虽然不是唯一决定因素），但它能成为打篮球的条件，表演、舞蹈和音乐也都有类似的体型条件。

音乐家和运动员、演员、舞蹈家、雕塑家、画家一样，四肢和头脑并用。身体在演奏乐器或唱歌当中起作用（当然，在作曲和编曲里作用要小一些），也就意味着遗传倾向会严重影响音乐家擅长演奏什么乐器，也会影响一个人是否会选择成为音乐家。

六岁的时候，我在《埃德·沙利文秀》（*The Ed Sullivan*

Show）里看到了披头士乐队，披头士当时已经是我们那个年代家喻户晓的人物，我看到之后决定要弹吉他。我的父母都很老派，觉得吉他不是什么"正经"乐器，告诉我应该去弹家里的钢琴。但我实在太想学吉他了，就从杂志上剪下安德烈斯·塞戈维亚（Andrés Segovia）等古典吉他演奏家的照片，随便放在家里的各个地方。六岁的时候我还口齿不清，我说，披头士能和贝弗利·希尔斯（Beverly Sills）、罗杰斯和汉默斯坦，以及约翰·吉尔古德这些"赠经的艺素家"*一起登上《埃德·沙利文秀》，就证明披头士也很"赠经"。我从刚出生就一直口齿不清，一直到后来十岁的时候，有个公立学校的语言治疗师把我从四年级的班上拎了出来，花了两年的时间（每周三个小时）教我改变说话的方式，我才改了这个毛病。

到了 1965 年，我八岁的时候，吉他已经随处可见。我能感受到 24 公里以外的旧金山正在进行着一场文化与音乐革命，而吉他就是革命的中心。我的父母仍然对我学吉他毫不上心，可能因为吉他跟嬉皮士和毒品能扯上关系，也可能因为前一年我没认真练钢琴。我跟他们说，到现在为止，披头士已经在《埃德·沙利文秀》上出现四次了，他们最后才算勉强同意，但得先问问朋友有没有什么建议。有天晚上，母亲在餐桌上跟父亲说："杰克·金（Jack King）会弹吉他，可以问问他丹尼现在学吉他早不早。"杰克是我父母在大学时候的老朋友了，有天他下班顺路来我家坐坐。他的吉他听起来和广播电视上那种让我着迷的吉他不一样，他弹的是古典吉他，和摇滚乐

---

* "正经的艺术家"。——译者注

里的黑暗和弦声音不一样。杰克身材魁梧，手也很大，留着黑色平头，抱着吉他就像抱着个婴儿一样。我能看到复杂的木纹随着吉他的弧度弯曲。他弹了几首曲子，但没让我碰吉他，而是让我把手伸出来，对在自己的手掌上，没跟我说话，也没看我，但他和我母亲说的话我现在还记得很清楚："他的手弹吉他太小了。"

我现在知道了其实有 3/4 大小的吉他，还有 1/2 大小的吉他（我自己就有一把），还知道了强哥·莱恩哈特（Django Reinhardt）——有史以来最伟大的吉他手之一，他的左手只有两根手指可以用来演奏。但对一个八岁的孩子来说，大人的话就像圣旨一样。到了 1966 年，我长大了一些，披头士的《救命》（Help）里电吉他的声音还在不断诱惑着我。我当时正在练单簧管，也很庆幸自己也算是在做音乐。后来在 16 岁的时候，我终于买了自己的第一把吉他，而且经过练习，我弹得相当不错，我弹的摇滚和爵士不需要像古典吉他下那么大功夫。我学会的第一首歌是齐柏林飞艇的《天堂阶梯》（嘿，那可是二十世纪七十年代），这首歌当时真是人尽皆知。有些地方看别的吉他手弹起来很容易，我自己弹起来却很难，但每种乐器都是这样。在加州的好莱坞大道上，有些伟大的摇滚乐手在水泥地上留下了自己的手印。去年夏天，我把手放在我最喜欢的（齐柏林飞艇）吉他手吉米·佩奇（Jimmy Page）的手印上，结果惊讶地发现，他的手不比我的手大。

几年前，我和伟大的爵士钢琴家奥斯卡·彼得森（Oscar Peterson）握过手。他的手很大，是我握过最大的手，起码有我的两倍大。他的职业生涯开端于大跨度技巧的演奏，这种风格可以追溯到二十世纪二十年代，钢琴家用左手弹八度低音，右手弹旋律。要想完成大跨度技巧，就需要用最少的手部动作按到相距非常远的琴键。奥斯卡仅凭一只手就能够到惊人的十二度！他的风格和他能够演奏的和弦类型有关，因为手小的人是弹不出来大跨度技巧的。如果奥斯卡·彼得森小时候被逼着拉小提琴，他那么大的手演奏起来就太吃力了，因为宽大的手指在小提琴那么小的琴颈上很难按出半音。

有些人对特定的乐器或唱歌方式有着生理上的优势。可能某一组基因的协同作用会创造出一些重要的技能，有了这些技能才可能成为音乐家，比如良好的手眼协调能力、肌肉控制、动作控制、毅力、耐心、对某些音乐结构和模式的记忆、节奏感和时间感，等等。要成为一个优秀的音乐家，就必须具备这些条件，其中有些条件是任何领域的专家都必须具备的，尤其是决心、信心和耐心。

我们也知道，平均来看，成功人士的失败次数要比普通人多得多。这么说似乎有违直觉，成功人士怎么会失败次数更多呢？因为失败是不可避免的，有时候不经意间就发生了，重要的是在失败以后做了什么。成功人士都有坚持到底的精神，不会轻言放弃。从联邦快递（FedEx）总裁到小说家耶日·科辛斯基（Jerzy Kosinsky），从凡高到比尔·克林顿，再到佛利伍麦克乐队，这些成功人士都经历了许许多多的失败，但他们都从中吸取教训，继续前进。这种特质可能有一部分是先天的，但环境因素也一定发挥了很大作用。

科学家目前对基因和环境在复杂认知行为中的作用进行了猜测，其中最有可能的就是基因和环境各占一半。基因可能会让人具有耐心和良好的手眼协调能力，或者让人充满热情，但生活里的各种事件也会在你有意无意间产生遗传倾向。这里说的是广义上的事件，不仅包括你有意识的经历和记忆，还包括你吃了什么东西、你的母亲在怀孕的时候吃了什么东西，等等。早期的生活创伤，如失去父母或受到生理心理上的虐待等，只不过是环境对遗传倾向产生影响的明显案例，能够增强或降低遗传倾向。由于基因和环境产生的相互作用，我们只能从群体的层面预测人类行为，而无法对个体进行预测。换句话说，如果你知道某个人有犯罪行为的遗传倾向，那也无法预测他是否会在未来五年内进监狱；如果我们知道有一百个人有这种倾向，我们可以预测其中有些人可能会进监狱，但无法判断具体是哪些人，而其中有些人这辈子也不会惹上任何麻烦。

这同样适用于我们未来可能会发现的音乐基因。我们只能说，拥有这些基因的人更有可能成为专业的音乐家，但我们无法判断具体是哪些人。然而，前提是我们需要确定音乐专长的基因相关性，还需要就音乐专长的构成达成一致。音乐专长不仅仅是死板的技巧，音乐聆听和欣赏、音乐记忆以及与音乐的关联都是音乐思维和音乐人格的重要方面。在划定范围的时候，我们应当带着尽可能包容的想法，免得有些人从广义上来看很有音乐天赋，但因为狭义上的音乐技巧不到位而被排除在外。很多伟大的音乐家都没有最顶尖的技术。比如欧文·柏林（Irving Berlin）是二十世纪最成功的作曲家之一，但他演奏乐器的技巧让人不敢恭维，也不怎么会弹钢琴。

即使是最顶尖、最优秀的古典音乐家，也不一定拥有最顶尖的技巧。阿瑟·鲁宾斯坦（Arthur Rubinstein）和弗拉基米尔·霍洛维茨（Vladimir Horowitz）两位伟大的钢琴家在二十世纪得到了广泛认可，但他们经常在技巧上出现一些小错误，比如错音、抢拍、用错指法，等等。但正如一位评论家写道："鲁宾斯坦在录音的时候出了点小错，但我更喜欢他这种充满激情的诠释，不像有些二十二岁的钢琴家只会卖弄技巧、弹出音符，但传达不出情感。"

大多数人听音乐都是为了情感体验。我们研究的不是演奏过程中有没有出现错音，只要没有干扰到我们的情绪，大部分人都注意不到错音的存在。很多关于音乐专长的研究都搞错了方向，因为他们研究的都是演奏指法是否精准，而忽略了情感的表达。我最近向北美一所顶尖音乐院校的院长咨询了这样一个问题：学校会在哪个阶段安排情感与表现力课程？她的回答是：不安排。她解释说："在我们的教学大纲里要涵盖太多的内容，包括规定曲目、合奏和独奏训练、视唱、视奏、音乐理论等，根本没有时间教学生表现力。"那么我们该如何培养富有表现力的音乐家呢？她说："有些学生入学的时候就已经知道应该怎么样打动听众了，他们一般都是练琴的时候自己悟出来的。"我难掩惊讶和失望的神情。她低声补充道："偶尔吧，如果有非常优秀的学生，我们也会在最后一个学期结束之前，找时间教他们情感表达上的内容……但一般都是针对那些我们乐团担任独奏的学生，我们会引导他们怎样增强自己的表现力。"所以，即使在最顶尖的音乐院校，也只是在四五年课程的最后，仅仅给少数人讲授了音乐的真谛。

哪怕是最严肃、最擅长理性分析的人也会被莎士比亚和巴赫打动。我们惊叹于这些天才共同的才能，惊叹于他们使用语言或音符的能力，但最终这些能力都必须要服务于另一种形式的沟通交流。比如，从大乐队时代之后，乐迷开始对爵士乐的领军人物要求尤为严格，这段时间的代表人物有迈尔斯·戴维斯、约翰·克特兰（John Coltrane）和比尔·埃文斯（Bill Evans）等。如果爵士音乐家脱离了真实的自我和情绪，那他们的演奏也只不过是一种欺骗和谎言。他们根本没有用灵魂来打动观众，而只是谄媚讨好，我们会说这样的爵士乐手也就是次级水平。

那么，从科学层面来说，为什么有些音乐家在情感表达（相对于演奏技巧）方面优于其他人呢？这是一个巨大的谜，没有人知道确切的答案。由于技术条件限制，我们现在无法让音乐家在大脑扫描仪中带着情感演奏。（我们目前使用的扫描仪需要让受试者保持完全静止，以免模糊大脑图像，但未来五年可能会有技术进展。）从贝多芬、柴可夫斯基、鲁宾斯坦、伯恩斯坦、比·比·金（B. B. King）和史提夫·汪达等音乐家的采访和日记中，我们可以看到情感的表达一部分取决于技术性与机械性因素，然而还有一部分原因仍然不得而知。

钢琴家阿尔弗雷德·布伦德尔（Alfred Brendel）说，他在台上的时候想的不是音符，而是想创造出一种体验。史提夫·汪达跟我说，他在表演的时候会试着让自己找回写那首歌时候的心态或"心境"，他想试着捕捉同样的感觉和情绪，这样有助于完成表演。没有人知道这种尝试在他演唱或者演奏时会产生怎样的区别，但从神经科学的角度来看，这么做很有道理。正如我们之前提到的，回忆一段音乐需要让神经元回到最开始听到这段音乐时的激活状态，重新激活特定的连接模式，并且让放电频率尽可能接近最初听到音乐时的水平。这也就意味着要调动海马体、杏仁核和颞叶中的神经元，再由额叶里的注意力和计划中枢协调这一段神经交响乐。

神经解剖学家安德鲁·阿瑟·阿比（Andrew Arthur Abbie）在1934年就推测出运动、大脑和音乐之间存在联系，直到现在这项推测才得到证实。他写道，从脑干和小脑到额叶的通路能够将所有感官体验和精确协调的肌肉运动交织在一起，成为一种"同质结构"，当这种"同质结构"出现时，就会出现"在艺术中……人类表现出的最强能力"。阿比认为，这种通路是为了那些包含或反映创造性目的的运动而存在的。麦吉尔大学的马塞洛·沃德利（Marcelo Wanderley）和我以前的博士生布拉德利·瓦因斯（Bradley Vines，现在在哈佛大学）进行的最新研究证明，非音乐专业的听众对音乐家的身体动作非常敏感。他们让受试者在静音的情况下观看音乐表演，普通听众可以通过音乐家手臂、肩膀和躯干等部位的动作，理解音乐家大量的表达意图。取消静音之后，一个显著的特征出现了——听众对音乐家表达意图的理解超出了只听声音或者只看画面。

如果音乐通过身体动作和声音的协调作用来传递情感，那么音乐家就需要将他的大脑状态调整到他想要表达的情感状态。虽然这方面的研究还未落实，但我敢说，比·比·金在演奏和聆听布鲁斯音乐时，神经信号是非常相似的。（当然也会有区别，但科学方面存在的障碍在于，科学研究需要排除演奏音乐中与产生动作指令和聆听音乐有关的神经运作过程等；而与之相比，只是坐在椅子上头枕着双手去感受音乐则要简单得多。）作为听众，我们有充分的理由相信，在听音乐的时候，我们的某些大脑状态和正在演奏的音乐家是一致的。正如这本书反复提及的那样，即使是缺乏音乐理论学习和表演训练的听众，也都有可以理解音乐的头脑，都是专家级的听众。

要了解音乐专长的神经行为基础，以及为什么有些人更擅长音乐表现，我们需要考虑到音乐专长的多种形式，比如有技巧方面（灵活性等）的考量和情绪表达方面的考量等。吸引我们投入表演当中，让我们忘掉一切的能力是一种非常特殊的表演能力。很多表演者都具有一种气场和魅力，与他们是否具备某种表演能力无关。比如在斯汀唱歌的时候，我们会不由自主地被他的歌声吸引，在迈尔斯·戴维斯吹奏小号或者埃里克·克莱普顿弹奏吉他的时候，也有一种无形的力量吸引着我们。这和他们本身演唱和演奏的音符没有太大关系，很多优秀的音乐家都能演唱或者演奏这些音符，甚至技术更好。这其实就是唱片公司管理者口中的"明星特质"。如果我们说一个模特有很强的视觉表现力，我们说的是这个模特在照片里展现出了明星特质。这个特质在音乐界也同样适用，我把他们在唱片中表现出来的特质叫作听觉表现力。

这项特质对区分名人和专家也很重要。成为名人或者专家需要的特质可能有些不同，甚至可能完全不相关。尼尔·杨跟我说，他觉得自己并不是一个很有才华的音乐家，他只是一个幸运的人，获得了商业价值上的成功。只有极少数的人才能顺利与大型唱片公司签订合约，而能够像尼尔·杨那样在音乐事业上奋斗数十年的人更是少之又少。但尼尔·杨、史提夫·汪达和埃里克·克莱普顿等人都把自己的成功归功于良好的机遇，而不是他们的音乐能力。保罗·西蒙同意他们的意见："我很幸运能和世界上那些最出色的音乐家合作，但其中大多数音乐家大家可能都没听说过。"

弗朗西斯·克里克把专业训练不足变成了自己毕生研究当中积极的一面。他不受科学教条的束缚，感到非常自由，用他自己的话说就是完全自由，这样他就可以打开思路去发现科学的奥秘。如果艺术家把这种自由、这种白纸一样的状态带到音乐当中，就会出现令人惊异的结果。我们这个时代有很多最伟大的音乐家都缺乏正规的音乐训练，包括辛纳特拉、路易斯·阿姆斯特朗、埃里克·克莱普顿、埃迪·范·海伦、史提夫·汪达和琼妮·米切尔等，古典音乐领域还有乔治·格什温（George Gershwin）、穆索尔斯基（Mussorgsky）和大卫·赫尔弗戈特（David Helfgott）等。贝多芬也在日记中提到过，他觉得自己受到的音乐训练不够。

琼妮·米切尔曾经在公立学校的唱诗班唱歌，但从来没有上过吉他课或者其他任何的音乐课。她的音乐独具特质，人们给她的音乐赋予了各种各样不同的形容：前卫、空灵，融合了古典、民谣、爵士乐和摇滚的特征。她在音乐中运用了大量的特殊调弦，也就是说，她没有按照吉他常用的调弦方式，而是将琴弦调到自己喜欢的音高。这样调弦不代表她能弹出别人弹不出的音符，毕竟半音音阶只有十二个音符，但确实意味着她能更轻松地弹奏出其他吉他手够不到的音符组合（无论这些乐手的手有多大）。

更重要的区别在于吉他的发声方式。吉他的六根弦每一根都调到了特定的音高，如果吉他手想弹奏不同的音，肯定就会朝琴颈的方向按下一根弦或者多根弦，能发声的琴弦就会变得更短，振动更快，产生的音高也就越高。由于手指按下琴弦的时候会让琴弦的振动变弱，所以手指有没有按着琴弦会让声音产生不一样的效果。没有手指按着的琴弦（空弦）声音更清晰、更响亮，而且比手指按着的琴弦声音更持久。如果两根或以上的琴弦都是空弦，同时弹奏的时候就会出现非常独特的音色。通过特殊调弦，琼妮把有些本应该按住的音改成了空弦，所以她演奏时产生的音效是我们在其他吉他上听不到的，演奏的和声也是我们不常听到的感觉。在《切尔西的早晨》（*Chelsea Morning*）和《旅途中转站》（*Refuge of the Roads*）等作品里都能听到这种效果。

除了琼妮·米切尔，还有很多吉他手都会使用自己的特殊调弦，比如大卫·克罗斯比（David Crosby）、里·库德（Ry Cooder）、利奥·科特克（Leo Kottke）和吉米·佩奇，等等。琼妮·米切尔独树一帜的秘密不仅在于特殊调弦。有天晚上我和琼妮在洛杉矶共进晚餐，她说起了曾经合作过的贝斯手。和她合作过的都是我们这一代最优秀的，有杰科·帕斯托里乌斯（Jaco Pastorius）、马克斯·贝内特（Max Bennett）、拉里·克莱因（Larry Klein）等，她还和查尔斯·明格斯（Charles Mingus）共同创作过一整张专辑。琼妮谈起特殊调弦滔滔不绝、充满激情，甚至能一连讲上几个小时，她还会把特殊调弦和凡高在绘画中对不同颜色的使用进行类比。

我们在等主菜上桌的时候，琼妮讲了一个故事，说杰科·帕斯托里乌斯总和她争论，总向她挑衅，还经常在上台演出之前把后台搞得一团乱。罗兰公司（Roland）亲手将第一台爵士合唱（Jazz Chorus）系列扩音器交给他们演出使用的时候，杰科搬起音箱就放在了自己那边舞台的角落，低声吼道："这是我的。"琼妮走过去的时候，他恶狠狠地看着她。但后来这件事不了了之。

我们聊了二十分钟贝斯手的故事。因为杰科还在气象报告乐团（Weather Report）的时候我非常喜欢他，所以我插嘴问道，跟杰科一起做音乐是一种什么感觉。琼妮说，他和之前合作过的贝斯手都不一样，他是当时唯一一个能理解她在做什么的贝斯手。所以她才能容忍杰科这么欺负她。

"刚开始的时候，"琼妮说，"唱片公司想给我安排一个制作人，制作过热门唱片的那种。但大卫·克罗斯比说：'不能听他们的，制作人会毁了你，跟他们说我给你当制作人吧，他们信得过我。'所以差不多，让克罗斯比挂上制作人的头衔，唱片公司就不会拦着我用自己喜欢的方式做音乐。

"可是后来其他乐手参与进来，他们都有自己喜欢的演奏方式，这明明是我的唱片！最烦人的就是贝斯手，因为他们总是在问和弦的根音是什么。"在音乐理论中，和弦的"根音"是和弦的命名与基础。例如，"C 大调"和弦的根音是 C，"降 E 小调"和弦的根音是降 E，非常简单。但琼妮演奏的和弦并不是常用的传统和弦，因为她的作曲和演奏风格很特殊，而且她会把音符以独特的方式组合在一起，所以她用的和弦不能用这种简单的方法命名。"贝斯手想知道根音是什么，因为他们就是这么学的。我说：'弹的音顺耳就行，不用管根音是什么。'然后他们说：'那不行，必须得弹根音，要不然听着不对。'"

琼妮没学过音乐理论，不知道怎么读谱，所以没办法告诉他们根音是什么，只能告诉他们她在吉他上都弹了什么音，一个音一个音地讲，然后让他们自己去研究，一次只能研究一个和弦，真是煞费苦心。这正是心理声学和音乐理论之间爆发的巨大冲突。大多数作曲家使用的标准和弦——C大调和弦、降E小调和弦、D大调属七和弦等，都是清晰明确的，没有哪个专业音乐家会问这些和弦的根音是什么，因为答案显而易见，而且没有别的可能性。琼妮的天才之处在于，她创造出了不明确的和弦，根音可以有两个甚至多个。她的吉他在没有贝斯伴奏的时候（比如《切尔西的早晨》和《旅途中转站》），听者会得到最大化的审美体验。因为每个和弦都可以有两种甚至多种诠释方式，所以与传统和弦相比，听者对下一个和弦的预测或者期待也就没有那么确定。琼妮把这些朦胧的和弦串在一起，使和弦的复杂程度大大增加，每一串和弦序列都可以有几十种不同的诠释方式，取决于听者在听和弦的时候侧重于哪一个音。由于我们对刚刚听到的内容有即时性记忆，而且会和刚进入耳朵和大脑的新音乐相结合，所以如果我们认真听琼妮的音乐，无论是音乐家还是非音乐家，都能在脑海中一次次刷新对音乐的诠释。每一次新的聆听体验都会带来一组新的语境、预期和诠释。从这个意义上来说，和我听过的其他音乐相比，琼妮的音乐更像是一种印象派视觉艺术。

贝斯手只要弹了一个音，就相当于他把一段音乐的诠释给固定了下来，也就破坏了作曲中那些巧妙构建的朦胧感。在杰科之前，琼妮合作过的所有贝斯手都坚持要演奏根音，或者演奏他们认为的根音。琼妮说，杰科的才华就体现在，他的直觉告诉他要在和弦的各种可能性之间徘徊，对不同的和弦诠释做到同等的强调，让乐曲继续保持朦胧的美感，让空无所依的和弦能够保持微妙的平衡。正是杰科让琼妮在音乐中添加了贝斯的元素，又不会破坏音乐的朦胧感。这也是琼妮的音乐听起来与众不同的奥秘之一——她的乐曲和声的复杂性源于她一直在坚持音乐不能只有单一的和声诠释，再加上她本身嗓音的听觉表现力，能够让听众沉浸在一个无与伦比的声音世界里。

音乐记忆是音乐专长的另一个方面。我们很多人都知道有些人什么细节都能记住，有些人却记不住。可能有的人能记住自己一生中听过的所有笑话，而我们有些人连当天听的笑话都记不住。我的同事理查德·帕克特（Richard Parncutt）是奥地利格拉茨大学著名的音乐学家和音乐认知教授，他以前读硕士的时候曾在酒馆里弹钢琴赚学费。他每次来蒙特利尔看我的时候，都会坐在我客厅的钢琴前，我唱歌，他伴奏。我们可以一起这样玩很长时间。我说任何一首歌，他都能凭记忆演奏出来。他还知道歌曲的各种不同版本，如果我让他演奏《一切皆有可能》（*Anything Goes*），他竟然还会问我想要辛纳特拉、艾拉·费兹杰拉还是贝西伯爵的版本！现在，我大概可以凭记忆弹奏或者演唱一百首歌，在乐队或者管弦乐团待过的人，或者演出过的人基本都能做到。但好像理查德记住的歌曲能有成千上万首，和弦和歌词都能记住。他是怎么做到的？像我这样记忆力一般的人能靠后天学习获得这样的记忆力吗？

我在波士顿伯克利音乐学院的时候，遇到了一个对音乐同样具有惊人记忆力的人——卡拉，但她和理查德的记忆力表现方式不同。卡拉能在三四秒内就认出一首歌并说出歌曲的名字。我其实不知道她能不能也凭记忆唱出那么多的歌曲，因为我们一直都在忙着找旋律给她出难题，但基本都难不倒她。卡拉最后在美国作曲家、作词家及音乐出版商协会（ASCAP）找了一份工作。ASCAP 是一个维护作曲家权利的组织，负责监督广播电台的播放列表，为协会会员收取版税。协会的工作人员需要全天坐在曼哈顿的办公室里，收听全国各地广播节目的片段。为了高效完成工作，这些工作人员需要在三到五秒内说出歌名和表演者，然后记录下来，再开始听下一首歌，这其实也是入职面试考核中的一项内容。

这一章前面我提到了患有威廉姆斯综合征，还会吹单簧管的男孩肯尼。有一次，肯尼在演奏斯科特·乔普林（Scott Joplin）的《演艺人》（*The Entertainer*）（电影《骗中骗》主题曲）时，遇到了一段比较困难的地方。他问我："我能再试一次吗？"急于取悦他人也是威廉姆斯综合征的典型表现。我说："没问题。"但是他并不是简单往回找几个音或者几秒钟，而是选择从头开始！我之前在录音棚里见到过这种情况，像大师级音乐家卡洛斯·桑塔纳和碰撞乐队（the Clash）等都有这种演奏习惯，他们就算不回到整首乐曲的最开始，也要从整个乐句的开头重新开始。这就好像音乐家正在执行记忆中的一系列肌肉动作，这个系列动作必须从头开始。

这三种记忆音乐的例子有什么共通之处？理查德和卡拉都有着非凡的音乐记忆，而肯尼则拥有独特的"手指记忆"。他们的大脑里都发生了什么？他们和音乐记忆力普通的人在神经运作过程上有什么不同或相似之处？任何领域的专业知识都需要卓越的记忆力，但并不代表专业领域外的事物他们也能记得很牢。理查德对生活中发生的各种事都记不太清，也会像其他人一样丢钥匙。国际象棋大师能记住数千种棋局和策略，但他们的特殊记忆力只局限于国际象棋规则内的棋子摆放位置，如果让他们记忆棋盘上随机排列的棋子，他们的表现就和新手无异了。换句话说，他们对棋子位置的了解都是有结构体系的，依赖于下棋的规则和位置相关的知识。同样，音乐家也需要依赖他们对音乐结构的了解。专业音乐家非常擅长记忆符合音乐结构的和弦序列，或者他们经验体系里有意义的那些和弦序列，但如果让他们记忆随机生成的和弦序列，他们跟其他人相比不会体现出什么优势。

音乐家们在记忆歌曲的时候，他们的记忆依赖于音乐结构，音乐中的细节也会融入结构当中。这是一种高效节能的运作方式。我们的大脑会建立一个能够适配大量不同歌曲的框架，形成一个能够适配大量乐曲的心智模板，而不是去记忆每个和弦或者每个音符。在学习《悲怆奏鸣曲》的时候，钢琴家可以先学习前八个小节，然后接下来的八个小节，只需要高八度重复一遍主题就可以了。所有的摇滚乐手都可以演奏披头士的《909号后面的列车》（*One After 909*），即使他们之前从未演奏过这一首歌，但只要简单地告诉他们需要演奏"标准的16小节布鲁斯"就可以了。这种表达方式是一个可以适配数千首歌曲的框架。《909号后面的列车》这首歌有些细枝末节与原框架不同，但关键在于，一旦乐手积累了一定的经验、相关知识和熟练度之后，他们一般不用一个音符一个音符地学习，而只需要在已经掌握的标准框架上注意一些变化。

因此，演奏音乐的记忆过程与我们在第四章里讨论的听音乐过程非常相似，都是要建立标准的基模和预期。除此之外，音乐家使用分块记忆（chunking）的方式来组织信息，棋手、运动员和其他专业领域的从业人员也会用到这种方式。分块记忆指的是将信息单元合并为一个个组块，并将每个组块作为一个整体来记忆，而不是直接记忆一个个信息单元。我们经常会通过这种方式进行记忆，只是我们没有意识到而已。要是想记住某个长途电话号码，比如纽约某个人的号码，如果你知道而且很熟悉纽约市某个其他电话号码，就不用把区号记成三个单独的数字，而是作为一个整体的组块进行记忆：212。同样，你可能知道洛杉矶区号是213，亚特兰大是404，或者英国的区号是44等。分块之所以重要，是因为我们的大脑能够主动记录的信息量是有限的。我们的长期记忆没有确切的限制，但是我们的工作记忆，即我们对当下的短期记忆是受到严重限制的，一般只能记住九条信息。如果把北美地区的电话号码分成区号（一个信息单元）和后面七个数字，这样我们就避免了工作记忆的限制。国际象棋棋手也会使用分块记忆的方式，将棋谱分解为容易命名的标准模式来记忆各种棋子组合。

音乐家也会以多种不同的方式进行分块记忆。首先，他们会记忆和弦整体，而不是只记和弦中的单个音符。他们会记C大7（C major 7）和弦，而不是记单个音C-E-G-B。而且他们会记住和弦的构成规则，这样他们就可以仅从一个记忆通路当场把这个和弦创建出来。而且，音乐家也会记忆和弦序列，而不会单独去记和弦。变格终止（Plagal cadence）、伊奥利亚终止（aeolian cadence）、以V-I做回转（turnaround）的12小节布鲁斯或者《我找到了节奏》（*I've Got Rhythm*）的节奏变化（rhythm changes）等，都是音乐家为了便于记忆，为不同长度的和弦序列想出的速记名称。知道了这些名称的含义之后，音乐家就可以单凭一个记忆通路调用大量的相关信息。此外，我们作为听者会了解其中的曲式规范，作为乐手也会了解如何产生这些规范。音乐家知道如何利用这些相关知识，即基模，把一首歌曲改编为萨尔萨舞曲、垃圾摇滚、迪斯科或者重金属等。每一个流派和时代都有其独特的风格或韵律、音色或和声元素，我们可以对这些特征进行整体记忆，从而在回忆的时候一并提取。

理查德·帕克特能用钢琴演奏数千首歌曲，用的就是上面三种分块记忆的方法。他还了解非常多的音乐理论，对不同的风格和体裁也非常熟悉，所以如果遇到一段不太熟悉的音乐，他也能够蒙混过关。就像演员一时间忘了台词，可能就会用剧本里没有的词来代替。如果理查德对某个音符或和弦不太确定，他也会用符合乐曲风格的音符或和弦来代替。

识别性记忆是一种我们大部分人用来识别以前听过的音乐片段的能力，类似于我们对面孔、照片甚至味道和气味的记忆。识别性记忆存在个体差异，有的人在某些特定领域拥有超乎常人的记忆力，如我的同学卡拉等人特别擅长记忆音乐，而还有很多人擅长其他感官领域的记忆。能够从记忆中快速检索熟悉的音乐片段是一项技能，但能够轻松为歌曲贴上相应的标签，如把歌曲和名称、艺术家、录音年份等（也就是卡拉能做到的）进行匹配，则需要涉及一个单独的大脑皮层网络。我们目前认为，这一网络包括与绝对音高相关的结构——颞平面以及下前额叶皮层区域，这些区域都与感官印象和语言信息的匹配相关。目前尚无法得知为什么有些人在这方面能力更强，这可能与他们先天或天生的大脑形成有关，可能有一部分来自遗传因素。

在学习一首新音乐中的声音序列时，音乐家有时得采用简单粗暴的方法，就像我们小时候学习新的声音序列一样。比如我们记字母表、宣誓誓词或主祷文的时候，都是靠一遍又一遍地重复记住信息。但是这种死记硬背的方式在很大程度上还是得益于记忆内容的层次结构。文本中的某些单词或乐曲中的音符（比如我们在第四章探讨过的）在结构上会比其他内容更重要，我们的学习都是围绕着这些内容组织起来的。这种简单又古老的记忆方法也是音乐家们使用的方法。在学习新的乐曲时，音乐家们要靠这种方法来记住肌肉运动。肯尼等音乐家之所以无法从任意一个音开始演奏，而是要从乐曲的开头或者有标志性的部分开始，其中一部分原因就在于此，因为根据层级排列，这样的音意味着记忆分块的开始。

因此，成为一名专业的音乐家需要具备很多条件：演奏乐器的灵活性、情感交流、创造力以及记忆音乐的特殊心理结构等。我们大部分人到了六岁，其实已经成了专业听众，也就是说，我们六岁时就已经将音乐文化的结构融入我们的心理基模当中，这样我们就能够对音乐产生预期，能够体会到音乐美学的核心。所有这些不同形式的专长是如何形成的，这在神经科学领域至今仍是个谜。然而，现在正在逐渐出现一项新的共识，即音乐专长不只是一个单一的问题，而是包含方方面面，并非所有的专业音乐家对所有这些方面都有同样的天赋，比如欧文·柏林就缺乏我们眼中的音乐家的基本技能——演奏乐器。从目前我们了解到的情况来看，和其他领域相比，音乐方面的专长并非截然不同。虽然音乐使用的大脑结构和神经回路与其他活动不同，但无论是作曲家还是演奏家，想要成为专业的音乐家都需要具备很多其他领域也需要的特征与品质，尤其是勤奋、耐心和积极主动，另外还有一句朴素的老话：坚持到底。

而成为一名著名音乐家完全就是另一回事了。与其说成名靠的是内在条件或能力，倒不如说靠的是魅力、机遇和运气。有一点非常关键，值得我们反复强调：我们每个人都是专业的音乐听众，虽然可能无法清晰地说出原因，但我们都能敏锐地判断自己喜欢或者不喜欢什么音乐。科学确实能够解释我们为什么会喜欢某种音乐，这也是神经元和音符相互作用的另一个有趣的方面。

第八章

我的最爱

为什么我们会产生音乐偏好

你从沉睡中醒来，睁开眼睛，只看见一片漆黑。在听力范围的最远处，你能感受到一种有规律的跳动。你用手揉了揉眼睛，但看不出任何形状。时间在一分一秒过去，过去了多久？半小时？一小时？然后你听到一种不同的声音，不断变化，不断移动，不断摇摆，快速跳动，你能用脚感受到这种节奏。声音的开始和结束都模糊不清，逐渐增强，又逐渐减弱，交织在一起，你无法清晰分辨声音何时开始，何时结束。这些熟悉的声音让人安心，你以前就听到过。你在听的时候能大概判断出声音接下来会怎样变化，而声音的变化确实如你所料，但声音仍然听起来遥远而模糊，好像你在水下听见的声音似的。

在子宫内羊水的包围里，胎儿能听见声音。他能听到母亲的心跳，有时变快，有时变慢。不久前，英国基尔大学的亚历珊德拉·拉蒙特（Alexandra Lamont）发现，胎儿能听到音乐。她发现，婴儿在一岁以后能够认出自己在子宫里接触过的音乐，而且还会表现出对这些音乐的偏爱。胎儿的听觉系统在受孕后 20 周左右就已经发育出了完整的功能。在拉蒙特的实验中，母亲们在孕期的最后三个月为胎儿反复播放同一段音乐。当然，胎儿也能通过子宫里的羊水听到母亲日常生活中的所有声音，包括其他音乐、对话和环境噪声等。但是每一个胎儿都要定期听一段特定的音乐。实验中挑选的音乐有古典（莫扎特、维瓦尔第）、流行（男子五人组合 Five、后街男孩）、雷鬼 [UB40、肯·布斯（Ken Boothe）]，以及新世纪音乐 [自然之灵（Spirits of Nature）] 等。胎儿出生之后，母亲们就不能再继续播放实验中这些乐曲了。一年以后，拉蒙特再重新给婴儿播放他们在子宫里听到的音乐，以及另一段风格和速度类似的音乐。比如，有些胎儿在母体内听过雷鬼乐队 UB40 的《跨越无数条河流》（*Many Rivers to Cross*），一年后，拉蒙特给出生后的婴儿再次播放这首歌，而且还给他们播放另一位雷鬼音乐人弗雷迪·麦格雷戈（Freddie McGregor）的《停止爱你》（*Stop Loving You*），之后拉蒙特负责判断婴儿更喜欢哪首歌。

那怎么才能知道还不会说话的婴儿更喜欢哪首歌呢？很多针对婴儿的研究都会使用条件化转头程序（conditioned headturning procedure），这项技术是由罗伯特·范茨（Robert Fantz）在二十世纪六十年代开发的，并由约翰·科伦博（John Columbo）、安妮·费尔纳尔德（Anne Fernald）、彼得·朱斯奇克（Peter Jusczyk）及其他同事改进。实验室里安装了两个扬声器，研究人员把婴儿放在两个扬声器之间（一般是母亲坐在扬声器之间，把婴儿抱在腿上），如果婴儿看向其中一个扬声器，研究人员就让这个扬声器开始播放音乐或者其他声音；如果婴儿看向另一个扬声器，研究人员就让它开始播放另一种音乐或声音。婴儿很快就学会了可以通过看向哪个扬声器来控制自己想听什么，也就是说，婴儿了解了实验可以受自己控制。研究人员需要确保不同刺激的来源是均衡的（随机的），换言之，他们需要保证研究中的一半刺激来自一个扬声器，而另一半刺激则来自另一个扬声器。拉蒙特在实验室对婴儿进行这项研究时，她发现接受实验的婴儿更喜欢看的扬声器播放的就是他们在子宫中听到的音乐，而不是他们没听过的新音乐，这证实他们更喜欢自己出生前听到的音乐。实验还设置了一个由一岁的婴儿构成的对照组，他们在子宫里没有听过任何音乐，在实验中没有表现出任何偏好，证实音乐本身并不会导致这样的偏好选择。拉蒙特还发现，在所有条件都相同的情况下，婴儿更偏好欢快的音乐，而对节奏缓慢的音乐不是很感兴趣。

这些发现颠覆了长期以来对于童年失忆症的看法，过去认为，我们在五岁之前无法产生真实的记忆。很多人都声称自己能回忆起两三岁左右的童年经历，但很难证明这些是对当初事件的真实记忆还是后来对别人的讲述产生的记忆。幼儿的大脑还在发育当中，大脑的功能分化尚未完成，神经通路也仍在形成过程中，所以幼儿的大脑会试图用尽可能短的时间吸收尽可能多的信息。幼儿对事件的理解、体会或记忆通常与事实有很大差距，因为他们还没有学会如何区分重要和不重要的事件，也没有学会怎样系统编码一段经历。因此，幼儿更容易听取建议，而且可能会无意中将别人口中自己的事情编码为自己经历的事情。看来音乐也是一样，胎儿在出生之前听到的音乐经由编码储存在记忆中，而且即使他们还没有语言和记忆的明确意识，他们仍然能够提取这些记忆。

几年前，报纸和早间脱口秀上提到了一项研究，称每天听十分钟莫扎特会让你变得更聪明（也就是"莫扎特效应"），听完之后，空间推理能力就会立刻得到提升（一些记者认为这一方面的能力意味着数学能力）。美国国会通过决议，佐治亚州州长拨款为该州每个新生儿购买莫扎特 CD。很多科学家发现自己突然处在了很尴尬的境地。虽然科学家们从直觉上认可音乐可以提高其他认知技能，也很希望政府能为学校的音乐教育提供更多资金，但关于这一点的研究存在很多科学缺陷——这项研究有很多结论是正确的，论证却是错误的。就我个人而言，我觉得这场闹剧让人有些不适，因为这项研究意味着我们不应该单独研究音乐，不应该为音乐本身开展研究，而是让音乐帮人们在"更重要"的事情上做得更好。这件本末倒置的事真是想想就让人觉得荒谬。如果我站出来说学习数学有助于提高音乐能力，政策制定者会因此开始向数学领域投入资金吗？音乐一般都是公立学校最不受待见的科目，是学校遇到资金问题的时候第一个被削减的科目。人们经常会试着从附加意义的角度来证明音乐存在的合理性，而不去正视音乐本身的价值。

这项"音乐让你更聪明"的研究出现了非常明显的问题：实验控制不足。根据比尔·汤普森（Bill Thompson）和格伦·舍伦伯格等人的研究，我们可以看出，"音乐让你更聪明"研究中，控制组和实验组在空间推理能力上的微小差异体现在控制组的选择上。研究人员让控制组的受试者都干坐在屋子里无所事事，与之相比，听音乐的实验组处境就相当不错了。但是如果控制组的受试者在听书、读书或者做其他事，也让大脑收到非常轻微的精神刺激，那么听音乐就没有优势了。此外，这项研究还有另一个问题：没有任何合理的机制能够解释其中的原理——听音乐为什么能提高空间推理能力？

格伦·舍伦伯格指出了区分音乐的短期和长期影响的重要性。莫扎特效应指的是短期即时出现的益处，而其他研究则揭示了音乐活动的长期益处。听音乐可以增强或改变某些神经回路，包括初级听觉皮层树突连接的密度等。哈佛大学神经学家戈特弗里德·施劳格（Gottfried Schlaug）证实，音乐家的胼胝体（连接两个大脑半球的大量纤维）前部比非音乐家大得多，尤其是自幼进行音乐训练的音乐家胼胝体差异更为明显。这一发现进一步验证了增加音乐训练能够加强大脑两个半球的神经连接，因为音乐家对神经结构的运用会涉及左右脑的协调。

一些研究发现，在学会动作技能（如音乐家在音乐技能方面的动作技能等）之后，小脑的微观结构会发生变化，包括突触数量和密度的增加等。施劳格发现，与非音乐家相比，音乐家的小脑通常体积更大，灰质的密度也更大。大脑中的灰质由大量的神经元胞体、轴突和树突聚集在一起形成，负责信息处理，而与之相对的白质则负责信息传输。

大脑的这些结构变化是否会转化为非音乐领域能力的增强？这一点尚未得到证实，但我们现在已经能够证明音乐聆听和音乐治疗可以帮助人们克服许多心理和生理问题。但是，回到音乐品味上来，这一方向研究成果颇丰。其中拉蒙特的研究起到了非常重要的作用，因为它表明胎儿和新生儿的大脑能够储存记忆，并能在经历很长一段时间之后再次提取记忆。更确切地说，研究结果表明，即使对于身处羊水和子宫之中的胎儿，环境也会影响儿童的发育及偏好。因此，虽然音乐偏好的种子在子宫里就已经播下，但事实比实验结果更复杂，否则孩子就只会被母亲喜欢的音乐吸引，或者受到胎教课音乐的影响了。我们现在能够确定的是，胎儿在子宫内听到的音乐确实会影响日后的音乐偏好，但这不是决定性因素，还有一段较长的文化适应期，在此期间，婴儿会接受自己本土文化的音乐。几年前有报告称，在西方文化环境中成长的婴儿，无论他们来自哪个文化或是哪个种族，在接触其他文化的音乐之前，都会表现出对西方音乐的偏爱。这一发现并没有得到证实，但是我们发现，相对于不协和音程，婴儿确实会表现出对协和音程的喜爱。随着年龄增长，个体对不协和音程的鉴赏能力开始出现，但每个人对不协和音程的接受程度各有不同。

这种偏好的出现可能是有神经基础的。协和音程与不协和音程在听觉皮层中的处理机制是不同的。最近有研究收集了人类和猴子对不和谐的感觉产生的电生理反应（意思是不协和音程之所以听起来不和谐是由频率比造成的，与和声和音乐环境无关），结果表明，大脑皮层对声音进行初步处理的区域，即初级听觉皮层中的神经元在接收到不协和音程的时候会同步放电，而在接收到协和音程的时候则不会。为什么出现这种对协和音程的偏好，我们目前尚不清楚。

我们对婴儿的听觉世界已经有了一些了解。在出生前的最后四个月，婴儿的耳朵就已经发育完全，但大脑还需要几个月甚至几年的时间才能将听觉处理能力发育完全。婴儿能够识别音高和时间发生改变（即速度变化）后的乐曲，证明他们能够处理声音的相对关系。威斯康星大学的詹妮·萨弗朗（Jenny Saffran）和麦克马斯特大学的劳雷尔·特雷诺（Laurel Trainor）收集到的证据表明，实验中如果提出相关要求，婴儿也能注意到绝对音高线索。这表明他们其实有一种之前从未发现的认知弹性：婴儿可以根据自己需要处理的问题采用不同的处理模式，可能会利用到不同的神经回路。

特雷胡布（Trehub）和道林等人已经通过研究证明，婴儿最容易注意到的音乐特征是轮廓。他们虽然只有30秒的记忆长度，但是依然能够发现音乐轮廓的异同。现在我们回忆一下，轮廓指的是旋律中的音高模式，指的是旋律的起伏走势，与音程大小无关。如果只注意旋律轮廓的话，就只会记住旋律线上升，而不会记住具体上升了多少。婴儿对音乐和语言轮廓的敏感程度非常接近。语言轮廓可以用来区分疑问句和感叹句等，语言学家称之为韵律。费尔纳尔德和特雷胡布共同记录了父母与婴儿、儿童及成年人说话方式的区别，这些区别在任何文化中都适用，包括父母对婴儿说话较慢、音高范围较大、整体音高较高等。

母亲能够在不需要任何明确指导的情况下自然体现出这些差异，对婴儿使用非常夸张的语调，研究人员称之为儿向语言（infant-directed speech）或妈妈语（motherese），父亲在这一方面表现出的差异则较为轻微。科学家认为，妈妈语有助于引起婴儿对母亲声音的注意，并有助于婴儿辨认句子中的词语。我们对成年人会说："这是一个球。"而妈妈语则会类似于："球——"（音调拉长且出现上扬趋势。）"看，是不是球——？"（音高差异扩大，在"球"这个字的末尾音调再次上升。）在这里，母亲创造出的语言轮廓表明自己在问问题或者做陈述，而通过夸张的音调起伏，可以引起婴儿的注意。实际上，母亲这样就是在为疑问句和陈述句创建原型，并确保婴儿能够轻松识别出创建的原型。如果母亲想要训斥婴儿，她也不需要明确的指导，就能非常自然地创造出第三种原型，语调短促而又平稳："不行！"（停顿）"不行！不好！"（停顿）

"我说了不行！"婴儿似乎天生就能检测和跟踪音调的轮廓，对具体的音程则敏感度较弱。

特雷胡布的研究还指出，婴儿对于协和音程（如完全四度和完全五度等音程）的记忆能力要好于不协和音程（如三全音等）。特雷胡布发现，音阶中各音级之间的距离不均等甚至能让刚出生的婴儿都可以识别出音程。她和同事给九个月大的婴儿演奏了普通的大调七声音阶和两种自己原创的音阶，其中一种将八度音阶划分为十一个均等的音级，然后挑选相邻或相隔一个音级的七个音组成一个音阶，而另一种则将八度音阶直接划分为七个均等的音级。参与实验的婴儿需要从这三个音阶中找出不和谐的音。成年人能顺利找出普通大调七声音阶中的不协和音程，而面对后两种从未听过的音阶则非常吃力。与成年人相比，婴儿无论是听到音级均等还是不均等的音阶都表现得非常好。此前的研究认为，九个月大的孩子还未建立大调音阶的心理基模，因此该实验结果表明，大脑中存在一种神经运作过程能够优先处理不均等音级，也就是我们的大调音阶所具备的特征。

换句话说，我们的大脑似乎和我们使用的音阶是协同进化的。我们在大调音阶中能够找到那些有趣的、不对称的音符排列绝非偶然，因为通过这种排列我们能更容易记住一段旋律，这是声音物理性质的产物（我们之前讨论过的泛音列）。我们在大调音阶中使用的音与组成泛音列的音非常接近。大多数儿童在幼儿阶段就开始自主发声，早期发声听起来很像在唱歌。婴儿会探索自己声音的边界，并开始探索语音的产生，以便回应周围环境带来的各种声音。他们听到的音乐越多，就越有可能在自主发声阶段加入音高和节奏的变化。

幼儿从两岁开始表现出对本土音乐的偏爱，与此同时，他们也开始发育出专门的语音处理能力。最开始，孩子们更倾向于喜欢简单的歌曲，简单指的是有明确的主旋律（比如说，和复杂的四重对位 * 正相反），而且和弦进行非常直接、容易预测。随着年龄的增长，孩子们开始逐渐厌倦容易预测的音乐，于是开始寻找更具挑战性的音乐。迈克尔·波斯纳指出，儿童的额叶和前扣带回（anterior cingulate，位于额叶后面的一种引导注意力的结构）尚未发育完全，所以他们没办法一心多用。如果有干扰存在，他们就很难把注意力集中到某一种刺激上。这也就是为什么孩子在 8 岁左右很难学会《划船歌》里"划，划，划小船"（Row, Row, Row Your Boat）这样的轮唱。他们的注意力系统，特别是连接大脑扣带回（cingulate gyrus，前扣带回所在的结构）和大脑眶额区的神经网络没有完全发育成型，无法过滤掉多余或者分散注意力的刺激。儿童在还没有能力排除无关听觉信息的时候，就要面对一个声音极为复杂的庞大世界，所有的声音都在不断通过听觉涌入大脑当中。他们可能会试着跟着自己的声部唱自己该唱的部分，结果听见另一声部的歌声就会分心出错。美国宇航局会用游戏的方式训练注意力与专注力，波斯纳的研究指出，这些游戏经过改编可以帮助加快儿童注意力的发展。

当然，儿童对歌曲的喜好从简单过渡到复杂，只是对发育轨迹的一种概括。并非所有的孩子都是从一开始就喜欢音

---

* 指含有四个声部的音乐，且四个声部可以高低易位。——译者注

乐，且有些孩子对音乐的喜好与众不同，纯粹是偶然发现的。我八岁就迷上了大乐队音乐和摇摆舞曲，当时我的爷爷给了我几张唱片，都是他从第二次世界大战的时候开始收集的78转唱片。最开始，有些新奇的歌曲吸引了我的注意，比如《切分音时钟》（*The Syncopated Clock*）、《你想在星星上摇摆吗》（*Would You Like to Swing on a Star*）、《泰迪熊的野餐》（*The Teddy Bear's Picnic*）、《魔法之歌》（*Bibbidy Bobbidy Boo*）等，这些都是写给孩子们的歌曲。但我听了大量的弗兰克·德·沃尔（Frank de Vol）和勒罗伊·安德森（Leroy Anderson）的管弦乐队之后，这些较为奇异的和弦模式和表达逐渐融入我的思维当中，我很快就迷上了各类爵士乐。这些写给孩子们的爵士乐帮我打开了新的神经通路，让爵士乐成为我脑中好听、好懂的音乐类型。

研究人员指出，青少年时期是音乐偏好的转折点。无论之前有没有表现出对音乐感兴趣，儿童在到了10岁或11岁左右都会开始真正关注起音乐来。成年之后，会让我们感到怀旧的音乐，感觉更像自己那个时代的音乐，也往往都是青少年时候听到的音乐。阿尔茨海默病（这种病症的特征是神经细胞和神经递质水平发生变化以及突触损坏）的早期症状之一是记忆力丧失。随着疾病的发展，记忆力丧失日益严重。但是，很多患病的老年人都还记得他们十四岁听过的歌曲，部分原因在于青少年时期是自我发现的时期，所以那些歌曲都饱含自己当时的情感。而总体来看，我们倾向于记住与情感相关的事物，因为我们的杏仁核和神经递质会协同作用，将这些记忆"标记"为重要的东西。另外还有一部分原因则与神经的成熟与修剪有关，青少年在十四岁左右，其大脑结构中与音乐有关的部分开始接近成年人水平。

形成新的音乐品味好像没有明确的终点，但大多数人在十八、二十岁的时候就已经形成了自己的品味。其中的原因尚不清楚，但有一些研究发现事实确实如此。部分原因可能是，随着年龄的增长，人们对新体验的开放程度降低。我们在十几岁的时候开始发现世界上有很多不同的思想、文化，还有不同的人。我们开始领悟到，不必让自己的人生历程、个性和决定局限于父母教给我们的东西，也不必局限于我们的成长方式，我们开始听不同种类的音乐。在西方文化中，我们对于音乐的选择对未来的社会关系有着密切的影响。我们会听朋友喜欢的音乐，尤其是在年轻的时候，为了寻求认同感，我们和自己想成为的人或者认为有共同点的人建立联系，或者建立社群。为了让这些联系具象化，我们穿着风格相似的衣服，共同参与活动，听同样的音乐。我们这群人会听这种音乐，另一群人会听另一种音乐。这也能够与进化理论相呼应，也就是说，音乐是作为社会纽带和社会凝聚力的载体而存在的。音乐与音乐偏好成了个人和群体认同与区分的标志。

我们可以说，个性特征或多或少与人们喜欢的音乐类型有关，或者说，我们可以通过个性特征推测人们喜欢的音乐类型。但在很大程度上，起到决定作用的或多或少都是一些偶然性因素：你在哪儿上学，跟谁交朋友，朋友们都在听什么音乐，等等。我小时候住在北加州，克里登斯清水复兴合唱团在当地人气极高，因为他们是一个当地的乐队。我搬到南加州之后，发现合唱团的那种带有牛仔感觉的乡村音乐与冲浪文化和好莱坞文化格格不入，因为南加州更多的是海滩男孩乐队和像大卫·鲍伊那样风格更为戏剧化的音乐人。

另外，在整个青春期，我们的大脑都会以爆炸式的速度发展与形成新的联系。但在青春期之后，这种发展速度会大大减慢。青春期同样也是用经验构成神经回路的阶段，而音乐在这一阶段也起着非常重要的作用。在这一关键时期，我们会将听到的新音乐吸收到自己的神经框架当中。我们知道，学习语言等新技能都有一个关键时期。如果一个孩子在六岁左右还没有学习语言（无论是母语还是第二语言），那么他就永远都不能像大部分母语人士那样熟练使用这门语言。音乐和数学的学习关键期较长，但也有一定的时间限制。如果一个人二十岁之前都没有学过音乐或数学，那么他二十岁以后仍然可以学习，只是难度很大，而且很有可能永远不会像自小学习数学或者音乐的人一样熟练使用这两种思维。其中的原因就在于大脑突触形成背后的生物学过程。大脑的突触经过多年的发育会形成新的连接，而之后会出现转折点，大脑开始修剪神经系统，以去除不必要的连接。

神经可塑性是大脑自我重组的能力。虽然在过去的五年里，很多研究都推翻了过去人们认为不可能实现的大脑重组现象，这些研究成果都很令人惊叹，但成年人大脑中发生的重组数量的确远远低于儿童和青少年。

当然，这其中也存在个体差异。有些人在骨折或者皮肤损伤之后比别人恢复得快，而有些人则会更快建立新的神经联系。一般来说，八岁到十四岁，大脑额叶的修剪过程开始，额叶负责高等思维和推理、计划和控制冲动等。在此期间，髓鞘形成（myelination）开始出现。髓鞘（myelin）是一种包裹在轴突外面的脂肪物质，可以用来加速突触对信息的传递。（所以随着年龄的增长，大脑解决问题的速度一般会加快，也能够解决更加复杂的问题。）整个大脑的髓鞘形成一般在20岁左右完成。多发性硬化症（multiple sclerosis）是几种可影响神经元周围髓鞘的神经退行性疾病之一。

音乐的简单与复杂之间的平衡也决定了我们的偏好。科学家们对人们在绘画、诗歌、舞蹈和音乐等不同美学领域的喜好程度进行研究，结果表明艺术作品的复杂性与我们对它的喜爱程度存在非常有序的关系。当然复杂性是一个完全主观的概念，为了能够衡量复杂性这个概念，我们必须先要明确对于一个人来讲非常复杂的东西可能刚好符合另一个人的喜好。同样，一个人觉得极为简单、枯燥乏味的东西，另一个人却可能会因为背景、经验、理解和认知模式的差异觉得极为复杂、难以理解。

从某种意义上来说，基模是最为重要的因素。基模构成了我们的理解框架，是我们对审美对象的元素和诠释进行理解的系统。基模影响着我们的认知模式和预期。有了基模之后，即使是第一次听到马勒（Mahler）的《第五交响曲》，我们也完全能够听懂：首先这是一首交响乐，遵从交响乐的形式，有四个乐章；包含主旋律和副旋律，主旋律会重复出现；主旋律会用管弦乐器演奏，而不会选用非洲鼓或贝斯效果器。熟悉马勒《第四交响曲》的人会发现，《第五交响曲》的开头采用的是《第四交响曲》主旋律的变奏，甚至音高都和《第四交响曲》相同。而熟悉马勒作品的人则会发现，马勒在《第五交响曲》

中引用了自己的三个作品。受过音乐教育的听众还会意识到，从海顿到勃拉姆斯和布鲁克纳，大多数交响乐的开头和结尾都在同一个调上，而马勒《第五交响曲》则违背了这一传统，它从 C 小调转到 A 小调，最后以 D 大调结束。如果你不了解交响乐的调如何发展，也不了解交响乐一般的发展轨迹，那么乐曲中这些特别的地方对你来说就毫无意义；但对于经验丰富的听众来说，这种对预期的违背，尤其是调性的巧妙转换，这种对传统的颠覆则带来了一种惊喜的感觉，丝毫不会让人觉得违和。如果没有适当的交响乐基模，或者只有印度传统拉格音乐（Raga）的基模，那么听者也是无法听懂马勒《第五交响曲》的，甚至可能还会觉得听起来很混乱，就像一种音乐概念直接与另一种概念融在一起，没有边界，也没有整体性的开始与结束。基模构建出了我们的感知、认知过程，最终形成我们的经验体会。

如果一首乐曲太过简单，我们一般不会有多喜欢，觉得太无聊。而如果乐曲太复杂，我们一般也不会喜欢，觉得无法预测，因为和我们熟悉的任何事物都无法建立联系。音乐，或者任何艺术形式，都必须在简单和复杂之间取得适当的平衡，才能赢得我们的好感。简单和复杂与受众的熟悉程度有关，熟悉程度其实只是基模的另一种表达而已。

当然，在科学中，术语的定义非常重要。"太简单"或"太复杂"的意思是什么？给"太简单"进行可操作性定义就是：我们发现某个事物太容易预测，和我们以往经历的事情非常相似，没有丝毫的挑战性。比如井字棋（tic-tac-toe），小孩子会觉得非常有趣，因为以他们的认知水平，这个游戏有非常多可玩的特点：规则明确，任何一个孩子都能轻松说明规则；充满惊喜，因为玩家永远都不知道对手下一步会在井字的哪里画圈或者画叉；充满变化，因为玩家双方的下一步行动都受到对方的影响；虽然总共只有九步，但游戏什么时候结束、谁输谁赢或者是不是平局都不确定。这种不确定造成了紧张感和预期，而直到游戏结束的时候，这种紧张感才会得到释放。

随着认知能力的提高，小孩子最后就学会了游戏策略，后下的一方是赢不了的，顶多能下个平局。一旦游戏的顺序和结局都变得可以预测，井字棋也就失去了吸引力。当然，成年人仍然可以享受和孩子们一起下井字棋的乐趣，因为我们想看到他们脸上的笑容，我们也很喜欢看着孩子学习成长。随着大脑的发育逐渐揭开井字棋的奥秘，学习成长的过程可以持续好几年。

对很多成年人来说，歌手拉菲和恐龙巴尼（Barney the Dinosaur）的儿歌在音乐中就相当于井字棋。如果音乐走向太容易预测，结尾毫无意外，而且音符与和弦的连接没有任何惊喜，我们就会觉得这种音乐过于简单，没有挑战性。音乐响起时（尤其是在你专注聆听的时候），你的大脑会提前思考下一个音符的不同可能性，以及音乐的走向、轨迹、预期方向和最终结尾等。作曲家必须让我们进入一种有安全感的状态，听者则需要信任作曲家能带领我们踏上和谐的音乐旅程；而作曲家反过来也需要给听者小小的奖励，也就是说，要满足我们的预期，让我们感受到秩序与安定。

打个比方，比如你搭便车从加州戴维斯到旧金山，你想让司机走常用的路线——80号公路。你可能愿意接受司机抄几条近路，尤其是如果遇到态度友好的司机，而且他会直白地告诉你自己要走哪里（"我想在萨莫拉路这儿抄个近路，免得遇上高速公路施工"），那么你会比较信任他。但是，如果司机没有做任何解释就把你带到了一条偏僻的路上，你看不到任何的路标，那你肯定会缺乏安全感。当然不同的人会有不同的性格和个性，对于这种意想不到的旅程，无论是音乐旅程还是实际坐在车里的旅程，不同的人也会有不同的反应。有的人会完全陷入恐慌状态［"这首斯特拉文斯基（Stravinsky）是要杀了我吧！"］，有的人则会体会到一种冒险的感觉，对自己的新发现感到无比兴奋（"约翰·克特兰这一段怎么这么奇怪，管他呢，多听一会儿又不会怎么样，我还是能找到自己内心的和谐，实在不行我还是能回到现实里面"）。

　　继续回到游戏的类比。有些游戏的规则非常复杂，一般人都没有耐心去了解。单拿出哪一个回合（对新手来说）都会有太多不可预测的可能，让人难以想象。而且难以预测的游戏也并不代表只要一个人坚持足够长的时间，最后就会对这个游戏产生兴趣，因为有些游戏就是完全不可预测的，与练习多少无关。很多棋盘游戏只是掷骰子，看接下来会发生什么，如"滑道与梯子棋"（Chutes and Ladders）和"糖果乐园"（Candy Land）都属于这类游戏。孩子们喜欢这种惊喜，而成年人可能觉得乏味，因为虽然没人能准确预测接下来会发生什么（游戏接下来的发展都是靠掷骰子出现的随机数），但游戏的发展没有任何结构，玩家也无法运用技能来影响游戏的进程。

　　音乐中如果包含太多和弦变化或者陌生的结构，可能会让很多听众直接夺门而出，或者按音乐播放器上的"下一首"。围棋等游戏对于新手来说非常复杂，规则晦涩难懂，很多人可能在刚开始学规则的时候就放弃了。这类游戏的学习曲线非常陡峭，新手无法确定投入的时间是否值得。我们很多人对不熟悉的音乐或者不熟悉的音乐形式也有相同的感觉。有些人可能告诉你勋伯格是一位才华横溢的音乐家，或者告诉你音乐人Tricky是下一个王子（Prince），但你可能一开始听不出他们的音乐里有什么出众的地方，你会怀疑，这么努力去听他们的音乐到底值不值得。我们告诉自己，如果我们听得足够多，可能就会开始理解他们的音乐，并且像那些喜欢他们的朋友一样喜欢上这些音乐。可是我们也记得，很多时候，我们投入了很多宝贵的时间去聆听某位音乐人的作品，却从未有种"听懂"的感觉。这就像思考一段新的友谊一样，都需要时间，这种事有时候就是着急也快不起来的。在神经层面，我们也需要找到一些标记，才能调用某个认知模式。如果我们听一段音乐的次数足够多，其中一部分音乐最终就会经过编码保存在我们的大脑中，形成标记。如果作曲家技艺娴熟，乐曲中那些我们当作标记的地方就恰恰是作曲家希望我们记住的地方。作曲家能够凭借作曲、人类感知和记忆相关的知识，在音乐中创造一些线索，最终在我们的大脑中留下深刻印象。

结构处理是我们欣赏一首新乐曲时需要应对的一个难点。如果不能理解交响曲式、奏鸣曲式或者爵士乐标准的 AABA 结构，那么听音乐就相当于在没有路标的高速公路上开车，你永远都不知道自己在哪里，也不知道自己什么时候到达目的地（甚至还没到终点站，只是到了中转站，你只是看见了路标）。比如，很多人听不"懂"爵士乐，他们说爵士乐听起来就是一种毫无组织纪律、胡乱编配、结构不清的即兴创作，乐手们就像在比赛谁能在尽量小的空间里塞下尽量多的音。人们统称为"爵士乐"的音乐其实有十来种亚流派：迪克西兰、布基伍基（boogie-woogie）、大乐队、摇摆乐、比博普（bebop）、直系爵士（straight-ahead）、酸爵士（acid-jazz）、融合爵士（fusion）、形而上（metaphysical），等等。"直系爵士"也称"古典爵士"，基本可以称得上是爵士乐的标准形式，类似于古典音乐里的奏鸣曲或交响乐，或者摇滚乐里的披头士、比利·乔尔（Billy Joel）和诱惑乐队等。

　　古典爵士乐中，乐手会先演奏乐曲的主旋律，一般都选自百老汇或者某位歌手那些脍炙人口的歌曲，这些歌曲叫作"标准曲"（standards），其中包括《时光流逝》（*As Time Goes By*）、《我可爱的情人》（*My Funny Valentine*）和《我的一切》（*All of Me*）等。乐手会先完整演奏一次，一般都是先演奏两段主歌（verse），然后一段副歌（chorus），然后再接一段主歌。副歌［副歌中重复演唱的部分也叫作"迭句"（refrain）］是贯穿歌曲、经常重复的段落，主歌会经常发生变化。我们把这种形式叫作 AABA，A 代表主歌，B 代表副歌。AABA 代表主歌—主歌—副歌—主歌。当然也可以有其他的变化形式。有些歌曲还有 C 段，叫作"桥段"（bridge）。

　　副歌不仅指的是一首歌曲的第二部分，也指贯穿始终的整个形式。换句话说，演奏一首歌的 AABA 整体叫作"演奏整首副歌"（play one chorus）*。

---

* 百老汇黄金时期的音乐剧曲目常用这种形式，整个 AABA 作为副歌，前面另有主歌。——译者注

在演奏爵士乐的时候，如果有人用英文说"演奏副歌"时用了单词"the"，我们就会认为他指的是歌曲的一部分；如果有人用英文说"演奏副歌"的时候用了"一"（one）或者"二"（a couple of）这样的数量词，我们就认为他指的是整个AABA的形式。

弗兰克·辛纳特拉和比莉·哈乐黛的《蓝月亮》（*Blue Moon*）就是一首 AABA 形式的歌曲。爵士乐手可能会在歌曲的节奏与感受上做文章，对旋律进行一些装饰。演奏一次歌曲的"原曲"（head）之后，乐队的各个成员再开始根据原曲的和弦进行和形式即兴创作出新音乐。每个乐手都会演奏一段或多段副歌，然后下一个乐手从原曲的开头接手继续演奏。在即兴创作过程中，有些乐手会紧扣原旋律演奏，有些乐手则会加入很多与原曲大相径庭或奇特的和声。每个人都即兴演奏完一轮之后，整个乐队又会大致回到原曲上，然后乐曲结束。即兴演奏可以持续好几分钟，爵士乐中经常能听到乐队将两三分钟的乐曲扩展至十到十五分钟。乐手们的即兴演奏也有常用的轮换顺序：首先是小号，然后是钢琴和吉他合奏，或者只出现钢琴或吉他，接着是贝斯，有时候还有鼓手，一般会跟在贝斯后面。有时候乐手也会共同演奏一段副歌，每个乐手独奏四到八个小节，然后交给下一位乐手进行独奏，就像一种音乐接力。

对新手来说，整体演奏可能听起来很混乱，但只要知道即兴创作是在歌曲的原始和弦基础上进行的，就可以了解乐手演奏到了乐曲的哪个部分。我经常建议刚开始听爵士乐的人在即兴演奏开始后，只需要在脑海中哼唱原曲就能跟得上了，其实即兴演奏的乐手也经常会自己这样哼出来，这样新手就能大大丰富自己的听觉体验。

每种音乐类型都有自己的规则和形式，我们听得越多，这些规则就越容易在我们的记忆中具象化。如果不熟悉音乐结构，听者可能会很容易有挫折感，或者单纯地无法欣赏。想要了解一种类型或风格就需要围绕它建立一个类别，并且能够判断新听到的歌曲是否属于这一类别，或者有的时候存在特殊情况，有些歌曲可能"部分"或者"大概"属于这一类别。

乐曲的复杂程度和听者的喜爱程度之间的关系叫作倒 U 曲线，因为两者之间的函数关系可以用倒 U 型曲线来表示。我们来想象一个平面直角坐标系，其中 X 轴表示一段音乐（对你来说）的复杂程度，Y 轴表示你对这段音乐的喜爱程度。函数图的左下角靠近原点的地方会出现一个点，表示的是音乐非常简单，而且你也不喜欢。随着音乐的复杂性增加，你的喜爱程度也会增加，这两个变量在函数图像上会出现很长一段正相关的上行趋势，即喜爱程度随着音乐复杂性的增加而增加，在某一点上你的喜爱程度会跨过临界点，从最开始的非常不喜欢上升跨越到有点喜欢，然后曲线继续上升。但从某一点开始，随着乐曲复杂性的增加，音乐变得太过复杂，你的喜爱程度开始减少。随着音乐变得越来越复杂，你又会跨过另一个临界点，喜爱程度开始出现负值，因为音乐太复杂了，你开始出现厌恶情绪。这样，就会出现倒 U 型或者倒 V 型的曲线。

倒 U 曲线这一假说并不意味着你对一首歌的喜爱程度仅仅与乐曲复杂程度有关，而是为了说明这两个变量之间的关系。音乐元素本身就可能成为是否喜爱一首乐曲的障碍。如果乐曲太吵或太静，显然对听者来说都是问题。即使是动态范围本身（即乐曲最吵与最静部分的差异）也会让一些人感到排斥，尤其是对于那些用音乐来调节情绪的人来说更是如此。有些人想用音乐让自己平静下来，有些人想用音乐让自己兴奋起来好去健身，这些人可能都不想听到哪首乐曲从非常安静跳跃到非常热闹，或者音乐情绪从悲伤跳跃到兴奋（比如马勒的《第五交响曲》）。乐曲的动态范围和情感变化范围太宽，可能让人无法投入到音乐当中。

音高也是影响人音乐喜好的因素之一。有些人无法忍受现代嘻哈音乐的低沉节奏，有些人则认为小提琴的高音听起来像一种呜咽。部分原因可能与生理反应有关。确切地说，不同的人耳可能会强调传输声音频谱的不同部分，使得有些声音听起来使人愉悦，有些声音则让人生厌。这其中可能还有心理因素，听者可能对不同乐器的好恶程度也有不同。

节奏和节奏模式会影响我们对某种音乐类型或作品的鉴赏能力。很多音乐家都非常喜欢拉丁音乐，因为拉丁音乐的节奏非常复杂。而外行人士只是局限于能听出这是"拉丁音乐"而已。但如果听者能听出某个节拍的细微差别，发现某个节拍比其他节拍稍微重一点，那么就会认为拉丁音乐真的是有趣而复杂：博萨诺瓦、桑巴、伦巴、贝圭英（beguine）、曼波、默朗格（merengue）、探戈，每一种都是完全不同的节奏，带来不同的音乐风格。当然有的人非常喜欢拉丁音乐，也喜欢拉丁节奏，但说不出其中各种类型的区别；而有些人则觉得节奏太复杂，难以预测，听了很容易厌烦。我发现，如果我教给听者一两种拉丁节奏，他们就会开始懂得欣赏了，这都是建立基础和基模的问题。对于其他听众来说，如果节奏过于简单，对音乐风格就是一种破坏。我父母那一代人对摇滚乐的种种怨言，除了觉得摇滚乐特别吵，另一个原因就是觉得摇滚乐的节奏都一样。

音色是影响很多人欣赏音乐的另一个障碍，我在第一章提到音色的影响力日益加深。我第一次听到约翰·列侬和唐纳德·费根唱歌的时候，觉得他们的声音真是怪得难以置信，我肯定不会喜欢。但有种奇特的力量吸引我接着听下去，虽然可能只是因为他们的声音很奇怪，但最终他们却成了我最爱的两种声音，他们的声音对我来说已经不仅仅是熟悉，而是亲密，我觉得他们的声音似乎已经成为我的一部分。从神经层面来看，也确实是这样。我们已经听了数千个小时他们的演唱，听过他们的数万首歌曲，所以我的大脑形成了一种神经回路，哪怕他们唱的是我以前从未听过的歌，我也可以从成千上万人的声音中辨别出他们两个人。我的大脑已经对他们声音的每一个细节和音色的变化进行了编码，所以如果我听到他们歌曲的不同版本，比如《约翰·列侬精选集》（*The John Lennon Collection*）里的试唱版本，我就能够立即与长期记忆系统的神经回路里储存的版本进行比较，听出两者之间的区别。

我们对音乐的偏好与其他的偏好一样，都会受到之前经历及其带来的正负面结果的影响。举个例子，如果你之前有过南瓜带来的负面感受，比如吃了南瓜以后肚子疼，那你后面再遇到南瓜的味道可能就会变得小心警惕。如果你只吃过几次西蓝花，基本每次都有正面的感受，那你可能愿意去尝试新的西蓝花做法，比如之前从来没有尝过的西蓝花汤，等等。正面的感受会催生出下一次相似的经历。

让我们感到愉悦的声音、节奏和声音的纹理一般都是我们在生活中那些对音乐正向体验的延伸。这是因为你在听喜欢的音乐时，会获得非常愉悦的感官体验，就像吃到巧克力和新摘的覆盆子、早上闻到咖啡的香气、看到一件艺术品，或者看到爱人熟睡时平静的脸。我们从感官体验中能够体会到愉悦，从熟悉感和熟悉感带来的安全感中得到慰藉。我可以看着熟透了的覆盆子，闻到它的香味，感觉一定会很好吃，而且可以放心吃，不会生病。如果我以前从来没有吃过洛根莓，但看见它和覆盆子有那么多的共同点，那我就愿意冒险尝尝，感觉吃下去不会有什么问题。

安全感在我们很多人选择音乐时也起到重要作用。我们在听音乐的时候，其实或多或少也是我们对音乐的臣服，我们把自己心灵和精神的一部分交给了作曲家与音乐家，让音乐带我们超越自我。我们中的很多人都觉得伟大的音乐能让我们感受到比自身存在更宏大的事物，感受到他人，甚至感受到上帝。音乐即便不能把我们带到超凡脱俗的境地，也能改变我们的情绪。所以我们可能不愿意随意放松警惕或者放下自己的心理防线，这都是可以理解的。如果作曲家和音乐家让我们有了安全感，我们才会卸下防备。我们需要知道自己的脆弱不会被人利用，这也就是为什么很多人都不听瓦格纳。因为他的作品带有反犹太主义思想，（奥利弗·萨克斯认为他）内心粗俗，而且与纳粹政权存在联系，所以有些人听他的音乐会没有安全感。瓦格纳的音乐一直以来都让我非常焦虑，而且甚至想到要听他的音乐都会让我感到不安。我不愿意臣服于他的音乐，因为他的音乐来自他扭曲的思想和危险的心灵（或者可以说是铁石心肠），我担心听了他的音乐之后，我也会产生一些同样恶劣的想法。如果我在聆听一位伟大作曲家的音乐，我就会从某种程度上认为我在与他融为一体，或者说让他走进我的内心。我有时候听流行音乐也会感到焦躁，因为有些流行音乐的创作者非常粗俗，要么就是存在性别歧视或种族歧视，要么就是三者兼具。

这种脆弱感和臣服感在过去四十年的摇滚乐和流行乐中也非常普遍，这也就说明了为什么乐迷们都迷恋感恩而死乐队、戴夫·马修斯乐队（the Dave Matthews Band）、钓鱼乐队（Phish）、尼尔·杨、琼妮·米切尔、披头士乐队、快转眼球乐队（R.E.M.）和安妮·迪弗兰科（Ani DiFranco）等乐队和歌手。我们给予他们控制我们情绪的权力，甚至让他们掌控我们的政治倾向，让我们振奋或沮丧，给我们慰藉与激励。我们在独自一人的时候允许他们来到自己的客厅和卧室，我们在不与世界上任何一个人交流的时候还允许他们从耳机进入我们的耳朵。

让自己在一个完全陌生的人面前袒露脆弱是一件很不寻常的事。我们大多数人都有一种心理防御机制，防止我们随口说出自己脑海中的每一个想法和感受。如果有人问："你好吗？"无论是家里刚刚发生过争吵，你的情绪很低落，还是你身体有些不舒服，你都会说："挺好的。"我爷爷曾经说过，讨厌的人会在别人问"你好吗"的时候把自己的情况一五一十地告诉对方。即使是很亲密的朋友，我们也不会跟他们分享自己内心深处的问题，比如出现自我怀疑等感觉。我们愿意让自己喜爱的音乐家走进内心世界的原因之一，就是他们经常向我们展示自己的脆弱（或者是他们通过自己的作品来表达自己的脆弱，但究竟是表现出的脆弱还是真实的脆弱并不重要）。

艺术的力量在于它将我们彼此联系，并且将我们与更广阔的真理联系起来，让我们知道活着意味着什么，做人又意味着什么。尼尔·杨唱道：

老人啊看看我的生活，我很像你过去的自我……
独自一人生活在天堂，想象着两个人的快乐。

我们对写这首歌的人感同身受。我不在天堂里生活，但我能想到那种物质上获得了成功却没有人与他分享喜悦的感觉，就像乔治·哈里森（George Harrison）引用马太福音和圣雄甘地所唱的那样，他感觉自己"得到了全世界，却失去了灵魂"。

布鲁斯·斯普林斯汀在唱《回到你的怀抱》（*Back in Your Arms*）时，唱到了逝去的爱情，我们会对类似的主题产生共鸣。这位诗人歌手与尼尔·杨都用"普通人"的形象打动了我们。我们会想到斯普林斯汀拥有的一切，有数百万人的崇拜，有数百万美元的资产，但拥有这些却得不到自己心爱的女人，这为这个故事加上了一层悲剧色彩。

歌曲在我们意想不到的地方展现出脆弱会让我们与唱作者距离更近。传声头乐队主唱戴维·伯恩，以其抽象、艺术的歌词闻名，歌词中还带有一丝理性。在他的独唱作品《山谷里的百合》（*Lilies of the Valley*）中，他唱出了孤独和恐惧。我们对于歌词的欣赏，有一部分来自我们对唱作者或者唱作者个性的了解。我们印象中的戴维·伯恩是一个古怪而聪慧的人，很少将恐惧这种原始的情感明晃晃地展露出来，所以这种个性会让我们对歌词有更加强烈的感受。

因此，与音乐家或音乐家所代表的事物联系起来会成为我们音乐偏好的一部分。约翰尼·卡什（Johnny Cash）创造出了一个亡命徒的形象，而且在监狱里举办过多次演唱会，来表达他对囚犯的同情。囚犯们可能会因为他所代表的东西喜欢他的音乐，或者渐渐开始喜欢他的音乐，这其中就没有严格意义上的音乐因素存在了。但乐迷们对偶像的追随也有限度，鲍勃·迪伦在新港民谣音乐节上就体会到了这一点。约翰尼·卡什可以在歌中表达想要离开监狱，观众们不会离他而去；但如果他说，他喜欢去监狱是因为能让他意识到自己拥有的自由有多宝贵，那么他就从同情跨越到了幸灾乐祸，可以想见，那些囚犯作为他的观众必然会对他产生反感。

偏好从接触开始逐步建立，我们每个人都有自己的"冒险性"指数，它能够显示出我们到底愿意从自己的音乐舒适区离开多远。在生活中的方方面面，包括音乐，我们有些人比其他人更愿意尝试新事物，在生命中的不同阶段，我们可能也会在尝试或避免新事物上表现出不同。一般来说，我们感到无聊的时候会去寻求新体验。随着网络电台和个人音乐播放器越来越流行，每个人都可以拥有自己的个性化电台，由计算机算法控制，播放我们已经听过且喜爱的音乐，以及我们没听过但可能会喜欢的音乐。我想，无论这项技术采取何种形式，听众都应当可以选择自己的"冒险性"指数，通过指数大小的变化来控制新旧音乐的混合程度，或者控制新音乐与他们音乐舒适区的距离，毕竟在这方面人与人之间有很大的差异，而每个人在每天的不同时间也会出现差异。

我们听音乐的行为给音乐类型和形式创建了基模，即使我们只是被动听音乐，没有主动对音乐进行分析，基模也会产生。我们在很小的时候就知道自己文化中的音乐有哪些规则。很多人长大以后的音乐喜好都由童年时期听音乐形成的认知基模类型决定，但这并不意味着我们小时候听的音乐一定会决定我们余生的音乐品味。很多人会通过后天接触或学习不同文化中的音乐和不同风格的音乐来适应新的音乐，并建立相应的基模。重点在于，我们对音乐的早期接触往往对我们的影响最为深刻，而且会成为我们进一步理解音乐的基础。

音乐偏好也存在很大的社会性因素，取决于我们对歌手或音乐家的了解、对家人和朋友的音乐喜好的认识，以及对音乐内涵相关知识的掌握情况。从历史角度来看，尤其是进化方面看，音乐一直与社会活动息息相关。这种关联也许能够解释为什么最常见的音乐表达形式都是情歌，从《圣经》里的大卫诗篇（Psalms of David）到叮砰巷歌曲（Tin Pan Alley）*，再到当代音乐，情歌都占主流，这也许还能够解释为什么我们大部分人的喜好里最常见的也是情歌。

---

* 1880—1950 年美国白人中产阶级喜爱的抒情流行歌曲。叮砰巷是一条街的名称，聚集了大量的音乐出版公司，由于经常传出"叮砰"作响的嘈杂音乐声而得名。——译者注

第九章

音乐本能

进化论的天字第一号

音乐从何而来？音乐进化起源方面的研究有着非常悠久的历史，可以追溯到达尔文本人。他认为音乐是通过自然选择发展起来的，是人类或古人类求偶仪式的一部分。我认为科学证据能够为这一观点提供支持，但并非所有人都同意。几十年来，人们对于音乐进化起源的研究零零散散，直到1997年，认知心理学家和认知科学家史蒂芬·平克提出了一项具有争议的观点，在当时引起了广泛关注。

全世界约有250名研究者将音乐感知与认知作为研究重点。与大部分科学领域一样，我们每年都会举行一次会议。1997年，会议在麻省理工学院举行，史蒂芬·平克应邀致开幕词。当时平克刚完成《心智探奇》(*How the Mind Works*)这本书的写作，可以说这本书是解释与综合认知科学主要原理的重大著作，而他那时候还没有落得坏名声[*]。他在主旨演讲中提到："语言显然是一种进化上的适应，作为认知心理学家和认知科学家，我们研究的认知机制包括记忆、注意力、分类和决策等，这些都具有明确的进化目的。"他解释说，我们偶尔会发现某种生物的某种行为或特征缺乏明确的进化基础，这是

---

[*] 史蒂芬·平克曾受到指控，称"平克忽视了种族不公，并且忽视了那些遭受性别歧视和种族歧视的受害者的声音"。——译者注

因为进化的力量出于特定的原因将某种适应性传播出去的时候，相应的行为与特征也会随之传播。斯蒂芬·杰伊·古尔德（Stephen Jay Gould）借用了建筑学的术语将其称为"拱肩"（spandrel）。在建筑学中，建筑师可能想设计一个由四个拱支撑的圆顶，拱与拱之间必然存在一个空间，这个空间不是特意设计出来的，而是设计本身带来的副产品。就像鸟类进化出羽毛是为了保暖，后来这些羽毛形成了新的功能——飞行。拱肩也是如此。

很多拱肩都得到了很好的利用，所以我们很难在建筑建造完成之后区分哪些是适应性的产物，而哪些不是。建筑拱与拱之间的空间成了艺术家绘制天使和其他装饰的地方，这就让建筑师设计的副产品——拱肩成了建筑物最美丽的地方。平克认为语言是适应性的产物，音乐则是它的拱肩。他在演讲中继续说道，在人类的认知行为中，音乐是最不值得研究的，因为音乐只是一种副产品，是伴随着语言的进化出现的产物。

他轻蔑地讲道："音乐就像是听觉里的芝士蛋糕，只不过是会刺激大脑的几个重要部位，让大脑感到愉悦而已，就像芝士蛋糕对味蕾的刺激一样。"人类并不是靠进化出现了对芝士蛋糕的喜爱，但我们确实进化出了对脂肪和糖的喜爱，而脂肪和糖在人类的进化史上经常出现供应短缺的现象。人类在进化的过程中出现了一种神经机制：我们在摄入糖和脂肪的时候，大脑中的奖励中枢就会放电，因为少量摄入糖和脂肪有益于我们的健康。

对于物种生存来讲最为重要的活动，比如进食和交配，都会产生快感，我们的大脑进化出了奖励机制来鼓励这些行为。

但是，我们可以走捷径以直接调动大脑中的奖励机制，比如我们可以吃没有营养价值的食物，可以不以繁衍为目的而发生性行为。这些行为都不是适应性的行为，但大脑边缘系统中的愉快中枢（pleasure center）不知道其中的区别。于是人们发现，芝士蛋糕只是碰巧按下了大脑中关于脂肪和糖的快感按钮。平克解释道，音乐也只不过是利用了一个或多个愉快通路而已，这些通路本身应该是为了强化适应性行为而存在的，比如语言交流，而人们创造出音乐只是为了寻求快感。

平克接着讲道："音乐按下了大脑中本来为语言能力设置的按钮（音乐与语言有许多重合之处），还按下了听觉皮层里的按钮，听觉皮层本来应该是为人类听到哭声和细语准备的，这样会让人们能对其中表达的情感做出反应，也会调动运动控制系统在走路或者跳舞的时候让肌肉有节奏地运动。"

平克在《语言本能》（*The Language Instinct*）一书中写道（他也在演讲中进行了解释）："就生物学的因果关系而言，音乐是没有什么用的。没有任何迹象能够显示出音乐是为了某种进化目的才出现的，比如长寿、生育或者精确感知和预知周遭环境等。音乐完全比不上语言、视觉、社会推理和自然知识，即使音乐从人类的生命中消失，也不会对我们的生活方式产生什么实质性的影响。"

像平克这样一位杰出而又备受尊敬的科学家竟然提出了如此有争议的主张，科学界开始加以关注，我和很多同事也开始重新评估有关音乐进化基础的问题。之前我们一直都没有质疑，觉得是理所当然的，而平克引发了我们的思考。一些研究表明，他不是唯一一个嘲讽音乐进化起源的理论家。宇宙学家约翰·巴罗（John Barrow）也说过音乐对于物种生存没有任何作用，心理学家丹·斯珀伯（Dan Sperber）则将音乐称为"进化中的寄生虫"。斯珀伯认为，我们进化出的认知能力能够处理各种音高和音长组成的复杂声音模式，这种交流能力最早出现在人类还没有发展出语言的时候，而音乐是通过寄生的方式依附于人类这种为真正交流而进化的能力。剑桥大学的伊恩·克罗斯（Ian Cross）总结道："对于平克、斯珀伯和巴罗来说，音乐的存在仅仅是因为它会给人提供快乐，音乐完全建立在享乐的基础之上。"

而我恰恰认为平克是错的，我要拿出证据来证明。首先我们回到一百五十年前查尔斯·达尔文的时代。我们大部分人在学生时代都听过这样一句话——"适者生存"（可惜是由于英国哲学家赫伯特·斯宾塞，这句话才得以广泛传播），这句话其实是对进化的过度简化。进化论以下面几个假设为基础：第一，我们所有的表型特征（包括外貌、生理特征和某些行为）都编码在我们的基因当中，这些基因世代相传。基因负责告诉身体如何制造蛋白质，从而产生我们的表型特征。基因的作用只限定于它们所在的细胞，基因中可能包含很多有用或无用的信息，信息是否有用取决于这个细胞所在的位置，比如眼睛里的细胞不需要长出皮肤等。我们的基因型（特定的 DNA 序列）产生了我们的表型（特定的身体特征）。所以总结第一点就是：一个物种成员之间的各种差异都经过编码储存在基因当中，并通过繁殖遗传给下一代。

进化论的第二个假设是，不同的个体之间存在一些自然的遗传变异。第三个假设是，个体进行交配之后，双方的遗传物质会结合形成新的个体，新个体从父母双方各获得50％的遗传物质。最后一个假设是，由于自发性因素，错误和突变时有发生，且可能遗传给下一代。

今天存在于体内的基因（除少数突变外）都是过去成功繁殖的结果。我们每个人都是基因"军备竞赛"的胜利者，很多未能成功繁殖的基因灭绝了，没能留下后代。今天活在世界上的每个人身上的基因都是长期大规模基因竞争的赢家。之所以说"适者生存"是一种过于简单化的说法，就是因为这种说法扭曲了正确的观念，让我们误以为能给生物带来生存优势的基因都能赢得基因竞赛。但长寿，无论会带来多少快乐和收益，都不会通过基因传递。生物需要通过繁殖才能将基因遗传下去。进化竞赛的含义是要不惜一切代价繁衍后代，而且要让一代一代都继续这样繁衍下去。

如果某种生物的寿命足以繁衍后代，如果它们的后代也能健康成长、受到保护，而且一样能够繁衍后代，那么这个物种就没有什么长寿的必要了。有些鸟类和蜘蛛都是在交配期间或者之后死亡，除非交配之后的时间是用来保护后代、为后代争取资源或者帮它们找到配偶，否则这段时间对其生物基因的存活没有任何用处。因此，有以下两点决定基因是否"成功"：（1）有机体能够成功交配，并将基因遗传给后代；（2）其后代能够生存下来以实现同样的繁衍目的。

达尔文认识到了自然选择理论的这一层含义，提出了性选择（sexual selection）的概念。因为生物必须通过繁殖将基因遗传给下一代，所以吸引配偶的特征应当最终经过编码储存在基因组中。如果男性的方下巴和壮硕的二头肌（在潜在伴侣眼中）是有吸引力的特征，那么拥有这两种特征的男性就会比窄下巴和手臂干瘦的男性更容易成功繁衍后代，而方下巴和壮硕的二头肌就会成为非常普遍的特征。此外，后代还需要受到保护，避免受到自然因素、捕食者和疾病的侵害，并获得食物和其他资源，以便继续繁衍后代。因此，繁殖后有利于保护后代的基因也可以在整个群体中传播，拥有这些基因的后代形成了一个群体，在资源和求偶竞争中占据优势。

那么音乐在性选择中有没有起到作用？达尔文给出了肯定的答案。在《人类的由来及性选择》（*The Descent of Man*）一书中，他写道："我认为，人类的祖先为了吸引异性而创造出音符和节奏。因此，乐音与动物能够感受到的最热烈的激情密切相关，并且乐音的使用都是出于本能……"在寻找伴侣的过程中，我们与生俱来就会有意无意地寻找在生理和生育能力方面都非常健康的人，希望对方能够让自己得到健康并且能吸引异性的后代。音乐可能就是生理健康和生育能力的一项指标，可以用于吸引异性。

达尔文认为，音乐作为求偶的一种手段，是先于语言存在的，他将音乐比作孔雀的尾巴。在他的性选择理论中，达尔文表示，如果某项特征没有任何与生存直接相关的目的，那么它的存在就是为了求偶。认知心理学家杰弗里·米勒（Geoffrey Miller）把这一论述与音乐在当代社会中的作用联系起来。

在求偶过程中，动物为了吸引最好的伴侣，经常会展示他们的基因、身体和思维。很多人类特有的行为（如交谈、音乐制作、艺术能力、幽默等）可能主要是为了在求偶期间展示自己的智慧而进化出来的。米勒认为，在进化史上，音乐和舞蹈大部分时间都交织在一起，这两项才能也是生育能力的两个重要标志。第一，善于唱歌跳舞的人都在向潜在伴侣展示自己体力好，身体和心理都很健康。第二，任何能在音乐和舞蹈方面成为专家或者颇有成就的人都在展示自己有充足的食物和可靠的住所，所以才能花费宝贵的时间发展纯粹不必要的技能，就像雄孔雀展示自己的尾巴一样，因为孔雀尾巴的大小能体现出孔雀的年龄和健康状况。彩色的尾巴表明孔雀十分健康，新陈代谢旺盛，孔雀通过尾巴彰显自己是如此健康、如此自信、（从资源上看）如此富有，所以它才有充足的闲情雅致投入纯粹用于展示和审美目的的东西上。

在当代社会，人们对音乐的爱好在青春期达到顶峰，进一步加强了音乐在性选择方面的观点。虽然四十岁的人有更多的时间发展自己的音乐才能和爱好，但开始组建乐队并尝试接触新音乐的人中，19岁比40岁的占比要高得多。米勒认为："音乐不断进化，而且继续发挥着求偶的功能，主要是男性用音乐吸引女性。"

如果我们了解一些狩猎采集社会中的狩猎方式，就不会觉得把音乐视为生育能力是一个牵强的想法了。有些原始人类依靠狩猎为生，需要不断追随猎物，向猎物投掷长矛、岩石等进行攻击，然后追逐猎物长达数小时，直到猎物受伤力竭而倒下。如果说过去狩猎采集社会的舞蹈和当代社会的舞蹈有什么相似之处，那就是两者都是持续数小时的有氧运动。部落舞蹈可以作为一项极佳的指标来衡量男性的身体状况能否参与或领导狩猎活动。大部分的部落舞蹈都需要调用最大的肌肉群，耗费最多的能量，如重复踏步、跺脚和跳跃。现在我们已经知道，很多精神疾病都会削弱跳舞的能力，或者限制身体有节奏地运动，比如精神分裂症和帕金森综合征等。因此，能够有节奏地跳舞，能够做音乐，对于任何年龄段来讲都是身心健康的证明，甚至可能是可靠性和责任心的证明（因为我们从第七章中了解到，专业技能需要有特别的专注能力）。

另一种可能是进化选择了创造力作为生育能力的标志。在音乐与舞蹈相结合的表演中，从即兴表演的能力和创作的新奇程度能够看出舞者在认知方面的灵活性，表明他在狩猎时表现灵活，善于谋略。长期以来，男性追求者的物质财富都是女性眼中最具吸引力的特征之一，女性认为拥有财富更有可能让后代获得充足的食物、可靠的住所和保护。（富人能够获得保护是因为他们拥有食物、珠宝或现金等象征财富的东西，可以换取人群中其他成员的支持。）如果给交往游戏冠上了财富之名，那么音乐就显得相对没有那么重要了。但米勒和加州大学洛杉矶分校的同事玛蒂·哈塞尔顿（Martie Haselton）指出，创造力胜过财富，至少对于人类女性来说这一点是可以成立的。他们提出假说，虽然可以从财富预测谁更适合成为父亲（指养育阶段），但根据创造力可以更好地预测谁会提供最好的基因（指生育阶段）。

在一项有趣的研究中，研究人员找来了多位处于正常月经周期不同阶段的女性，让她们根据文字描述中一些虚构的男性形象来对潜在配偶的吸引力打分。这些受试者有些正处于受孕高峰期，而有些正处于受孕低谷期，还有一些处于两个阶段之间。这些文字描述中，有一段描绘的是一位艺术家，在作品中显示出了自己巨大的创造力，但由于时运不济而穷困潦倒。另一段中描述的男性则创造力平平，但碰巧由于走了财运，赚得盆满钵盈。所有这些文字描述都清楚地表明了每位男性的创造力与他的特征、特质有关（因此是内源性的，与基因有关，可遗传），而财富则是由偶然带来的（因此是外源性的，不可遗传）。

结果表明，处于生育高峰期的女性更偏向有创造力但没有钱的艺术家作为自己的短期伴侣或短暂邂逅，而不太会选择没有创造力但有钱的男人。除此之外的其他时间，受试者则没有表现出这种偏好。我们要记住重要的一点，就是绝大多数偏好是由神经构造硬性决定的，不容易被有意识的认知所压倒。虽然事实上，当今女性可以通过接近万无一失的方法避孕，但这一点在人类进化历史中也仍然是一个全新的概念，无法影响先天的偏好。最会照顾人的男性（和女性）不一定会为后代提供最优秀的基因，人们的结婚对象也并不总是最有性吸引力的人。

俄亥俄州的音乐学家大卫·休伦（David Huron）认为，音乐方面进化基础的关键在于，表现出音乐行为的个体与没有表现出音乐行为的个体相比具备什么样的优势。如果音乐是一种非适应性的行为，只与获得乐趣相关，就像是听觉里的芝士蛋糕一样，那么这种行为在进化过程中不会持续太长时间。忽视自己和后代的健康会让自己的基因难以传递给后代。首先，如果音乐是非适应性的行为，那么音乐爱好者就应当处于某种进化或生存劣势。其次，音乐也不应该存在这么久，所有适应性价值低的活动都不太可能在物种的进化史中保留很长时间，也不太可能占用个体的大部分时间和精力。

所有可用的证据都表明，音乐不仅仅是听觉里的芝士蛋糕，它在我们人类的发展中已经存在了很长时间。乐器是我们发现的最古老的人工制品之一，五万年前的斯洛文尼亚骨笛就是一个很好的例证，由现在已经灭绝的欧洲熊的股骨制成。在人类的历史上，音乐的出现早于农业。我们可以保守地说，没有确凿的证据表明语言先于音乐出现。事实上，现存的物证恰恰能够表明音乐是先于语言出现的。音乐出现的时间无疑比五万年前更早，因为骨笛不太可能是最古老的乐器，鼓、沙筒和拨浪鼓等各种打击乐器在骨笛出现的时候可能已经存在了几千年。我们在现在的狩猎采集社会以及欧洲入侵者对美洲原住民文化的记录中都可以看到类似的情况。考古资料显示，每一个地方，每一个时代，都有音乐存在的记录，从未间断。当然唱歌很可能也出现在骨笛之前。

重新再总结一下进化生物学的原则："能够提升个体存活概率、让个体能够完成繁衍的基因突变，最后会成为适应性特征。"人类基因组中想要保留适应性，乐观估计至少需要五万年。这种现象叫作"进化时差"（evolutionary lag），指的是适应性从第一次出现在一小部分个体到在群体中广泛分布的时间差。当行为遗传学家和进化心理学家为我们的行为或外观寻找进化理论上的解释时，他们考虑的是适应性能够解决哪些进化上的问题。但由于进化时差的存在，他们讨论的适应性可能至少是五万年前的情况，而不是今天我们面临的问题。我们那些狩猎采集社会的祖先生活方式与现在正在阅读本书的任何一位读者都截然不同，对事情的优先程度排序以及压力来源等也都不同。我们今天面临的很多问题，诸如癌症、心脏病，甚至高离婚率等都是非常折磨人的问题，因为我们的身体和大脑都还停留在应对五万年前的生活方式上。从本书写成之日起的五万年后，到52007年（可能上下相差几千年左右），人类可能终于进化到了适应我们现在的生活方式的状态，能够应对人满为患的城市、空气污染、水污染、电子游戏、聚酯纤维、甜甜圈，以及全球资源分配的严重失衡等问题。我们可能会进化出一些心理机制，让我们即使近距离生活也不会丧失隐私，也可能进化出一些生理机制来应对一氧化碳、放射性废弃物和精制糖等，我们可能会懂得如何利用今天无法利用的资源。

当我们说到音乐的进化基础时，研究布兰妮或者巴赫是没用的。我们必须想想五万年前的音乐是什么样的。我们可以从考古遗址中发现的乐器了解我们的祖先怎样创造音乐，了解他们听的是怎样的旋律。洞穴里的壁画、石器上的绘画等作品都可以告诉我们音乐在日常生活中起到的作用。我们还可以研究现当代与我们所知的文明相隔绝的社会，研究那些生活在狩猎采集社会的群体，他们的生活方式几千年来一直都保持不变。研究最后得出了惊人的发现，在我们所知的每一个社会中，音乐和舞蹈都密不可分。

支持音乐不属于适应性行为的观点认为音乐只不过是脱离现实的声音，而且只能由专业音乐家为观众表演。但是，只有在过去的五百年里，音乐才成为一种可以专门用来欣赏的东西，并出现了音乐会的概念，由一群音乐"专家"表演给专门来欣赏的观众。这种专门的音乐会概念在人类历史上几乎从来没有出现过。把音乐的声音和动作之间的联系最小化也是近百年才出现的。人类学家约翰·布莱金（John Blacking）写道，音乐的内在本质是运动和声音的不可分割性，这是音乐跨越文化和时代的特征。如果交响音乐会上的观众也像听灵魂乐歌手詹姆斯·布朗（James Brown）的演唱会一样，从椅子上站起来，拍手、欢呼、尖叫、跳舞，大家肯定会很吃惊，但听詹姆斯·布朗演唱会的反应显然更接近我们的真实本性。礼貌安静地倾听是与我们的进化历史背道而驰的，因为这种反应让音乐完全变成一种大脑的体验（在古典音乐的传统中，甚至音乐的情感也意味着只能由内心感受，而不能从身体表达）。孩子们经常表现出与我们本性相符的反应，他们在古典音乐会上也会来回摇晃，大喊大叫，随心所欲投入音乐。我们需要对孩子进行训练，才能让他们表现得更"文明"。

如果一种行为或特征广泛分布于某个物种的个体身上，我们就认为这种行为或特征已经经过编码储存在基因组中（无论是属于适应性还是拱肩）。布莱金认为，音乐创作能力在非洲社会是一种非常普遍的能力，表明"音乐能力（是）人类的普遍特征，并不是一种罕见的天赋"。更重要的是，克罗斯写道："音乐能力不能仅仅由创作能力来定义。"其实我们社会中的每一个成员都拥有聆听音乐与理解音乐的能力。

除了音乐的普遍性、历史和解剖学分析等事实，了解人们如何以及为什么选择音乐也是很重要的。达尔文提出了性选择假说，近期米勒等人就此做了进一步研究，同时也有其他人在提出其他可能性。其中之一是社会联系和凝聚力。共同创造音乐会可以提升社会凝聚力，因为人类是社会动物，音乐在进化历史上有助于促进群体的团结与协作，而且也可以看作其他社会行为（如轮流进行活动）的一种练习。在古代，围绕着篝火唱歌可能是为了保持清醒和抵御捕食者入侵的一种方式，也是促进群体内部协调与合作的一种方式。人类需要形成社会联系才能使社会运转，其中一种社会联系就是音乐。

我和乌苏拉·贝鲁吉合作研究了诸如威廉姆斯综合征和自闭症谱系障碍（autism spectrum disorders）等精神障碍患者，并从中获得了一系列非常有趣的证据，证明音乐是一种社会联系。我们在第六章中讨论过，威廉姆斯综合征由遗传引起，导致神经元和认知发育异常、智力受损。威廉姆斯综合征的患者虽然存在精神障碍，但他们特别擅长音乐与社交。

自闭症谱系障碍的患者中也有很多人有智力障碍，但他们与威廉姆斯综合征的情况相反。这种病症是否来源于遗传，目前仍有争议。病症特征包括无法与他人共情、无法理解情绪或进行情感交流等，尤其是无法理解他人的情绪。患者肯定会出现愤怒和不安的情绪，毕竟他们不是机器人，但他们"解读"他人情绪的能力明显受损，而且一般完全无法欣赏艺术和音乐，缺乏审美能力。虽然一些患者也会演奏音乐，其中有些患者还能具备非常高超的技术水平，但他们无法被音乐打动。相反，现在有些有趣的初步证据表明，他们会受到音乐结构的吸引。患有自闭症的坦普尔·格兰丁（Temple Grandin）教授曾写道，她觉得音乐"很美"，但总的来说，她"理解不了"，或者说，她不明白人们为什么听音乐会产生这样的反应。

威廉姆斯综合征和自闭症谱系障碍是两种互补的病症。我们当中有一部分人口高度社会化、群居化、音乐化，而还有一部分人口高度反社会，不太喜欢音乐。我们对音乐和社会联系之间存在关系的假设通过这些互补的案例得到了加强，神经学家称之为双重分离（double dissociation）。这方面的观点认为，可能有一组基因同时对社交能力和音乐能力产生影响。如果这种观点能够得到证实，我们就会发现这两种能力的偏差是相生相伴的，就像这两种病症的特点一样。

正如我们所料，威廉姆斯综合征和自闭症谱系障碍患者的大脑也显示出互补性损伤。艾伦·赖斯证明了小脑最新进化的部分——新小脑在两个病症的患者脑中的大小存在差异，威廉姆斯综合征患者的新小脑比正常人大，而自闭症谱系障碍患者的新小脑比正常人小。因为我们已经知道小脑在音乐认知中扮演着什么样的重要角色，所以出现这种差异我们不会感到惊异。有些目前我们尚未确定的基因异常似乎会直接或者间接导致威廉姆斯综合征患者的神经形态异常，由此我们推测自闭症谱系障碍患者存在相同情况。反过来，这种情况又会导致音乐行为能力的异常发展，其中一种情况下，音乐行为能力会得到增强，而在另一种情况下，音乐行为能力则会减弱。

由于基因存在复杂性和交互作用，我们能够肯定，除了小脑之外，还有其他与社交能力和音乐能力相关的基因。遗传学家朱莉·科伦伯格（Julie Korenberg）推测，人体可能存在一组与外向性和抑制性相关的基因，威廉姆斯综合征患者缺乏我们正常人拥有的抑制基因，导致他们的音乐行为能力更加不受抑制。十多年来，很多新闻报道和故事，包括美国哥伦比亚广播公司（CBS）的新闻节目《60分钟》（*60 Minutes*）、奥利弗·萨克斯做旁白的威廉姆斯综合征相关电影，以及大量的报纸文章等，都描述称威廉姆斯综合征患者比大部分人更能全身心地投入音乐。我在实验室进行的实验为这一观点提供了神经证据。我们在威廉姆斯综合征患者听音乐的时候扫描了他们的大脑，发现他们使用的神经结构比其他人多出很多，他们的杏仁核和大脑的情感中心小脑的激活水平也明显强于普通人。无论我们观察哪个部位，都能发现比常人更强烈、更广泛的神经激活模式，他们的大脑忙得嗡嗡作响。

支持音乐在人类（和原始人类）进化中有重要地位的还有第三个论点：音乐进化是因为它促进了认知发展。音乐可能为原始人类发展语言交流提供了基础，而且为人类必需的认知和表征弹性做好了铺垫。唱歌和演奏乐器可能有助于人类提高运动技能，为发展口语和手语所需的精细肌肉控制铺平道路。特雷胡布认为，由于音乐是一项复杂的活动，所以音乐可以帮助成长过程中的婴儿为未来的精神生活做好准备。音乐和语言有很多共同特征，而且音乐可能会创造出在另一种语境下"练习"语言感知的方法。从来没有人单纯通过记忆来学习语言。婴儿并不是简单记住他们听到的每个单词和句子，而是去学习语言规则，并用这些规则来感知和生成新的表达。关于这方面我们已经有了经验性和逻辑性的证据。经验方面来自语言学家所说的外延过宽（overextension）：刚开始学习语言规则的儿童经常在学习规则之后靠逻辑进行应用，但一般用得不对，比如英语里的不规则动词变化和不规则名词复数都明显体现出这一点。发育中的大脑随时都在建立新的神经连接，并剪掉无用或者不准确的旧连接，它的使命就是要尽可能地用例子来说明这些规则。所以我们听到小孩在用"go"（去）这个动词的过去式的时候，会错误地说成"He goed to the store"（他去了商店），而不是"He went to the store"，因为他们运用了一个逻辑规则：大多数英语动词的过去式都以 -ed 结尾，比如 play 的过去式是 played，talk 的过去式是 talked，touch 的过去式是 touched。通过逻辑应用这一规则就会导致外延过宽，比如把 buy 说成 buyed，swim 说成 swimmed，eat 说成 eated*。事实上，聪明的孩子比其他孩子更容易，也更早犯这种错误，因为他们的规则生成系统更为精细复杂。这种错误在孩子身上很容易出现，在成年人身上则很少见，这就证明孩子们不仅仅是在模仿他们听到的东西，而且他们的大脑在形成关于语言的理论和规则，并加以应用。

逻辑方面的证据表明，儿童不仅仅是记住语言：我们所有人都会说我们从未听过的句子。我们可以用无数个句子来表达我们以前既没有表达过也没有听说过的思想和想法，也就是说，语言是后天不断生成的。儿童必须学习语法规则，才能生成新句子，继而熟练使用这门语言。人类语言中句子的数量是无限的，举个简单的例子，你随便说一个句子，我都可以在前面加上"我不相信"来组成新的句子。"我喜欢啤酒"就会变成"我不相信我喜欢啤酒"，"玛丽说她喜欢啤酒"就会变成"我不相信玛丽说她喜欢啤酒"。虽然这种句子听起来有点奇怪，但确实能够表达一种新的意思。如果语言具有不断生成的性质，孩子在学习语言的时候就不能死记硬背。音乐也是生成型的，我听到的每一个乐句，都可以在开头、结尾或中间添加一个音符来生成一个新的乐句。

勒达·科斯米德斯和约翰·图比认为，对于发育中的儿童来说，音乐的作用是帮助他们的大脑做好准备，好进行一些复

---

*这些不规则动词的过去式应该是 bought，swam，ate。——译者注

杂的认知和社会活动，从而锻炼大脑，让大脑能够处理语言和社交信息。事实上，音乐缺乏具体的参照物，所以音乐能够成为一个非常安全的象征性系统，能够以非对抗的方式表达情绪和感情。音乐处理可以帮助婴儿做好学习语言的准备，在儿童的大脑尚未发育完全，还无法处理语音信息时为学语言韵律铺平道路。音乐对于发育中的大脑来说是一种游戏形式，可以激发更高层次的综合处理过程，培养探索能力，让儿童通过牙牙学语探索语言的生成和发展，最终形成更复杂的语言和副语言产物。

与音乐有关的母婴互动基本都包括唱歌和有节奏的动作，比如摇晃或者轻抚，这一点在各种文化中都普遍存在。我在第七章提到，在刚出生的前六个月左右，婴儿的大脑无法清楚地区分各种感官输入的来源，视觉、听觉和触觉会经过融合成为单一的知觉表征。大脑尚未分化出听觉皮层、感觉皮层和视觉皮层等功能不同的区域，来自各种感觉受体的信息输入可能连接到大脑的各个不同部分，等待后期进行神经修剪。西蒙·巴伦-科恩（Simon Baron-Cohen）曾这样描述道：婴儿接收到的感官信息交织叠加，所以他们（不需要药物的帮助）就能生活在一种完全迷幻的状态中。

克罗斯明确表明，受时间和文化的影响，今天的音乐不一定和五万年前一样，我们也不应该指望这两种音乐是一样的。但考虑到远古时代音乐的特点，我们就能理解为什么有那么多人都会被节奏打动了。几乎所有人都会说，我们祖先的音乐都有非常鲜明的节奏。节奏带动我们的身体运动，音调和旋律则刺激我们的大脑。节奏和旋律的结合架起了小脑（负责运动控制的脑部原始部位）和大脑皮层（大脑中进化程度最高、最具人类特征的部分）之间的桥梁，所以拉威尔的《波莱罗》、查理·帕克（Charlie Parker）的《可可》（Koko）或者滚石乐队的《酒馆女人》都能从抽象与实际两个层面打动我们，这些乐曲都能将时间和旋律空间完美地结合在一起。这也是摇滚、金属和嘻哈能成为世界上最流行的音乐类型，并且受到的欢迎能从过去的二十多年延续到今天的原因。哥伦比亚唱片公司的顶级天才星探米奇·米勒（Mitch Miller）在二十世纪六十年代早期曾说过一句名言：摇滚乐只能风靡一时，很快就会消亡。但直到现在，也没有迹象表明摇滚的热度降低。我们大多数人概念里的古典音乐一般都是从 1575 年到 1950 年，从蒙特威尔第到巴赫，从斯特拉文斯基到拉赫玛尼诺夫等。如今古典音乐已经分成两个不同的发展方向，其中一类继承了古典音乐的传统，以约翰·威廉姆斯（John Williams）和杰里·戈德史密斯（Jerry Goldsmith）等作曲家为代表，这一类主要是电影音乐，但可惜的是，这些音乐很少有人专门去欣赏，也很少在音乐厅里演出。第二类（通常由音乐院校的当代作曲家创作）是二十世纪（现在是二十一世纪）的艺术音乐，其中大部分艺术音乐对普通听众来讲都很有挑战性，很难去欣赏，因为这种音乐突破了调性的界限，或者可以说，在很多情况下，这些音乐都是无调性的。我们有很多非常有趣但很难理解的作品，比如菲利普·格拉斯（Philip Glass）和约翰·凯奇（John Cage）以及一些更为近期的鲜为人知的作曲家等，但他们的音乐也很少有交响乐团演奏。柯普兰（Aaron Copland）和伯恩斯坦作曲的时候，他们的作品有交响乐队演奏，也有听众欣赏，但在过去的四十年里，这种情况似乎越来越少。当代"古典"音乐主要都在校园里出现，遗憾的是，与流行音乐相比，这些古典音乐几乎没有人听。很多音乐都将和声、旋律和节奏进行解构，让听者几乎无法辨认。最难听懂的那些作品已经成了一种纯粹的智力活动，除了极少数的前卫芭蕾舞团之外，也没有人能跟着这些音乐跳起舞来。我觉得这样很可惜，因为古典乐的这两个分支中都存在很多伟大的音乐，电影音乐的听众非常庞大，但这一群体主要的关注点并不在音乐上；而关注当代艺术作曲家的听众越来越少，使得这些作曲家和音乐家的作品演出机会越来越少，最后恶性循环，听众欣赏最新古典"艺术"音乐的能力变得越来越弱（其中原因我们在本书中探讨过，音乐是基于重复的）。

支持音乐属于适应性行为的第四个论点来自其他物种。如果我们能证明其他物种使用音乐也有相似的目的，那么这就相当于提供了一个强有力的进化论点。然而有一点尤为重要，我们不能将动物的行为拟人化，不能从人类文化的角度来解释他们的行为。对于我们来说，音乐或歌曲对动物的作用可能与对我们的作用大不相同。如果我们在夏天看见一只狗在清新的草地上打滚，脸上露出笑容一样的表情，我们会想："斯派克肯定可开心了"。我们用我们所知的人类行为来解释狗为什么在草地上打滚，我们没有考虑斯派克和其他狗的打滚行为与人类打滚的意义是不同的。人类儿童在草地上打滚、翻跟头是因为他们高兴。而公狗在草地上打滚可能是因为闻到了某种特别刺鼻的气味，比如闻到了刚死去的动物，他们打滚是想让自己的皮毛上面都沾上这种气味，好让其他狗知道它不是好惹的。同样，我们听起来很快乐的鸟鸣，不一定说明发出叫声的鸟一定很快乐，这可能只是听到鸟叫声的人的诠释。

然而，在所有能够鸣叫的物种里，鸟鸣的地位非常独特，让人觉得敬畏又神秘。我们当中谁未曾有过在春日早晨坐下来听小鸟唱歌的时候呢？可能所有人都觉得小鸟的歌声美丽动人，旋律和结构引人入胜。亚里士多德和莫扎特都是欣赏过鸟鸣声的人，他们认为小鸟的歌声和人类的乐曲一样具有音乐性。那么我们为什么要创作和表演音乐呢？我们的动机与动物有什么不同吗？

鸟类、鲸鱼、长臂猿、青蛙和其他物种都会通过发声达到很多目的。黑猩猩和土拨鼠会发出警觉的叫声，提醒同伴注意正在接近的捕食者，而且这些叫声会根据捕食者的不同发生改变。黑猩猩用某种发声方式来告诉同伴有鹰接近（提醒同类要找东西躲在下面），而用另一种方式来告诉同伴附近有蛇（提醒同类爬树）。雄鸟用叫声标记领地，知更鸟和乌鸦则会发出特定的叫声警告猫和狗等捕食者。

其他动物的叫声则更明显与求偶有关。在鸣禽中，唱歌的通常是该物种的雄性，而且对于某些物种来说，雄鸟的曲库越大，能吸引到配偶的可能性就越大。没错，对于鸣禽的雌鸟来说，曲库大小很重要。曲库的大小表明了雄鸟的智力情况，并且由此可以理解为潜在的良好基因。这种现象已经在研究中得到证实。在实验中，研究人员通过扬声器向雌鸟播放不同的歌曲，听到的歌曲越多，雌鸟排卵就越快。一些雄性鸣禽会演唱求偶之歌，直到自己精疲力竭而死。语言学家指出人类音乐具有不断生成的性质，也就是说，我们能够以无限种方式，用各种元素创作新歌。这并不是人类独有的特征，有几种鸟也会用基本的声音创造出自己的曲库，创造出新的旋律和变奏。歌声最优美的雄鸟一般都会在交配的时候获得最高的成功率。因此，音乐在性选择方面的作用在其他物种中也能得到证明。

音乐的进化起源之所以能够确立，是因为它在人类中广泛存在（符合生物学家提出的在物种中广泛传播的标准）；已经存在了很长时间（驳斥了它仅仅是听觉奶酪蛋糕的观点）；涉及专门的大脑结构，包括当其他记忆系统失效时仍能保持功能的专用记忆系统（当大脑某个系统在所有人类中都能发展成型，我们就假设这个系统有进化基础）；与其他物种的音乐制作类似。节奏序列最能激发哺乳动物大脑中的循环神经网络，包括运动皮层、小脑和额叶区域之间的反馈回路。音调系统、音高转换与和弦等以听觉系统的某些特性为基础，这些特性本身就是外部世界的产物，是振动物体的固有特性。我们的听觉系统是在音阶和泛音序列之间的关系上发展起来的。音乐的新颖性会吸引我们的注意，让音乐听起来不再无聊，也会加强我们对乐曲的记忆。

达尔文的自然选择理论在基因的发现之后，特别是在沃森和克里克发现了 DNA 结构之后发生了翻天覆地的改变。也许我们现在也正在目睹一场基于社会行为和文化的进化革命。

毋庸置疑，在过去的二十年里，神经科学中引用最多的发现之一就是灵长类大脑中的镜像神经元。吉奥科莫·里佐拉蒂（Giocomo Rizzolatti）、莱昂纳多·福加西（Leonardo Fogassi）和维托里奥·加莱塞（Vittorio Gallese）研究了猴子负责伸手和抓握等动作的大脑机制。猴子伸手去拿食物的时候，他们会读取猴子大脑中单个神经元的输出。结果有一次，福加西伸手去拿一根香蕉，结果猴子的神经元，而且是与运动有关的神经元开始变得活跃起来。"猴子一动没动，怎么会有神经反应？"里佐拉蒂回忆起当时的想法，"一开始，我们还以为这是我们测量中的一个缺陷，或者可能是设备故障，但我们没有发现任何问题，我们又重复做了刚才的动作，发现猴子大脑的反应还是相同的。"此后十年的研究证实，灵长类动物、人类以及某些鸟类都有镜像神经元，这些神经元在执行动作和观察他人执行动作的时候都会激活放电。2006 年，荷兰格罗宁根大学的瓦莱里亚·加佐拉（Valeria Gazzola）发现，人们在听到别人吃苹果的时候也会产生相同的反应，证明人类运动皮层的口腔运动区存在镜像神经元。

镜像神经元存在的目的可能是为了让个体做好准备，好去完成之前从来没有做过的动作。我们在大脑中与说话和学习说话密切相关的部分——布罗卡区发现了镜像神经元。镜像神经元也许可以帮我们解开一个古老的谜团：婴儿是怎样学会模仿父母对他们做出的表情的。这也许也可以解释为什么音乐节奏会让我们在情绪和肢体动作上都受到触动。我们目前还没有确凿的证据，但有些神经科学家推测，当我们看到或听到音乐家的表演时，我们的镜像神经元可能正在放电，因为我们的大脑想要努力弄清楚这些声音是如何产生的，这样才能让这些声音作为某种信号系统的一部分进行反应和回应。很多音乐家只听过一次某个乐段就能在乐器上把这个乐段重现出来，这其中可能就有镜像神经元的参与。

基因可以在个体和世代之间传递蛋白质配方，也许镜像神经元现在通过与乐谱、CD 和 iPod 等音乐形式的结合，也会成为跨越个体和跨越时代的音乐信使，促成这种特殊的进化——文化进化，并通过这种进化发展我们的信仰、痴迷以及所有形式的艺术。

　　对于很多独居的物种来说，在求偶过程中将某些方面的能力仪式化是非常有意义的，因为一对潜在的配偶可能只见面短短的几分钟。但在我们这样高度社会化的社会里，为什么人们还需要通过唱歌跳舞这样高度形式化和象征性的方式来展示自己的健康状态呢？人类生活在社会群体中，有足够的机会在各种情况下长期互相观察，为什么还需要用音乐来表现自己健康呢？灵长类具有高度的社会性，都过着群居生活，个体之间会形成复杂的长期关系，其中涉及很多的社会策略。原始人的求偶可能是一种长期行为。音乐，尤其是令人难忘的音乐，会潜移默化地进入一个潜在伴侣的脑海，让她想到自己的追求者，甚至在追求者外出长期捕猎之后，她还会在他回来时倾心于他。一首好歌的节奏、旋律、轮廓等多重线索会不断强化，停留在我们的脑海中。这就是很多古代神话、史诗，甚至《旧约》都被改编成了音乐而世世代代口口相传的原因。作为一项激发特定思想的工具，音乐的效果不如语言；但作为一项激发情感的工具，语言便不如音乐。所以两者的结合，也就是情歌，就是求偶方式的最佳体现。

这是你的音乐大脑

负责音乐处理的结构分布于整个大脑。以下两幅图展示了大脑主要的几个音乐处理中枢。图 5 是大脑的侧视图，大脑的前部位于图像左侧。图 6 与图 5 方向相同，展示了大脑的内部结构。这两幅结构图根据马克·特拉莫（Mark Tramo）2001 年在《科学》（*Science*）上的插图重新绘制而成，信息有更新。

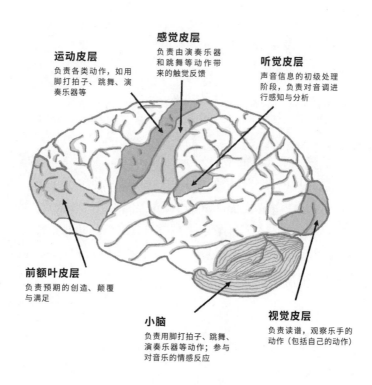

感觉皮层
负责由演奏乐器和跳舞等动作带来的触觉反馈

运动皮层
负责各类动作,如用脚打拍子、跳舞、演奏乐器等

听觉皮层
声音信息的初级处理阶段,负责对音调进行感知与分析

前额叶皮层
负责预期的创造、颠覆与满足

小脑
负责用脚打拍子、跳舞、演奏乐器等动作;参与对音乐的情感反应

视觉皮层
负责读谱,观察乐手的动作(包括自己的动作)

图 5 大脑的侧视图

我们为什么爱音乐

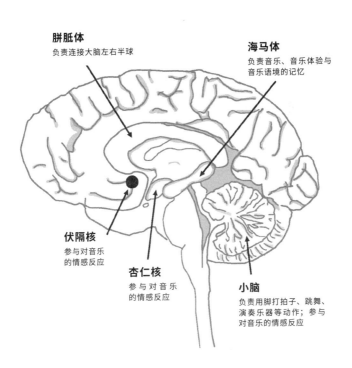

胼胝体
负责连接大脑左右半球

海马体
负责音乐、音乐体验与
音乐语境的记忆

伏隔核
参与对音乐
的情感反应

杏仁核
参与对音乐
的情感反应

小脑
负责用脚打拍子、跳舞、
演奏乐器等动作；参与
对音乐的情感反应

图 6 大脑的内部结构

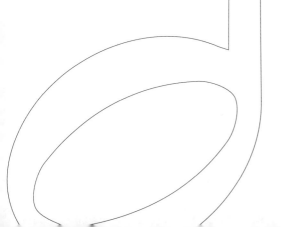

附录二

和弦与和声

在 C 调中，符合乐理的唯一和弦是由 C 大调音阶的音符构成的和弦。由于音阶的各个音之间间距互不相等，于是有些和弦为大调，有些为小调。要建立标准的由三个音组成的和弦——三和弦，我们可以从 C 大调的任何一个音开始，跳过一个音，选择下一个音，然后再跳过一个音，选择下一个音。用这种方法，C 大调的第一个和弦就出现了：C-E-G。因为这个和弦的第一个音程，即 C 到 E 这一段形成的是大三度，所以我们称这个和弦为大和弦，具体来说就是 C 大三和弦。我们用同样的方式建立的下一个和弦由 D-F-A 组成，因为 D 和 F之间的音程是一个小三度，这个和弦就叫作 Dm 和弦，m 表示 minor，意思是小和弦。要注意，大和弦与小和弦的声音听起来非常不一样，很多没有受过音乐训练的听众说不出和弦的名字，也无法区分大和弦和小和弦的概念，但如果他们接连听到大和弦和小和弦，却能听出它们的区别，证明他们的大脑肯定能觉察到不同之处。许多研究表明，非音乐专业人士的大脑对大和弦与小和弦、大调与小调都会产生不同的反应。

根据我上面所描述的标准方法，在大调音阶里建立的三和弦包括：三个大和弦（起音在第一、第四、第五音级），三个小和弦（起音在第二、第三、第六音级），还有一个减和弦（起音在七级音），由两个小三度音程组成。虽然在调内有三个小和弦，但因为有主和弦的存在，所以我们仍然说这些和弦是C大调。主和弦指的是音乐最终指向的和弦，给人能够回到"家"的感觉。这里这些和弦最终指向的主和弦就是C和弦，所以统称为C大调和弦。

　　一般来说，作曲家会用和弦为乐曲设定情绪。和弦的使用和排列方式叫作和声（harmony）。"和声"有一个更为人所知的用法，指的是两个或两个以上的歌手或乐手一起演唱或演奏时，他们的音符不同，形成和声。但从概念上讲，这两种用法是一样的。有些和弦进行使用频率比较高，可以形成一种特定的音乐类型。比如，布鲁斯音乐的和弦进行有着特定的组织方式：先是一级和弦，然后接四级，再接一级，然后接五级，后面可以选择接四级，最后回到一级。这是非常标准的布鲁斯和弦进行，在很多歌曲当中都有应用，比如罗伯特·约翰逊（Robert Johnson）的《十字路口》（*Crossroads*，后来奶油乐队翻唱过），比·比·金的《甜蜜十六岁》（*Sweet Sixteen*），斯迈利·刘易斯（Smiley Lewis）、大乔·特纳（Big Joe Turner）、嚎叫的杰伊·霍金斯（Screamin' Jay Hawkins）和戴夫·埃德蒙兹（Dave Edmunds）都录制过的《我听见你敲门》（*I Hear You Knockin'*）等。布鲁斯音乐的和弦进行是摇滚乐的基础，我们在成千上万的摇滚歌曲中都能找到布鲁斯和弦进行的身影，包括小理查德的《什锦水果》（*Tutti Frutti*）、查克·贝里的《摇滚乐》、韦博特·哈里森（Wilbert Harrison）的《堪萨斯城》（*Kansas City*）、齐柏林飞艇的《摇滚》（*Rock and Roll*）、史蒂夫·米勒乐队（Steve Miller Band）的《喷气式客机》（*Jet Airliner*）（和《十字路口》惊人地相似），以及披头士的《回来》（*Get Back*）等。迈尔斯·戴维斯等爵士音乐家和斯迪利·丹乐队等前卫摇滚乐团已经创作了数十首歌曲，创作的灵感来源都是这一和弦进行，只是不同的音乐人都用自己不同的创新方式将标准的三和弦换成了更独特的和弦，让音乐听起来更华丽，但用的依然还是布鲁斯的和弦进行。

比博普音乐则严重依赖于乔治·格什温的《我找到了节奏》这首歌。以 C 大调为例，基础和弦进行为：

C-Am-Dm-G7-C-Am-Dm-G7

C-C7-F-Fm-C-G7-C

C-Am-Dm-G7-C-Am-Dm-G7

C-C7-F-Fm-C-G7-C

音名旁边标注的"7"表示四和弦，表示这个和弦由四个音组成，需要在大三和弦的基础上在上面添加第四个音，新添加的音要比之前大三和弦的第三个音高一个小三度*。比如 G7 就可以叫作 G 七和弦或者 G 属七和弦。一旦我们把原来的三和弦变成了四和弦，和弦就可能产生大量丰富的音调变化。摇滚和布鲁斯音乐都很喜欢使用属七和弦。除此之外，还有两种常见的与"七"有关的和弦，传达的情绪各有不同。亚美利加合唱团（America）的《铁皮人》（*Tin Man*）和《金发姐妹》（*Sister Golden Hair*）都运用了大七和弦为乐曲添加特别的色彩（大七和弦是在大三和弦的第三个音上再增加一个大三度，而属七和弦是增加小三度）。比·比·金的《激情已逝》（*The Thrill Is Gone*）则自始至终运用了小七和弦（在小三和弦的第

---

* 新添加的音与根音构成小七度音程，因此在音名旁边标注"7"。——译者注

三个音上再增加一个小三度）。

大调音阶的和弦如果从五级音开始就会很自然地出现属七和弦，比如在 C 调里是 G7 和弦，之所以说自然出现是因为 G7 和弦在钢琴上用到的都是白键。属七和弦中包含曾被禁止的三全音，也是一个调中唯一会用到三全音的和弦。三全音是西方音乐里最不稳定的音程，所以带有一种非常强烈的想要走向解决的冲动。因为属七和弦里还包含最不稳定的七级音（即 C 大调中的 B），所以属七和弦也有"想要"回到主音 C 作为解决的趋势。正是因为这个原因，大调音阶起始于五级音的属七和弦，也就是 C 大调中的 G7 和弦是乐曲中回到主音前最典型、最标准、最常见的和弦。换句话说，G7 到 C（或者其他调中的五级属七到主和弦）的组合让我们先听到一个最不稳定的和弦，再连接到一个最稳定的和弦，给我们创造出了最强烈的张力和最稳定的解决。贝多芬在有些交响曲中会让结尾有一种绵延不断的感觉，就是因为这两个和弦反复出现，直到最后结束在主音上。

参考文献

　　以下是本书所参考的文章和书籍中的一部分。这个清单不够完整，但包含了与本书观点最为相关的参考文献。本书主要面向非音乐专业人士，所以我在保证内容的同时尽量选用简单的语言进行写作。关于大脑和音乐方面，更为详尽的资料大家可以参考以下书目，也可以参考以下书目当中的参考文献。以下引用书目中有一部分是面向专业人士的，我用星号（*）标记。大部分有标记的书目都是一次文献，少数为研究生阶段教科书。

前言　我爱音乐，也爱科学——但为什么要将两者结合起来

Churchland, P. M. 1986. *Matter and Consciousness.* Cambridge: MIT Press.

　　关于人类好奇心的文章已经揭开了很多巨大的科学谜团。这部关于心灵哲学的著作极为精彩、鼓舞人心，我从该著作的引言中引用了大量的内容。

*Cosmides, L., and J. Tooby. 1989. Evolutionary psychology and the generation of culture, Part I. Case study: A computational theory of social exchange. *Ethology and Sociobiology* 10: 51–97.

　　两位著名学者对进化心理学领域的精彩介绍。

*Deaner, R. O., and C. L. Nunn. 1999. How quickly do brains catch up with bodies? A comparative method for detecting evolutionary lag. *Proceedings of Biological Sciences* 266 (1420):687–694.

　　近期一篇关于进化时差的学术文章。进化时差指的是我们的身体和思想目前具备的能力能够应对五万年前的世界和生活条件，这是因为适应性需要花费大量的时间才能在人类基因组中编码。

Levitin, D. J. 2001. Paul Simon: The Grammy Interview. *Grammy* September, 42–46.

　　保罗·西蒙关于倾听声音部分的引言来源。

*Miller, G. F. 2000. Evolution of human music through sexual selection. In *The Origins of Music*, edited by N. L. Wallin, B. Merker, and S. Brown. Cambridge: MIT Press.

由进化心理学领域的另一位领军人物撰写的文章，文章中很多观点在本书第九章有所体现，在第一章仅做简要介绍。

Pareles, J., and P. Romanowski, eds. 1983. *The Rolling Stone Encyclopedia of Rock & Roll.* New York: Summit Books.

亚当与蚂蚁乐队在《摇滚百科全书》中占据 20 厘米的篇幅，外加一张照片，而 U2 作为手握三张专辑和热门歌曲《新年》的知名乐队，只获得了 10 厘米的版面，也没有照片。

*Pribram, K. H. 1980. Mind, brain, and consciousness: the organization of competence and conduct. In *The Psychobiology of Consciousness*, edited by J. M. D. Davidson, R.J. New York: Plenum.

*———. 1982. Brain mechanism in music: prolegomena for a theory of the meaning of meaning. In *Music, Mind, and Brain*, edited by M. Clynes. New York: Plenum.

普利布拉姆的课程内容都来自他自己汇编的一系列文章和笔记，这是他给我们读过的两篇论文。

Sapolsky, R. M. 1998. *Why Zebras Don't Get Ulcers*, 3rd ed. New York: Henry Holt and Company.

一部非常棒的著作，讲述了压力背后的科学原理，以及现代人承受压力的原因。我在第九章中进一步介绍的"进化时差"的概念在本书中得到了绝佳的阐述。

*Shepard, R. N. 1987. Toward a Universal Law of Generalization for psychological science. *Science* 237 (4820):1317–1323.

*———. 1992. The perceptual organization of colors: an adaptation to regularities of the terrestrial world? In *The Adapted Mind: Evolutionary Psychology and the Generation of Culture*, edited by J. H. Barkow, L. Cosmides, and J. Tooby. New York: Oxford University Press.

*———. 1995. Mental universals: Toward a twenty–first century science of mind. In *The Science of the Mind: 2001 and Beyond*, edited by R. L. Solso and D. W. Massaro. New

我们为什么爱音乐

York: Oxford University Press.

谢泼德的三篇论文，讨论了思想的进化。

Tooby, J., and L. Cosmides. 2002. Toward mapping the evolved functional organization of mind and brain. In *Foundations of Cognitive Psychology*, edited by D. J. Levitin. Cambridge: MIT Press.

科斯米德斯和图比两位进化心理学领军人物共同发表的一篇论文。我在参考文献中一共列出了他们的两篇论文，这是较为笼统的一篇。

第一章　什么是音乐　从音高到音色

*Balzano, G. J. 1986. What are musical pitch and timbre? *Music Perception* 3(3):297–314.

一篇包含音高和音色研究的科学文章。

Berkeley, G. 1734/2004. *A Treatise Concerning the Principles of Human Knowledge*. Whitefish, Mont.: Kessinger Publishing Company.

神学家、哲学家与爱尔兰克洛因教区主教乔治·贝克莱首次提出这一著名的问题：如果森林里有棵树倒下了，但没有人听见，那么它有没有发出声音？

*Bharucha, J. J. 2002. Neural nets, temporal composites, and tonality. In *Foundations of Cognitive Psychology: Core Readings*, edited by D. J. Levitin. Cambridge: MIT Press.

关于负责识别和弦的神经网络。

*Boulanger, R. 2000. *The C-Sound Book: Perspectives in Software Synthesis, Sound Design, Signal Processing, and Programming*. Cambridge: MIT Press.

介绍了目前使用最广泛的声音合成软件与系统。个人认为这是关于用计算机编程制作音乐与合成音色的最佳读物。

Burns, E. M. 1999. Intervals, scales, and tuning. In *Psychology of Music*, edited by D. Deutsch. San Diego: Academic Press.

音阶的起源、音符之间的关系、音程和音阶的性质。

*Chowning, J. 1973. The synthesis of complex audio spectra by means of frequency modulation. *Journal of the Audio Engineering Society* 21:526–534.

这本专业杂志第一次提到了调频合成，以及调频合成最终在雅马哈 DX 系列合成器上的应用。

Clayson, A. 2002. *Edgard Varèse*. London: Sanctuary Publishing, Ltd.

"音乐是有组织的声音"的来源。

Dennett, Daniel C. 2005. Show me the science. *The New York Times*, August 28. Source of the quotation "Heat is not made of tiny hot things."

"'热'也并不是由许多微小的'热物质'组成的"的来源。

Doyle, P. 2005. *Echo & Reverb: Fabricating Space in Popular Music Recording, 1900–1960*. Middletown, Conn.

对唱片业中追求空间效果和人工混响的现象进行了广泛的学术性调查。

Dwyer, T. 1971. *Composing with Tape Recorders: Musique Concrète*. New York: Oxford University Press.

提供了有关舍费尔、多蒙特和诺曼多等有关具体音乐的背景知识。

*Grey, J. M. 1975. An exploration of musical timbre using computer-based techniques for analysis, synthesis, and perceptual scaling. Ph.D. Thesis, Music, Center for Computer Research in Music and Acoustics, Stanford University, Stanford, Calif.

关于现代音色研究方法最有影响力的论文。

*Janata, P. 1997. Electrophysiological studies of auditory contexts. Dissertation Abstracts International: Section B: The Sciences and Engineering, University of Oregon.

包含仓鸮实验，表明仓鸮的下丘会补全缺失的基频。

*Krumhansl, C. L. 1990. *Cognitive Foundations of Musical Pitch*. New York: Oxford University Press.

*———. 1991. Music psychology: Tonal structures in perception and memory. *Annual Review of Psychology* 42:277–303.

*———. 2000. Rhythm and pitch in music cognition. *Psychological Bulletin* 126 (1):159–179.

*———. 2002. Music: A link between cognition and emotion. *Current Directions in Psychological Science* 11 (2):45–50.

克鲁姆汉斯是一位音乐感知和认知领域的顶尖科学家，上述几篇文章与专著为该领域，尤其是为音的层级、音高的维度和音高的心理表征等方面奠定了基础。

*Kubovy, M. 1981. Integral and separable dimensions and the theory of indispensable attributes. In *Perceptual Organization*, edited by M. Kubovy and J. Pomerantz. Hillsdale, N.J.: Erlbaum.

音乐中各个维度概念的来源。

Levitin, D. J. 2002. Memory for musical attributes. In *Foundations of Cognitive Psychology: Core Readings*, edited by D. J. Levitin. Cambridge: MIT Press.

列出了声音八种不同的感知属性。

*McAdams, S., J. W. Beauchamp, and S. Meneguzzi. 1999. Discrimination of musical instrument sounds resynthesized with simplified spectrotemporal parameters. *Journal of the Acoustical Society of America* 105 (2):882–897.

McAdams, S., and E. Bigand. 1993. Introduction to auditory cognition. In *Thinking in Sound: The Cognitive Psychology of Audition*, edited by S. McAdams and E. Bigand. Oxford: Clarendon Press.

*McAdams, S., and J. Cunible. 1992. Perception of timbral analogies. *Philosophical Transactions of the Royal Society of London*, B 336:383–389.

*McAdams, S., S. Winsberg, S. Donnadieu, and G. De Soete. 1995. Perceptual scaling of synthesized musical timbres: Common dimensions, specificities, and latent subject classes. *Psychological Research/Psychologische Forschung* 58(3):177–192.

麦克亚当斯是全球音色研究方面的领军人物，这四篇论文概述了我们目前对音色感知的了解。

Newton, I. 1730/1952. *Opticks: or, A Treatise of the Reflections, Refractions, Inflections, and Colours of Light*. New York: Dover.

牛顿观察到光波本身并没有颜色的来源。

*Oxenham, A. J., J. G. W. Bernstein, and H. Penagos. 2004. Correct tonotopic representation is necessary for complex pitch perception. *Proceedings of the National Academy of Sciences* 101:1421–1425.

关于听觉系统中音高的表征。

Palmer, S. E. 2000. *Vision: From Photons to Phenomenology*. Cambridge: MIT Press.

关于认知科学和视觉科学的精彩导论，适合本科生。需要声明的是，我与帕尔默共同合作写成了这本导论。视觉刺激带有不同属性的来源。

Pierce, J. R. 1992. *The Science of Musical Sound*, revised ed. San Francisco: W. H. Freeman.

想要理解声音、泛音、音阶等物理知识的非音乐专业人士可以阅读这部精彩的著作。需要声明的是，皮尔斯在世时既是我的老师，也是我的朋友。

Rossing, T. D. 1990. *The Science of Sound*, 2nd ed. Reading, Mass.: Addison Wesley Publishing.

另一部适合了解声音、泛音、音阶等物理知识的著作，适合本科生。

Schaeffer, Pierre. 1967. *La musique concrète*. Paris: Presses Universitaires de France.

———. 1968. *Traité des objets musicaux*. Paris: Le Seuil.

两部法语著作。第一部介绍了具体音乐的原理，第二部介绍了舍费尔关于声音理论的杰作。可惜目前还没有英译本。

Schmeling, P. 2005. *Berklee Music Theory Book 1*. Boston: Berklee Press.

我在伯克利音乐学院学习了音乐理论，这是他们教材的第一卷，适合自学，涵盖了所有的基础知识。

*Schroeder, M. R. 1962. Natural sounding artificial reverberation. *Journal of the Audio Engineering Society* 10 (3):219–233.

关于创造人工混响的开创性文章。

Scorsese, Martin. 2005. *No Direction Home*. USA: Paramount.

鲍勃·迪伦在新港民谣音乐节上遭到嘘声的新闻来源。

Sethares, W. A. 1997. *Tuning, Timbre, Spectrum*, Scale. London: Springer. A rigorous introduction to the physics of music and musical sounds.

*Shamma, S., and D. Klein. 2000. The case of the missing pitch templates: How harmonic templates emerge in the early auditory system. *Journal of the Acoustical Society of America* 107 (5):2631–2644.

*Shamma, S. A. 2004. Topographic organization is essential for pitch perception. *Proceedings of the National Academy of Sciences* 101:1114–1115.

关于听觉系统中的音高表征。

*Smith, J. O., III. 1992. Physical modeling using digital wave guides. *Computer Music Journal* 16 (4):74–91.

介绍波导合成的文章。

Surmani, A., K. F. Surmani, and M. Manus. 2004. *Essentials of Music Theory: A Complete Self-Study Course for All Musicians*. Van Nuys, Calif.: Alfred Publishing Company.

绝佳的音乐理论自学教材。

Taylor, C. 1992. *Exploring Music: The Science and Technology of Tones and Tunes*. Bristol: Institute of Physics Publishing.

另一篇优秀的声音物理学文章，适合本科生。

Trehhub, S. E. 2003. Musical predispositions in infancy. In *The Cognitive Neuroscience of Music*, edited by I. Perets and R. J. Zatorre. Oxford: Oxford University Press.

*Västfjäll, D., P. Larsson, and M. Kleiner. 2002. Emotional and auditory virtual environments: Affect-based judgments of music reproduced with virtual reverberation times. *Cyber Psychology & Behavior* 5 (1):19–32.

近期关于混响影响情绪反应的学术文章。

第二章　用脚打拍子 辨别节奏、响度与和声

*Bregman, A. S. 1990. *Auditory Scene Analysis*. Cambridge: MIT Press.

关于听觉一般分组原则的权威性著作。

Clarke, E. F. 1999. Rhythm and timing in music. In *The Psychology of Music*, edited by D. Deutsch. San Diego: Academic Press.

这是一篇关于音乐中对时间感知的心理学文章，适合本科生。埃里克·克拉克引言来源。

*Ehrenfels, C. von. 1890/1988. On "Gestalt qualities." In *Foundations of Gestalt Theory*, edited by B. Smith. Munich: Philosophia Verlag.

关于格式塔心理学的创立和格式塔心理学家对旋律的关注。

Elias, L. J., and D. M. Saucier. 2006. *Neuropsychology: Clinical and Experimental Foundations*. Boston: Pearson.

介绍神经解剖学基本概念和不同脑区功能的教科书。

*Fishman, Y. I., D. H. Reser, J. C. Arezzo, and M. Steinschneider. 2000. Complex tone processing in primary auditory cortex of the awake monkey. I. Neural ensemble correlates of roughness. *Journal of the Acoustical Society of America* 108:235–246.

感知协和音程与不协和音程的生理基础。

Gilmore, Mikal. 2005. Lennon lives forever: Twenty–five years after his death, his music and message endure. *Rolling Stone*, December 15.

约翰·列侬的引言来源。

Helmholtz, H. L. F. 1885/1954. *On the Sensations of Tone*, 2nd revised ed. New York: Dover.

无意识推断。

Lerdahl, Fred. 1983. *A Generative Theory of Tonal Music*. Cambridge: MIT Press.
The most influential statement of auditory grouping principles in music.

*Levitin, D. J., and P. R. Cook. 1996. Memory for musical tempo: Additional evidence that auditory memory is absolute. *Perception and Psychophysics* 58:927–935.

这是本书中提到的一篇文章，记录了我和库克让人们凭记忆唱出他们最喜欢的摇滚歌曲，他们以非常高的准确度再现了原曲的速度。

Luce, R. D. 1993. *Sound and Hearing: A Conceptual Introduction*. Hillsdale, N.J.: Erlbaum.

关于人耳与听力的教科书，包括人耳的生理机能、对响度和音调的感知等。

*Mesulam, M.–M. 1985. *Principles of Behavioral Neurology*. Philadelphia: F. A. Davis Company.

研究生高级教材，介绍神经解剖学的基本概念和不同大脑区域的功能。

Moore, B. C. J. 1982. *An Introduction to the Psychology of Hearing*, 2nd ed. London:

Academic Press.

———. 2003. *An Introduction to the Psychology of Hearing*, 5th ed. Amsterdam: Academic Press.

关于人耳与听力的教科书，包括人耳的生理机能、对响度和音调的感知等。

Palmer, S. E. 2002. Organizing objects and scenes. In *Foundations of Cognitive Psychology: Core readings*, edited by D. J. Levitin. Cambridge: MIT Press.

关于视觉分类的格式塔原则。

Stevens, S. S., and F. Warshofsky. 1965. **Sound and Hearing**, edited by R. Dubos, H. Margenau, C. P. Snow. *Life Science Library*. New York: Time Incorporated.

为大众生动介绍听力和听觉感知原理。

*Tramo, M. J., P. A. Cariani, B. Delgutte, and L. D. Braida. 2003. Neurobiology of harmony perception. In *The Cognitive Neuroscience of Music*, edited by I. Peretz and R. J. Zatorre. New York: Oxford University Press.

感知协和音程与不协和音程的生理基础。

Yost, W. A. 1994. *Fundamentals of Hearing: An Introduction*, 3rd ed. San Diego: Academic Press, Inc.

关于听力、音高和响度感知的教科书。

Zimbardo, P. G., and R. J. Gerrig. 2002. Perception. In *Foundations of Cognitive Psychology*, edited by D. J. Levitin. Cambridge: MIT Press.

格式塔组织原则。

第三章 幕后 音乐与思维机器

Bregman, A. S. 1990. *Auditory Scene Analysis*. Cambridge: MIT Press.

根据音色和其他听觉特征进行信息分流。我把鼓膜比作一个枕套紧绷在桶上，这一类比充分借鉴了布雷格曼在本书中提出的另一个类比。

*Chomsky, N. 1957. *Syntactic Structures*. The Hague, Netherlands: Mouton.

关于人类大脑天生的语言能力。

Crick, F. H. C. 1995. *The Astonishing Hypothesis: The Scientific Search for the Soul.* New York: Touchstone/Simon & Schuster.

Dennett, D. C. 1991. *Consciousness Explained.* Boston: Little, Brown and Company. On the illusions of conscious experience, and brains updating information.

————. 2002. Can machines think? In *Foundations of Cognitive Psychology: Core Readings,* edited by D. J. Levitin. Cambridge: MIT Press.

————. 2002. Where am I? In *Foundations of Cognitive Psychology: Core Readings,* edited by D. J. Levitin. Cambridge: MIT Press.

这两篇文章讨论了大脑运算的基本问题以及有关功能主义的哲学思想。"Can machines think?"这篇文章还总结了图灵测试及其优缺点。

*Friston, K. J. 2005. Models of brain function in neuroimaging. *Annual Review of Psychology* 56:57–87.

SPM 是一种广泛使用的功能性磁共振成像数据统计软件包，其发明者之一对分析脑成像数据的方法进行了系统性的概述。

Gazzaniga, M. S., R. B. Ivry, and G. Mangun. 1998. *Cognitive Neuroscience.* New York: Norton.

大脑的功能分区；脑叶的基本划分；主要的解剖结构。适用于本科生。

Gertz, S. D., and R. Tadmor. 1996. *Liebman's Neuroanatomy Made Easy and Understandable,* 5th ed. Gaithersburg, Md.: Aspen.

神经解剖学和主要大脑区域的介绍。

Gregory, R. L. 1986. *Odd Perceptions.* London: Routledge.

关于知觉的推理功能。

*Griffiths, T. D., S. Uppenkamp, I. Johnsrude, O. Josephs, and R. D. Patterson. 2001. Encoding of the temporal regularity of sound in the human brainstem. *Nature Neuroscience* 4 (6):633–637.

*Griffiths, T. D., and J. D. Warren. 2002. The planum temporale as a computational hub. *Trends in Neuroscience* 25 (7):348–353.

格里菲斯是当代听觉研究中最受尊敬的研究人员之一，他最近对大脑中的声音处理进行了研究。

*Hickok, G., B. Buchsbaum, C. Humphries, and T. Muftuler. 2003. Auditory motor interaction revealed by fMRI: Speech, music, and working memory in area Spt. *Journal of Cognitive Neuroscience* 15 (5):673–682.

大脑顶颞叶交界处外侧裂后部区域是对音乐产生反应的主要部位。

*Janata, P., J. L. Birk, J. D. Van Horn, M. Leman, B. Tillmann, and J. J. Bharucha. 2002. The cortical topography of tonal structures underlying Western music. *Science* 298:2167–2170.

*Janata, P., and S. T. Grafton. 2003. Swinging in the brain: Shared neural substrates for behaviors related to sequencing and music. *Nature Neuroscience* 6 (7):682–687.

*Johnsrude, I. S., V. B. Penhune, and R. J. Zatorre. 2000. Functional specificity in the right human auditory cortex for perceiving pitch direction. *Brain Res Cogn Brain Res* 123:155–163.

*Knosche, T. R., C. Neuhaus, J. Haueisen, K. Alter, B. Maess, O. Witte, and A. D. Friederici. 2005. Perception of phrase structure in music. *Human Brain Mapping* 24 (4):259–273.

*Koelsch, S., E. Kasper, D. Sammler, K. Schulze, T. Gunter, and A. D. Friederici. 2004. Music, language and meaning: brain signatures of semantic processing. *Nature Neuroscience* 7 (3):302–307.

*Koelsch, S., E. Schröger, and T. C. Gunter. 2002. Music matters: Preattentive musicality of the human brain. *Psychophysiology* 39 (1):38–48.

*Kuriki, S., N. Isahai, T. Hasimoto, F. Takeuchi, and Y. Hirata. 2000. Music and language: Brain activities in processing melody and words. Paper read at 12th International Conference on Biomagnetism.

音乐感知和认知神经解剖学相关内容的原始资料。

Levitin, D. J. 1996. High-fidelity music: Imagine listening from inside the guitar. *The New York Times*, December 15.

———. 1996. The modern art of studio recording. *Audio*, September, 46–52.

关于现代录音技术及其创造的幻觉。

———. 2002. Experimental design in psychological research. In *Foundations of*

Cognitive Psychology: Core Readings, edited by D. J. Levitin. Cambridge: MIT Press.

关于实验设计和什么是"好"实验。

*Levitin, D. J., and V. Menon. 2003. Musical structure is processed in "language" areas of the brain: A possible role for Brodmann Area 47 in temporal coherence. *NeuroImage* 20 (4):2142–2152.

这篇文章率先用功能性磁共振成像显示出音乐中的时间结构和时间连贯性在同一个大脑区域进行处理，运用的大脑区域与口语和手语相同。

*McClelland, J. L., D. E. Rumelhart, and G. E. Hinton. 2002. The appeal of parallel distributed processing. In *Foundations of Cognitive Psychology: Core Readings*, edited by D. J. Levitin. Cambridge: MIT Press.

大脑就像一台并行处理机器。

Palmer, S. 2002. Visual awareness. In *Foundations of Cognitive Psychology: Core Readings*, edited by D. J. Levitin. Cambridge: MIT Press.

现代认知科学、二元论和唯物主义的哲学基础。

*Parsons, L. M. 2001. Exploring the functional neuroanatomy of music performance, perception, and comprehension. In I. Peretz and R. J. Zatorre, Eds., *Biological Foundations of Music*, Annals of the New York Academy of Sciences, Vol. 930, pp. 211–230.

*Patel, A. D., and E. Balaban. 2004. Human auditory cortical dynamics during perception of long acoustic sequences: Phase tracking of carrier frequency by the auditory steady–state response. *Cerebral Cortex* 14 (1):35–46.

*Patel, A. D. 2003. Language, music, syntax, and the brain. *Nature Neuroscience* 6 (7):674–681.

*Patel, A. D., and E. Balaban. 2000. Temporal patterns of human cortical activity reflect tone sequence structure. *Nature* 404:80–84.

*Peretz, I. 2000. Music cognition in the brain of the majority: Autonomy and fractionation of the music recognition system. In *The Handbook of Cognitive Neuropsychology*, edited by B. Rapp. Hove, U.K.: Psychology Press.

*Peretz, I. 2000. Music perception and recognition. In *The Handbook of Cognitive*

Neuropsychology, edited by B. Rapp. Hove, U.K.: Psychology Press.

　　*Peretz, I., and M. Coltheart. 2003. Modularity of music processing. *Nature Neuroscience* 6 (7):688–691.

　　*Peretz, I., and L. Gagnon. 1999. Dissociation between recognition and emotional judgements for melodies. *Neurocase* 5:21–30.

　　*Peretz, I., and R. J. Zatorre, eds. 2003. *The Cognitive Neuroscience of Music*. New York: Oxford.

　　音乐感知和认知神经解剖学相关内容的原始资料。

　　Pinker, S. 1997. *How The Mind Works*. New York: W. W. Norton.

　　平克在此提出音乐是在进化中偶然出现的。

　　*Posner, M. I. 1980. Orienting of attention. *Quarterly Journal of Experimental Psychology* 32:3–25.

　　波斯纳线索范式。

　　Posner, M. I., and D. J. Levitin. 1997. Imaging the future. In *The Science of the Mind: The 21st Century*. Cambridge: MIT Press.

　　我和波斯纳就简单的"心智绘图"本身的偏见给出更完整的解释。

　　Ramachandran, V. S. 2004. *A Brief Tour of Human Consciousness: From Impostor Poodles to Purple Numbers*. New York: Pi Press.

　　意识和我们对此天生的直觉。

　　*Rock, I. 1983. *The Logic of Perception*. Cambridge: MIT Press.

　　感知是一个逻辑性的过程，也是一个建设性的过程。

　　*Schmahmann, J. D., ed. 1997. *The Cerebellum and Cognition*. San Diego: Academic Press.

　　小脑在情绪调节中的作用。

　　Searle, J. R. 2002. Minds, brains, and programs. In *Foundations of Cognitive Psychology: Core Readings*, edited by D. J. Levitin. Cambridge: MIT Press.

　　大脑就像一台电脑。这是现代心灵哲学中讨论、争论和引用最多的文章之一。

　　*Sergent, J. 1993. Mapping the musician brain. *Human Brain Mapping* 1:20–38.

关于音乐和大脑的首批神经成像报告之一，至今仍被广泛引用和提及。

Shepard, R. N. 1990. *Mind Sights: Original Visual Illusions, Ambiguities, and Other Anomalies, with a Commentary on the Play of Mind in Perception and Art*. New York: W. H. Freeman.

"转桌子"错觉的来源。

*Steinke, W. R., and L. L. Cuddy. 2001. Dissociations among functional subsystems governing melody recognition after right hemisphere damage. *Cognitive Neuroscience* 18 (5):411–437.

*Tillmann, B., P. Janata, and J. J. Bharucha. 2003. Activation of the inferior frontal cortex in musical priming. *Cognitive Brain Research* 16:145–161.

音乐感知和认知神经解剖学的原始资料。

*Warren, R. M. 1970. Perceptual restoration of missing speech sounds. *Science*, January 23, 392–393.

听觉"填充"或感知修复示例的来源。

Weinberger, N. M. 2004. Music and the Brain. *Scientific American* (November 2004):89–95.

*Zatorre, R. J., and P. Belin. 2001. Spectral and temporal processing in human auditory cortex. *Cerebral Cortex* 11:946–953.

*Zatorre, R. J., P. Belin, and V. B. Penhune. 2002. Structure and function of auditory cortex: Music and speech. *Trends in Cognitive Sciences* 6 (1):37–46.

音乐感知和认知神经解剖学的原始资料。

第四章 预期 我们会对李斯特（和卢达克里斯）产生怎样的期待

*Bartlett, F. C. 1932. *Remembering: A Study in Experimental and Social Psychology*. London: Cambridge University Press.

关于基模。

*Bavelier, D., C. Brozinsky, A. Tomann, T. Mitchell, H. Neville, and G. Liu. 2001. Impact of early deafness and early exposure to sign language on the cerebral organization for motion processing. *The Journal of Neuroscience* 21 (22):8931–8942.

*Bavelier, D., D. P. Corina, and H. J. Neville. 1998. Brain and language: A perspective from sign language. *Neuron* 21:275–278.

手语的神经解剖学原理。

*Bever, T. G., and Chiarell, R. J. 1974. Cerebral dominance in musicians and nonmusicians. *Science* 185 (4150):537–539.

一篇关于大脑半球针对音乐特化的开创性论文。

*Bharucha, J. J. 1987. Music cognition and perceptual facilitation—a connectionist framework. *Music Perception* 5 (1):1–30.

*———. 1991. Pitch, harmony, and neural nets: A psychological perspective. In *Music and Connectionism*, edited by P. M. Todd and D. G. Loy. Cambridge: MIT Press.

*Bharucha, J. J., and P. M. Todd. 1989. Modeling the perception of tonal structure with neural nets. *Computer Music Journal* 13 (4):44–53.

*Bharucha, J. J. 1992. Tonality and learnability. In *Cognitive Bases of Musical Communication*, edited by M. R. Jones and S. Holleran. Washington, D.C: American Psychological Association.

关于音乐基模。

*Binder, J., and C. J. Price. 2001. Functional neuroimaging of language. In *Handbook of Functional Neuroimaging of Cognition*, edited by A. Cabeza and A. Kingston.

*Binder, J. R., E. Liebenthal, E. T. Possing, D. A. Medler, and B. D. Ward. 2004. Neural correlates of sensory and decision processes in auditory object identification. *Nature Neuroscience* 7 (3):295–301.

*Bookheimer, S. Y. 2002. Functional MRI of language: New approaches to understanding the cortical organization of semantic processing. *Annual Review of Neuroscience* 25:151–188.

语言的功能神经解剖学原理。

Cook, P. R. 2005. The deceptive cadence as a parlor trick. Princeton, N.J., Montreal, Que., November 30.

与佩里·库克的个人通信，他在电子邮件里将伪终止式比作变魔术。

*Cowan, W. M., T. C. Südhof, and C. F. Stevens, eds. 2001. *Synapses*. Baltimore: Johns Hopkins University Press.

深入了解突触、突触间隙和突触传递。

*Dibben, N. 1999. The perception of structural stability in atonal music: the influence of salience, stability, horizontal motion, pitch commonality, and dissonance. *Music Perception* 16 (3):265–24.

无调性音乐，如本章中提到的勋伯格等。

*Franceries, X., B. Doyon, N. Chauveau, B. Rigaud, P. Celsis, and J.–P. Morucci. 2003. Solution of Poisson's equation in a volume conductor using resistor mesh models: Application to event related potential imaging. *Journal of Applied Physics* 93 (6):3578–3588.

脑电定位的逆泊松问题。

Fromkin, V., and R. Rodman. 1993. *An Introduction to Language*, 5th ed. Fort Worth, Tex.: Harcourt Brace Jovanovich College Publishers.

心理语言学基础、音素、构词法。

*Gazzaniga, M. S. 2000. *The New Cognitive Neurosciences*, 2nd ed. Cambridge: MIT Press.

神经科学基础。

Gernsbacher, M. A., and M. P. Kaschak. 2003. Neuroimaging studies of language production and comprehension. *Annual Review of Psychology* 54:91–114.

语言神经解剖学基础研究的最新综述。

*Hickok, G., B. Buchsbaum, C. Humphries, and T. Muftuler. 2003. Auditory–motor interaction revealed by fMRI: Speech, music, and working memory in area Spt. *Journal of Cognitive Neuroscience* 15 (5):673–682.

*Hickok, G., and Poeppel, D. 2000. Towards a functional neuroanatomy of speech perception. *Trends in Cognitive Sciences* 4 (4):131–138.

语言和音乐的神经解剖学基础。

Holland, B. 1981. A man who sees what others hear. *The New York Times*, November 19.

一篇关于亚瑟·林根的文章，他能通过看唱片的沟槽辨认出唱片的内容。他只能看出他知道的音乐，以及贝多芬之后的古典音乐。

*Huettel, S. A., A. W. Song, and G. McCarthy. 2003. *Functional Magnetic Resonance Imaging*. Sunderland, Mass.: Sinauer Associates, Inc.

功能性磁共振成像背后的理论。

*Ivry, R. B., and L. C. Robertson. 1997. *The Two Sides of Perception*. Cambridge: MIT Press.

大脑半球特化。

*Johnsrude, I. S., V. B. Penhune, and R. J. Zatorre. 2000. Functional specificity in the right human auditory cortex for perceiving pitch direction. *Brain Res Cogn Brain Res* 123:155–163.

*Johnsrude, I. S., R. J. Zatorre, B. A. Milner, and A. C. Evans. 1997. Left–hemisphere specialization for the processing of acoustic transients. *Neuro Report* 8:1761–1765.

语言和音乐的神经解剖学原理。

*Kandel, E. R., J. H. Schwartz, and T. M. Jessell. 2000. *Principles of Neural Science*, 4th ed. New York: McGraw–Hill.

神经科学基础，诺贝尔奖获得者埃里克·坎德尔参与撰写，是医学院和研究生神经科学项目中广泛使用的教材。

*Knosche, T. R., C. Neuhaus, J. Haueisen, K. Alter, B. Maess, O. Witte, and A. D. Friederici. 2005. Perception of phrase structure in music. *Human Brain Mapping* 24 (4):259–273.

*Koelsch, S., T. C. Gunter, D. Y. v. Cramon, S. Zysset, G. Lohmann, and A. D. Friederici. 2002. Bach speaks: A cortical "language–network" serves the processing of music. *NeuroImage* 17:956–966.

*Koelsch, S., E. Kasper, D. Sammler, K. Schulze, T. Gunter, and A. D. Friederici. 2004. Music, language, and meaning: Brain signatures of semantic processing. *Nature Neuroscience* 7 (3):302–307.

*Koelsch, S., B. Maess, and A. D. Friederici. 2000. Musical syntax is processed in the area of Broca: an MEG study. *NeuroImage* 11 (5):56.

关于音乐结构的文章，由科尔什、弗里德里奇及其同事撰写。

Kosslyn, S. M., and O. Koenig. 1992. *Wet Mind: The New Cognitive Neuroscience.* New York: Free Press.

关于认知神经科学的科普书目。

*Krumhansl, C. L. 1990. *Cognitive Foundations of Musical Pitch.* New York: Oxford University Press.

关于音高的维度。

*Lerdahl, F. 1989. Atonal prolongational structure. *Contemporary Music Review* 3 (2).

无调性音乐，如勋伯格的作品等。

*Levitin, D. J., and V. Menon. 2003. Musical structure is processed in "language" areas of the brain: A possible role for Brodmann Area 47 in temporal coherence. *NeuroImage* 20 (4):2142–2152.

*———. 2005. The neural locus of temporal structure and expectancies in music: Evidence from functional neuroimaging at 3 Tesla. *Music Perception* 22(3):563–575.

音乐结构的神经解剖学原理。

*Maess, B., S. Koelsch, T. C. Gunter, and A. D. Friederici. 2001. Musical syntax is processed in Broca's area: An MEG study. *Nature Neuroscience* 4 (5):540–545.

音乐结构的神经解剖学原理。

*Marin, O. S. M. 1982. Neurological aspects of music perception and performance. In *The Psychology of Music,* edited by D. Deutsch. New York: Academic Press.

由于大脑损伤引起音乐相关功能丧失。

*Martin, R. C. 2003. Language processing: Functional organization and neuroanatomical basis. *Annual Review of Psychology* 54:55–89.

言语感知的神经解剖学原理。

McClelland, J. L., D. E. Rumelhart, and G. E. Hinton. 2002. The Appeal of Parallel Distributed Processing. In *Foundations of Cognitive Psychology: Core Readings,* edited by D. J. Levitin. Cambridge: MIT Press.

关于基模。

Meyer, L. B. 2001. Music and emotion: distinctions and uncertainties. In *Music and Emotion: Theory and Research,* edited by P. N. Juslin and J. A. Sloboda. Oxford and New

York: Oxford University Press.

Meyer, Leonard B. 1956. *Emotion and Meaning in Music.* Chicago: University of Chicago Press.

———. 1994. *Music, the Arts, and Ideas: Patterns and Predictions in Twentieth Century Culture.* Chicago: University of Chicago Press.

关于音乐风格、重复、填补空白和预期。

*Milner, B. 1962. Laterality effects in audition. In *Interhemispheric Effects and Cerebral Dominance,* edited by V. Mountcastle. Baltimore: Johns Hopkins Press. Laterality in hearing.

*Narmour, E. 1992. *The Analysis and Cognition of Melodic Complexity: The Implication–Realization Model.* Chicago: University of Chicago Press.

*———. 1999. Hierarchical expectation and musical style. In *The Psychology of Music,* edited by D. Deutsch. San Diego: Academic Press.

关于音乐风格、重复、填补空白和预期。

*Niedermeyer, E., and F. L. Da Silva. 2005. *Electroencephalography: Basic Principles, Clinical Applications, and Related Fields, 5th ed.* Philadephia: Lippincott, Williams & Wilkins.

脑电图介绍（特点：先进、专业，不适用于心脏虚弱者）。

*Panksepp, J., ed. 2002. *Textbook of Biological Psychiatry.* Hoboken, N.J.: Wiley.

关于选择性血清素再摄取抑制剂、血清素、多巴胺和神经化学。

*Patel, A. D. 2003. Language, music, syntax and the brain. *Nature Neuroscience* 6(7):674–681.

音乐结构的神经解剖学原理；介绍了共享句法整合资源假说。

*Penhune, V. B., R. J. Zatorre, J. D. MacDonald, and A. C. Evans. 1996. Interhemispheric anatomical differences in human primary auditory cortex: Probabilistic mapping and volume measurement from magnetic resonance scans. *Cerebral Cortex* 6:661–672.

*Peretz, I., R. Kolinsky, M. J. Tramo, R. Labrecque, C. Hublet, G. Demeurisse, and S. Belleville. 1994. Functional dissociations following bilateral lesions of auditory cortex. *Brain* 117:1283–1301.

*Perry, D. W., R. J. Zatorre, M. Petrides, B. Alivisatos, E. Meyer, and A. C. Evans. 1999.

Localization of cerebral activity during simple singing. *NeuroReport* 10:3979–3984.

音乐处理的神经解剖学原理。

*Petitto, L. A., R. J. Zatorre, K. Gauna, E. J. Nikelski, D. Dostie, and A. C. Evans. 2000. Speech–like cerebral activity in profoundly deaf people processing signed languages: Implications for the neural basis of human language. *Proceedings of the National Academy of Sciences* 97 (25):13961–13966.

手语的神经解剖学原理。

Posner, M. I. 1973. *Cognition: An Introduction.* Edited by J. L. E. Bourne and L. Berkowitz, 1st ed. Basic Psychological Concepts Series. Glenview, Ill.: Scott, Foresman and Company.

———. 1986. *Chronometric Explorations of Mind: The Third Paul M.Fitts Lectures, Delivered at the University of Michigan, September 1976.* New York: Oxford University Press.

关于心智密码。

Posner, M. I., and M. E. Raichle. 1994. *Images of Mind.* New York: Scientific American Library.

关于神经成像的科普文章。

Rosen, C. 1975. *Arnold Schoenberg.* Chicago: University of Chicago Press.

关于作曲家、无调性和十二音音乐。

*Russell, G. S., K. J. Eriksen, P. Poolman, P. Luu, and D. Tucker. 2005. Geodesic photogrammetry for localizing sensor positions in dense–array EEG. *Clinical Neuropsychology* 116:1130–1140.

脑电定位中的逆泊松问题。

Samson, S., and R. J. Zatorre. 1991. Recognition memory for text and melody of songs after unilateral temporal lobe lesion: Evidence for dual encoding. *Journal of Experimental Psychology: Learning, Memory, and Cognition* 17 (4):793–804.

———. 1994. Contribution of the right temporal lobe to musical timbre discrimination. *Neuropsychologia* 32:231–240.

音乐和语言感知的神经解剖学原理。

Schank, R. C., and R. P. Abelson. 1977. *Scripts, plans, goals, and understanding.* Hillsdale, N.J.: Lawrence Erlbaum Associates.

关于基模的开创性工作。

*Shepard, R. N. 1964. Circularity in judgments of relative pitch. *Journal of The Acoustical Society of America* 36 (12):2346–2353.

*————. 1982. Geometrical approximations to the structure of musical pitch. *Psychological Review* 89 (4):305–333.

*————. 1982. Structural representations of musical pitch. In *Psychology of Music,* edited by D. Deutsch. San Diego: Academic Press.

音高的维度。

Squire, L. R., F. E. Bloom, S. K. McConnell, J. L. Roberts, N. C. Spitzer, and M. J. Zigmond, eds. 2003. *Fundamental Neuroscience,* 2nd ed. San Diego: Academic Press. Basic neuroscience text.

*Temple, E., R. A. Poldrack, A. Protopapas, S. S. Nagarajan, T. Salz, P. Tallal, M. M. Merzenich, and J. D. E. Gabrieli. 2000. Disruption of the neural response to rapid acoustic stimuli in dyslexia: Evidence from functional MRI. *Proceedings of the National Academy of Sciences* 97 (25):13907–13912.

语言的功能神经解剖学原理。

*Tramo, M. J., J. J. Bharucha, and F. E. Musiek. 1990. Music perception and cognition following bilateral lesions of auditory cortex. *Journal of Cognitive Neuroscience* 2:195–212.

*Zatorre, R. J. 1985. Discrimination and recognition of tonal melodies after unilateral cerebral excisions. *Neuropsychologia* 23 (1):31–41.

*————. 1998. Functional specialization of human auditory cortex for musical processing. *Brain* 121 (Part 10):1817–1818.

*Zatorre, R. J., P. Belin, and V. B. Penhune. 2002. Structure and function of auditory cortex: Music and speech. *Trends in Cognitive Sciences* 6 (1):37–46.

*Zatorre, R. J., A. C. Evans, E. Meyer, and A. Gjedde. 1992. Lateralization of phonetic and pitch discrimination in speech processing. *Science* 256 (5058):846–849.

*Zatorre, R. J., and S. Samson. 1991. Role of the right temporal neocortex in retention of pitch in auditory short-term memory. *Brain* (114):2403–2417.

语言和音乐的神经解剖学研究，以及大脑损伤的影响。

第五章　已经知道名字了，去查查号码吧 我们如何将音乐分类

Bjork, E. L., and R. A. Bjork, eds. 1996. Memory, *Handbook of Perception and Cognition*, 2nd ed. San Diego: Academic Press.

关于记忆的一般性文章，面向研究人员。

Cook, P. R., ed. 1999. *Music, Cognition, and Computerized Sound: An Introduction to Psychoacoustics.* Cambridge: MIT Press.

这本书由我在本科时的课程组成，包括皮尔斯、乔宁、马修斯、谢泼德等人的讲座。

*Dannenberg, R. B., B. Thom, and D. Watson. 1997. A machine learning approach to musical style recognition. Paper read at International Computer Music Conference, September. Thessoloniki, Greece.

关于音乐指纹的原始资料。

Dowling, W. J., and D. L. Harwood. 1986. *Music Cognition.* San Diego: Academic Press.

关于移调后的旋律识别。

Gazzaniga, M. S., R. B. Ivry, and G. R. Mangun. 1998. *Cognitive Neuroscience: The Biology of the Mind.* New York: W. W. Norton.

包含加扎尼加的分脑研究摘要。

*Goldinger, S. D. 1996. Words and voices: Episodic traces in spoken word identification and recognition memory. *Journal of Experimental Psychology: Learning, Memory, and Cognition* 22 (5):1166–1183.

*———. 1998. Echoes of echoes? An episodic theory of lexical access. *Psychological Review* 105 (2):251–279.

关于多重痕迹记忆理论的原始资料。

Guenther, R. K. 2002. Memory. In *Foundations of Cognitive Psychology: Core Readings*, edited by D. J. Levitin. Cambridge: MIT Press.

关于记忆的记录保存理论与构成主义理论概述。

*Haitsma, J., and T. Kalker. 2003. A highly robust audio fingerprinting system with an efficient search strategy. *Journal of New Music Research* 32 (2):211–221.

另一篇关于音频指纹的文章。

*Halpern, A. R. 1988. Mental scanning in auditory imagery for songs. *Journal of Experimental Psychology: Learning, Memory, and Cognition* 143:434–443.

本章关于我们可以在头脑中检索音乐的来源。

*———. 1989. Memory for the absolute pitch of familiar songs. *Memory and Cognition* 17 (5):572–581.

这篇文章是我 1994 年研究的灵感来源。

*Heider, E. R. 1972. Universals in color naming and memory. *Journal of Experimental Psychology* 93 (1):10–20.

埃莉诺·罗施以婚后的姓名发表的文章，这是一项关于分类的基础性研究。

*Hintzman, D. H. 1986. "Schema abstraction" in a multiple-trace memory model. *Psychological Review* 93 (4):411–428.

欣茨曼的密涅瓦模型是在多重痕迹记忆模型的背景下讨论的。

*Hintzman, D. L., R. A. Block, and N. R. Inskeep. 1972. Memory for mode of input. *Journal of Verbal Learning and Verbal Behavior* 11:741–749.

本书中关于字体研究的来源。

*Ishai, A., L. G. Ungerleider, and J. V. Haxby. 2000. Distributed neural systems for the generation of visual images. *Neuron* 28:979–990.

关于大脑中分类功能的研究来源。

*Janata, P. 1997. Electrophysiological studies of auditory contexts. Dissertation Abstracts International: Section B: The Sciences and Engineering, University of Oregon.

文章指出，想象一段音乐与实际听到音乐时的脑电信号几乎相同。

*Levitin, D. J. 1994. Absolute memory for musical pitch: Evidence from the production of learned melodies. *Perception and Psychophysics* 56 (4):414–423.

在这篇文章中我首次谈到，在让人们唱出自己最喜欢的摇滚与流行歌曲时，他们演唱的调与原曲相同或相近。

*————. 1999. Absolute pitch: Self-reference and human memory. *International Journal of Computing Anticipatory Systems*.

绝对音高研究综述。

*————. 1999. Memory for musical attributes. In *Music, Cognition and Computerized Sound: An Introduction to Psychoacoustics*, edited by P. R. Cook. Cambridge: MIT Press.

记录了我用音叉让受试者记忆绝对音高的研究。

————. 2001. Paul Simon: The Grammy interview. *Grammy*, September, 42–46.

保罗·西蒙关于音色的评论。

*Levitin, D. J., and P. R. Cook. 1996. Memory for musical tempo: Additional evidence that auditory memory is absolute. *Perception and Psychophysics* 58:927–935.

我对歌曲节奏记忆的研究。

*Levitin, D. J., and S. E. Rogers. 2005. Pitch perception: Coding, categories, and controversies. *Trends in Cognitive Sciences* 9 (1):26–33.

绝对音高研究综述。

*Levitin, D. J., and R. J. Zatorre. 2003. On the nature of early training and absolute pitch: A reply to Brown, Sachs, Cammuso and Foldstein. *Music Perception* 21 (1):105–110.

关于绝对音高研究问题的技术说明。

Loftus, E. 1979/1996. *Eyewitness Testimony*. Cambridge: Harvard University Press. Source of the experiments on memory distortions.

Luria, A. R. 1968. *The Mind of a Mnemonist*. New York: Basic Books.

超忆症患者的故事来源。

McClelland, J. L., D. E. Rumelhart, and G. E. Hinton. 2002. The appeal of parallel distributed processing. In *Foundations of Cognitive Psychology: Core Readings*, edited by D. J. Levitin. Cambridge: MIT Press.

关于 PDP 模型的开创性文章，也称为"神经网络"，即大脑活动的计算机模拟。

*McNab, R. J., L. A. Smith, I. H. Witten, C. L. Henderson, and S. J. Cunningham. 1996. Towards the digital music library: tune retrieval from acoustic input. *Proceedings of the First ACM International Conference on Digital Libraries*:11–18.

音乐指纹概述。

*Parkin, A. J. 1993. *Memory: Phenomena, Experiment and Theory*. Oxford, UK: Blackwell.

关于记忆的教科书。

*Peretz, I., and R. J. Zatorre. 2005. Brain organization for music processing. *Annual Review of Psychology* 56:89–114.

关于音乐感知的神经解剖学基础综述。

*Pope, S. T., F. Holm, and A. Kouznetsov. 2004. Feature extraction and database design for music software. Paper read at International Computer Music Conference in Miami.

关于音乐指纹。

*Posner, M. I., and S. W. Keele. 1968. On the genesis of abstract ideas. *Journal of Experimental Psychology* 77:353–363.

*———. 1970. Retention of abstract ideas. *Journal of Experimental Psychology* 83:304–308.

所述实验表明原型可能存储在记忆中。

*Rosch, E. 1977. Human categorization. In *Advances in Crosscultural Psychology*, edited by N. Warren. London: Academic Press.

*———. 1978. Principles of categorization. In *Cognition and Categorization*, edited by E. Rosch and B. B. Lloyd. Hillsdale, N.J.: Erlbaum.

*Rosch, E., and C. B. Mervis. 1975. Family resemblances: Studies in the internal structure of categories. *Cognitive Psychology* 7:573–605.

*Rosch, E., C. B. Mervis, W. D. Gray, D. M. Johnson, and P. Boyes-Braem. 1976. Basic objects in natural categories. *Cognitive Psychology* 8:382–439.

关于罗施原型理论的原文章。

*Schellenberg, E. G., P. Iverson, and M. C. McKinnon. 1999. Name that tune: Identifying familiar recordings from brief excerpts. *Psychonomic Bulletin & Review* 6 (4):641–646.

这项研究描述了人们能够根据音色线索说出歌名。

Smith, E. E., and D. L. Medin. 1981. *Categories and concepts*. Cambridge: Harvard University Press.

Smith, E., and D. L. Medin. 2002. The exemplar view. In *Foundations of Cognitive Psychology: Core Readings*, edited by D. J. Levitin. Cambridge: MIT Press.

关于范例理论，与罗施典型理论异曲同工。

*Squire, L. R. 1987. *Memory and Brain*. New York: Oxford University Press.

关于记忆的教科书。

*Takeuchi, A. H., and S. H. Hulse. 1993. Absolute pitch. *Psychological Bulletin* 113 (2):345–361.

*Ward, W. D. 1999. Absolute Pitch. In *The Psychology of Music*, edited by D. Deutsch. San Diego: Academic Press.

绝对音高概述。

*White, B. W. 1960. Recognition of distorted melodies. *American Journal of Psychology* 73:100–107.

关于如何在移调和其他变换下听辨音乐的实验来源。

Wittgenstein, L. 1953. *Philosophical Investigations*. New York: Macmillan.

维特根斯坦关于"什么是游戏？"的讨论及家族相似性的来源。

第六章　吃完甜点发现我和克里克相隔四个座位　音乐、情感和爬虫脑

*Desain, P., and H. Honing. 1999. Computational models of beat induction: The rule-based approach. *Journal of New Music Research* 28 (1):29–42.

本文探讨了德森和侯宁在用鞋打拍子当中使用的一些算法。

*Aitkin, L. M., and J. Boyd. 1978. Acoustic input to lateral pontine nuclei. *Hearing Research* 1 (1):67–77.

听觉通路的生理机能方面的基础知识。

*Barnes, R., and M. R. Jones. 2000. Expectancy, attention, and time. *Cognitive Psychology* 41 (3):254–311.

玛丽·赖斯·琼斯关于音乐中时间和计时的一项研究。

Crick, F. 1988. *What Mad Pursuit: A Personal View of Scientific Discovery*. New York: Basic Books.

关于克里克早年作为科学家的引述来源。

Crick, F. H. C. 1995. *The Astonishing Hypothesis: The Scientific Search for the Soul.* New York: Touchstone/Simon & Schuster.

克里克关于还原论的讨论来源。

*Friston, K. J. 1994. Functional and effective connectivity in neuroimaging: a synthesis. *Human Brain Mapping* 2:56–68.

这篇关于功能连接的文章帮助梅农创建了我们所需的分析，便于我们在后续研究论文中讨论音乐情感与伏隔核等。

*Gallistel, C. R. 1989. *The Organization of Learning.* Cambridge: MIT Press. An example of Randy Gallistel's work.

*Goldstein, A. 1980. Thrills in response to music and other stimuli. *Physiological Psychology* 8 (1):126–129.

研究表明，纳洛酮可以阻断音乐情绪。

*Grabow, J. D., M. J. Ebersold, and J. W. Albers. 1975. Summated auditory evoked potentials in cerebellum and inferior colliculus in young rat. *Mayo Clinic Proceedings* 50 (2):57–68.

小脑的生理机能与各项联系。

*Holinger, D. P., U. Bellugi, D. L. Mills, J. R. Korenberg, A. L. Reiss, G. F. Sherman, and A. M. Galaburda. In press. Relative sparing of primary auditory cortex in Williams syndrome. *Brain Research.*

乌苏拉给克里克讲的文章。

*Hopfield, J. J. 1982. Neural networks and physical systems with emergent collective computational abilities. *Proceedings of National Academy of Sciences* 79(8):2554–2558.

首次提出霍普菲尔德网络这一神经网络模型。

*Huang, C., and G. Liu. 1990. Organization of the auditory area in the posterior cerebellar vermis of the cat. *Experimental Brain Research* 81 (2):377–383.

*Huang, C.-M., G. Liu, and R. Huang. 1982. Projections from the cochlear nucleus to the cerebellum. *Brain Research* 244:1–8.

*Ivry, R. B., and R. E. Hazeltine. 1995. Perception and production of temporal intervals across a range of durations: Evidence for a common timing mechanism. *Journal of Experimental Psychology: Human Perception and Performance* 21(1):3–18.

关于小脑和皮层下听觉区的生理机能、解剖结构和连通性的论文。

*Jastreboff, P. J. 1981. Cerebellar interaction with the acoustic reflex. *Acta Neurobiologiae Experimentalis* 41 (3):279–298.

声音"惊吓"反射的信息来源。

*Jones, M. R. 1987. Dynamic pattern structure in music: recent theory and research. P*erception & Psychophysics* 41:621–634.

*Jones, M. R., and M. Boltz. 1989. Dynamic attending and responses to time. *Psychological Review* 96:459–491.

琼斯在计时和音乐方面的研究案例。

*Keele, S. W., and R. Ivry. 1990. Does the cerebellum provide a common computation for diverse tasks—A timing hypothesis. *Annals of The New York Academy of Sciences* 608:179–211.

艾弗里在计时和小脑方面的研究案例。

*Large, E. W., and M. R. Jones. 1995. The time course of recognition of novel melodies. *Perception and Psychophysics* 57 (2):136–149.

*———. 1999. The dynamics of attending: How people track time–varying events. *Psychological Review* 106 (1):119–159.

琼斯在计时和音乐方面的更多研究案例。

*Lee, L. 2003. A report of the functional connectivity workshop, Düsseldorf 2002. *NeuroImage* 19:457–465.

梅农阅读的一篇论文，为我们的伏隔核研究提供分析。

*Levitin, D. J., and U. Bellugi. 1998. Musical abilities in individuals with Williams syndrome. *Music Perception* 15 (4):357–389.

*Levitin, D. J., K. Cole, M. Chiles, Z. Lai, A. Lincoln, and U. Bellugi. 2004. Characterizing the musical phenotype in individuals with Williams syndrome. *Child Neuropsychology* 10 (4):223–247.

威廉姆斯综合征的信息以及两项关于患者音乐能力的研究。

我们为什么爱音乐

*Levitin, D. J., and V. Menon. 2003. Musical structure is processed in "language" areas of the brain: A possible role for Brodmann Area 47 in temporal coherence. *NeuroImage* 20 (4):2142–2152.

*————. 2005. The neural locus of temporal structure and expectancies in music: Evidence from functional neuroimaging at 3 Tesla. *Music Perception* 22 (3):563–575.

*Levitin, D. J., V. Menon, J. E. Schmitt, S. Eliez, C. D. White, G. H. Glover, J. Kadis, J. R. Korenberg, U. Bellugi, and A. L. Reiss. 2003. Neural correlates of auditory perception in Williams syndrome: An fMRI study. *NeuroImage* 18 (1):74–82.

研究表明，听音乐时小脑会被激活。

*Loeser, J. D., R. J. Lemire, and E. C. Alvord. 1972. Development of folia in human cerebellar vermis. *Anatomical Record* 173 (1):109–113.

小脑的生理机能。

*Menon, V., and D. J. Levitin. 2005. The rewards of music listening: Response and physiological connectivity of the mesolimbic system. *NeuroImage* 28 (1):175–184.

在这篇论文中，我们展示了伏隔核和大脑奖励系统在听音乐中的作用。

*Merzenich, M. M., W. M. Jenkins, P. Johnston, C. Schreiner, S. L. Miller, and P. Tallal. 1996. Temporal processing deficits of language-learning impaired children ameliorated by training. *Science* 271:77–81.

研究表明，阅读障碍可能是由儿童听觉系统的计时缺陷引起的。

*Middleton, F. A., and P. L. Strick. 1994. Anatomical evidence for cerebellar and basal ganglia involvement in higher cognitive function. *Science* 266 (5184):458–461.

*Penhune, V. B., R. J. Zatorre, and A. C. Evans. 1998. Cerebellar contributions to motor timing: A PET study of auditory and visual rhythm reproduction. *Journal of Cognitive Neuroscience* 10 (6):752–765.

*Schmahmann, J. D. 1991. An emerging concept—the cerebellar contribution to higher function. *Archives of Neurology* 48 (11):1178–1187.

*Schmahmann, Jeremy D., ed. 1997. *The Cerebellum and Cognition*, International Review of Neurobiology, v. 41. San Diego: Academic Press.

*Schmahmann, S. D., and J. C. Sherman. 1988. The cerebellar cognitive affective syndrome. *Brain and Cognition* 121:561–579.

小脑、功能和解剖的背景信息。

*Tallal, P., S. L. Miller, G. Bedi, G. Byma, X. Wang, S. S. Nagarajan, C. Schreiner, W. M. Jenkins, and M. M. Merzenich. 1996. Language comprehension in languagelearning impaired children improved with acoustically modified speech. *Science* 271:81–84.

研究表明，阅读障碍可能是由儿童听觉系统的计时缺陷引起的。

*Ullman, S. 1996. *High–level Vision: Object Recognition and Visual Cognition.* Cambridge: MIT Press.

关于视觉系统的架构。

*Weinberger, N. M. 1999. Music and the auditory system. In *The Psychology of Music*, edited by D. Deutsch. San Diego: Academic Press.

关于音乐 / 听觉系统的生理机能和连通性。

第七章　音乐家是怎样炼成的　剖析音乐专长

*Abbie, A. A. 1934. The projection of the forebrain on the pons and cerebellum. *Proceedings of the Royal Society of London (Biological Sciences)* 115:504–522.

关于小脑参与艺术的引述来源。

*Chi, Michelene T. H., Robert Glaser, and Marshall J. Farr, eds. 1988. *The Nature of Expertise.* Hillsdale, N.J.: Lawrence Erlbaum Associates.

对国际象棋等专长的心理学研究。

*Elbert, T., C. Pantev, C. Wienbruch, B. Rockstroh, and E. Taub. 1995. Increased cortical representation of the fingers of the left hand in string players. *Science* 270 (5234):305–307.

与拉小提琴有关的皮层变化的来源。

*Ericsson, K. A., and J. Smith, eds. 1991. *Toward a General Theory of Expertise: Prospects and Limits.* New York: Cambridge University Press.

对国际象棋等专长的心理学研究。

*Gobet, F., P. C. R. Lane, S. Croker, P. C. H. Cheng, G. Jones, I. Oliver, J. M. Pine. 2001. Chunking mechanisms in human learning. *Trends in Cognitive Sciences* 5:236–243.

关于分块记忆。

*Hayes, J. R. 1985. Three problems in teaching general skills. In *Thinking and Learning Skills: Research and Open Questions*, edited by S. F. Chipman, J. W. Segal, and R. Glaser. Hillsdale, N.J.: Erlbaum.

这项研究认为人们对莫扎特的早期作品评价不高，并驳斥了莫扎特不像其他人那样需要一万个小时才能成为专家的说法。

Howe, M. J. A., J. W. Davidson, and J. A. Sloboda. 1998. Innate talents: Reality or myth? *Behavioral & Brain Sciences* 21 (3):399–442.

我最喜欢的一篇文章，不过我并不完全同意其中的内容。"天赋是种迷思"的观点概述。

Levitin, D. J. 1982. Unpublished conversation with Neil Young, Woodside, CA.

———. 1996. Interview: A Conversation with Joni Mitchell. *Grammy*, Spring, 26–32.

———. 1996. Stevie Wonder: Conversation in the Key of Life. *Grammy*, Summer, 14–25.

———. 1998. Still Creative After All These Years: A Conversation with Paul Simon. *Grammy*, February, 16–19, 46.

———. 2000. A conversation with Joni Mitchell. In *The Joni Mitchell Companion: Four Decades of Commentary*, edited by S. Luftig. New York: Schirmer Books.

———. 2001. Paul Simon: The Grammy Interview. *Grammy*, September, 42–46.

———. 2004. Unpublished conversation with Joni Mitchell, December, Los Angeles, CA.

上述音乐家关于音乐专长的轶事和引文的来源。

MacArthur, P. (1999). JazzHouston Web site. http:www.jazzhouston.com/forum/messages.jsp?key=352&page=7&pKey=1&fpage=1&total=588.

关于鲁宾斯坦演奏中会出现错误的引述来源。

*Sloboda, J. A. 1991. Musical expertise. In *Toward a General Theory of Expertise*, edited by K. A. Ericcson and J. Smith. New York: Cambridge University Press.

概述音乐专业文献中的问题和发现。

Tellegen, Auke, David Lykken, Thomas Bouchard, Kimerly Wilcox, Nancy Segal, and Stephen Rich. 1988. Personality similarity in twins reared apart and together. *Journal of Personality and Social Psychology* 54 (6):1031–1039.

明尼苏达双胞胎研究。

*Vines, B. W., C. Krumhansl, M. M. Wanderley, and D. Levitin. In press. Crossmodal interactions in the perception of musical performance. *Cognition*.

关于音乐家用手势传达情感的研究。

第八章　我的最爱　为什么我们会产生音乐偏好

*Berlyne, D. E. 1971. *Aesthetics and Psychobiology*. New York: Appleton–Century–Crofts.

关于音乐喜好的倒 U 型假设。

*Gaser, C., and G. Schlaug. 2003. Gray matter differences between musicians and nonmusicians. *Annals of the New York Academy of Sciences* 999:514–517.

音乐家和非音乐家大脑之间的差异。

*Husain, G., W. F. Thompson, and E. G. Schellenberg. 2002. Effects of musical tempo and mode on arousal, mood, and spatial abilities. *Music Perception* 20(2):151–171.

"莫扎特效应"的解释说明。

*Hutchinson, S., L. H. Lee, N. Gaab, and G. Schlaug. 2003. Cerebellar volume of musicians. *Cerebral Cortex* 13:943–949.

音乐家和非音乐家大脑之间的差异。

*Lamont, A. M. 2001. Infants' preferences for familiar and unfamiliar music: A sociocultural study. Paper read at Society for Music Perception and Cognition, August 9, 2001, at Kingston, Ont.

胎儿的音乐体验。

*Lee, D. J., Y. Chen, and G. Schlaug. 2003. Corpus callosum: musician and gender effects. *NeuroReport* 14:205–209.

音乐家和非音乐家大脑之间的差异。

*Rauscher, F. H., G. L. Shaw, and K. N. Ky. 1993. Music and spatial task performance. *Nature* 365:611.

"莫扎特效应"的原始报告。

*Saffran, J. R. 2003. Absolute pitch in infancy and adulthood: the role of tonal structure. *Developmental Science* 6 (1):35–47.

婴儿对绝对音高线索的使用。

*Schellenberg, E. G. 2003. Does exposure to music have beneficial side effects? In *The Cognitive Neuroscience of Music*, edited by I. Peretz and R. J. Zatorre. New York: Oxford University Press.

*Thompson, W. F., E. G. Schellenberg, and G. Husain. 2001. Arousal, mood, and the Mozart Effect. *Psychological Science* 12 (3):248–251.

"莫扎特效应"的解释说明。

*Trainor, L. J., L. Wu, and C. D. Tsang. 2004. Long–term memory for music: Infants remember tempo and timbre. *Developmental Science* 7 (3):289–296.

婴儿对绝对音高线索的使用。

*Trehub, S. E. 2003. The developmental origins of musicality. *Nature Neuroscience* 6 (7):669–673.

*———. 2003. Musical predispositions in infancy. In *The Cognitive Neuroscience of Music*, edited by I. Peretz and R. J. Zatorre. Oxford: Oxford University Press.

关于婴儿早期的音乐体验。

第九章　音乐本能　进化论的天字第一号

Barrow, J. D. 1995. *The Artful Universe*. Oxford, UK: Clarendon Press.

"音乐对于物种生存没有任何作用。"

Blacking, J. 1995. *Music, Culture, and Experience*. Chicago: University of Chicago Press.

"音乐的内在本质是运动和声音的不可分割性，这是音乐跨越文化和时代的特征。"

Buss, D. M., M. G. Haselton, T. K. Shackelford, A. L. Bleske, and J. C. Wakefield. 2002. Adaptations, exaptations, and spandrels. In *Foundations of Cognitive Psychology: Core Readings*, edited by D. J. Levitin. Cambridge: MIT Press.

为了简化本章的内容，我有意避免分开使用两种进化的副产品拱肩和扩展适应（exaptation）来进行说明，而是统一使用拱肩来表示这两种类型的进化副产品。由于古尔德本人在自己的著作中没有从一而终地使用这两个术语，而且忽略这两种副产品的区别不会影响主要观点，所以我在这里做简单解释，我觉得读者在正文的理解上不会有问题。巴斯等人根据斯蒂芬·杰伊·古尔德的研究对其中的区别进行了讨论。

*Cosmides, L. 1989. The logic of social exchange: Has natural selection shaped how humans reason? *Cognition* 31:187–276.

*Cosmides, L., and J. Tooby. 1989. Evolutionary psychology and the generation of culture, Part Ⅱ. Case Study: A computational theory of social exchange. *Ethology and Sociobiology* 10:51–97.

进化心理学中关于认知作为适应性的观点。

Cross, I. 2001. Music, cognition, culture, and evolution. *Annals of the New York Academy of Sciences* 930:28–42.

———. 2001. Music, mind and evolution. *Psychology of Music* 29 (1):95–102.

———. 2003. Music and biocultural evolution. In *The Cultural Study of Music: A Critical Introduction*, edited by M. Clayton, T. Herbert and R. Middleton. New York: Routledge.

———. 2003. Music and evolution: Consequences and causes. *Comparative Music Review* 22 (3):79–89.

———. 2004. Music and meaning, ambiguity and evolution. In *Musical Communications*, edited by D. Miell, R. MacDonald and D. Hargraves.

本章中克罗斯论点的来源。

Darwin, C. 1871/2004. *The Descent of Man and Selection in Relation to Sex*. New York: Penguin Classics.

达尔文关于音乐、性选择和适应性的思想来源。"我认为，人类的祖先为了吸引异性创造出了音符和节奏。因此，乐音与动物能够感受到的最热烈的激情密切相关，并且乐音的使用都是出于本能……"

*Deaner, R. O., and C. L. Nunn. 1999. How quickly do brains catch up with bodies?

A comparative method for detecting evolutionary lag. *Proceedings of the Royal Society of London B* 266 (1420):687–694.

关于进化时差。

Gleason, J. B. 2004. *The Development of Language*, 6th ed. Boston: Allyn & Bacon.

语言能力的培养，本科教材。

*Gould, S. J. 1991. Exaptation: A crucial tool for evolutionary psychology. *Journal of Social Issues* 47:43–65.

古尔德对不同种类进化副产品的解释。

Huron, D. 2001. Is music an evolutionary adaptation? In *Biological Foundations of Music.*

休伦对平克的回应（1997）；关于音乐性和社交性之间的联系，将自闭症与威廉姆斯综合征进行比较的想法首次出现。

*Miller, G. F. 1999. Sexual selection for cultural displays. In *The Evolution of Culture*, edited by R. Dunbar, C. Knight and C. Power. Edinburgh: Edinburgh University Press.

*———. 2000. Evolution of human music through sexual selection. In *The Origins of Music*, edited by N. L. Wallin, B. Merker and S. Brown. Cambridge: MIT Press.

———. 2001. Aesthetic fitness: How sexual selection shaped artistic virtuosity as a fitness indicator and aesthetic preferences as mate choice criteria. *Bulletin of Psychology and the Arts* 2 (1):20–25.

*Miller, G. F., and M. G. Haselton. In Press. Women's fertility across the cycle increases the short–term attractiveness of creative intelligence compared to wealth. *Human Nature.*

米勒将音乐视为生育能力的展示。

Pinker, S. 1997. *How the Mind Works*. New York: W. W. Norton.

平克"听觉芝士蛋糕"类比的来源。

Sapolsky, R. M. *Why Zebras Don't Get Ulcers*, 3rd ed. 1998. New York: Henry Holt and Company.

进化时差。

Sperber, D. 1996. *Explaining Culture*. Oxford, UK: Blackwell.

音乐是进化中的寄生虫。

*Tooby, J., and L. Cosmides. 2002. Toward mapping the evolved functional organization of mind and brain. In *Foundations of Cognitive Psychology*, edited by D. J. Levitin. Cambridge: MIT Press.

进化心理学家关于认知作为适应性的另一项研究。

Turk, I. *Mousterian Bone Flute*. Znanstvenoraziskovalni Center Sazu 1997 [cited December 1, 2005. Available from http:www.uvi.si/eng/slovenia/backgroundinformation/ neanderthal—flute/.]

关于发现斯洛文尼亚骨笛的原始报道。

*Wallin, N. L. 1991. *Biomusicology: Neurophysiological, Neuropsychological, and Evolutionary Perspectives on the Origins and Purposes of Music*. Stuyvesant, N.Y.: Pendragon Press.

*Wallin, N. L., B. Merker, and S. Brown, eds. 2001. *The Origins of Music*. Cambridge: MIT Press.

关于音乐进化起源的补充阅读。

致 谢

首先，我要感谢帮助我了解音乐与大脑的人。感谢录音师 Leslie Ann Jones、Ken Kessie、Maureen Droney、Wayne Lewis、Jeffrey Norman、Bob Misbach、Mark Needham、Paul Mandl、Ricky Sanchez、Fred Catero、Dave Frazer、Oliver di Cicco、Stacey Baird 和 Marc Senasac 教我如何制作唱片，感谢制作人 Narada Michael Walden、Sandy Pearlman 和 Randy Jackson，还要感谢给予我机会的 Howie Klein、Seymour Stein、Michelle Zarin、David Rubinson、Brian Rohan、Susan Skaggs、Dave Wellhausen、Norm Kerner 和 Joel Jaffe。感谢 Stevie Wonder、Paul Simon、John Fogerty、Lindsey Buckingham、Carlos Santana、kd lang、George Martin、Geoff Emerick、Mitchell Froom、Phil Ramone、Roger Nichols、George Massenburg、Cher、Linda Ronstadt、Peter Asher、Julia Fordham、Rodney Crowell、Rosanne Cash、Guy Clark 和 Donald Fagen 给我音乐灵感并抽出宝贵的时间与我对话。感谢 Susan Carey、Roger Shepard、Mike Posner、Doug Hintzman 和 Helen Neville 教我认知心理学和神经科学。感谢我的同事 Ursula Bellugi 和 Vinod Menon 让我开启惊喜与收获并存的第二职业——成为一名科学家，还要感谢我最亲密的战友 Steve McAdams、Evan Balaban、Perry Cook、Bill Thompson 和 Lew Goldberg。感谢我的学生和博士后同事 Bradley Vines、Catherine Guastavino、Susan Rogers、Anjali Bhatara、Theo Koulis、Eve-Marie Quintin、Ioana Dalca、Anna Tirovolas 和 Andrew Schaaf 给我带来灵感，我为他们感到骄傲，他们对本书提出了很多的宝贵意见。感谢 Jeff Mogil、Evan Balaban、Vinod Menon 和 Len Blum 为我的手稿提出修改意见。本书中的任何错误都由本人负责。几位细心的读者指出了以前版本中的错误，并花时间帮我纠正，感谢 Kenneth Mackenzie、Rick Gregory、Joseph Smith、David Rumpler、Al Swanson、Stephen Goutman 和 Kathryn Ingegneri。感谢我的好朋友 Michael Brook 和 Jeff Kimball 在我写作本书期间通过对话、提问等形式给予我极大的支持，并且提供了音乐相关的见解。还要感谢系主任

Keith Franklin 和舒立克音乐学院院长 Don McLean 给予我令人羡慕的工作环境，并为我的研究提供支持。

我还要感谢本书的编辑 Jeff Galas，我将想法落到书上的每一步他都给予了指导和支持，感谢他提出的成百上千条宝贵的建议。感谢编辑 Stephen Morrow 在我的手稿方面做出了大量的贡献。没有这两位编辑，这本书就不可能问世。感谢两位。

第三章的副标题"音乐与思维机器"取自施普林格出版公司（Springer-Verlag）出版的优秀著作，由 R. Steinberg 主编。

感谢我最爱的音乐作品：贝多芬的《第六交响曲》、迈克尔·奈史密斯（Michael Nesmith）的《乔安》（*Joanne*）、切特·阿特金斯和莱尼·布鲁（Lenny Breau）的《甜美的乔治亚·布朗》（*Sweet Georgia Brown*），以及披头士乐队的《最后》（*The End*）。

　　　　　　我们为什么爱音乐

著作合同登记号 图字：11-2022-069

THIS IS YOUR BRAIN ON MUSIC: The Science of a Human Obsession
Copyright ©2006 by Daniel J. Levitin
All rights reserved including the right of reproduction in whole or in part in any
form.
This edition published by arrangement with Dutton, an imprint of Penguin
Publishing Group, a division of Penguin Random House LLC.
Simplified Chinese translation © 2022 by Ginkgo (Shanghai) Book Co., Ltd.

图书在版编目（CIP）数据

我们为什么爱音乐：生而聆听的脑科学原理 /（美）
丹尼尔·莱维廷著；马思遥译 . -- 杭州：浙江科学技
术出版社，2023.1（2023.11 重印）
书名原文：This Is Your Brain on Music: The
Science of a Human Obsession
ISBN 978-7-5739-0274-0

Ⅰ . ①我… Ⅱ . ①丹… ②马… Ⅲ . ①音乐心理学
Ⅳ . ① B849

中国版本图书馆 CIP 数据核字 (2022) 第 171964 号

书　　名	我们为什么爱音乐：生而聆听的脑科学原理	
著　　者	[美] 丹尼尔·莱维廷	
译　　者	马思遥	

出版发行 浙江科学技术出版社
　　　　　杭州市体育场路 347 号　　　　　邮政编码：310006
　　　　　办公室电话：0571-85176593　　　销售部电话：0571-85176040
　　　　　网址：www.zkpress.com　　　　　E-mail: zkpress@zkpress.com
印　　刷 河北中科印刷科技发展有限公司

开　　本	889mm×1194mm 1/32	印　　张	12	
字　　数	257 000			
版　　次	2023 年 1 月第 1 版	印　　次	2023 年 11 月第 2 次印刷	
书　　号	ISBN 978-7-5739-0274-0	定　　价	58.00 元	

出版统筹	吴兴元		
编辑统筹	尚　飞	特邀编辑	罗泱慈
封面设计	墨白空间·李　易		
责任编辑	卢晓梅	责任校对	李亚学
责任美编	金　晖	责任印务	叶文炀

后浪出版咨询（北京）有限责任公司　版权所有，侵权必究
投诉信箱：editor@hinabook.com　fawu@hinabook.com
未经书面许可，不得以任何方式转载、复制、翻印本书部分或全部内容
本书若有印、装质量问题，请与本公司联系调换，电话 010-64072833